Typical Problems in Propagation of Gaseous Detonations

气相爆轰波传播过程中的典型问题研究

李 健 宁建国 著

北京理工大学出版社
BEIJING INSTITUTE OF TECHNOLOGY PRESS

内容简介

气相爆轰波的传播过程涉及爆轰波自身的热力学和化学特性,以及与边界的相互作用问题,是气相爆轰物理研究领域重点关注的研究方向,具有重要的实际应用价值。本书主要涉及气相爆轰波的基础理论和模型、数值模拟方法和实验技术,以及利用这些理论和方法对气相爆轰波传播过程中的典型问题进行研究。本书重点讨论与气相爆轰波传播有关的激波动力学、化学反应动力学、爆轰不稳定性和特征尺度效应等关键问题。

本书的主要内容是作者近年来在北京理工大学从事气相爆轰物理研究工作的阶段性总结,反映了近年来在气相爆轰波传播问题基础研究领域取得的一些进展。本书的研究工作,在工业安全、武器设计和航空航天工程等领域具有重要的理论意义和潜在的应用价值。本书内容论述完整,物理概念清晰,可作为爆炸力学和安全工程等专业科研人员的参考书,也可作为相关专业本科生和研究生的教材。

版权专有 侵权必究

图书在版编目(CIP)数据

气相爆轰波传播过程中的典型问题研究 / 李健,宁建国著. -- 北京:北京理工大学出版社,2021.5
ISBN 978-7-5682-9859-9

Ⅰ. ①气… Ⅱ. ①李… ②宁… Ⅲ. ①气相-爆震-气体动力学 Ⅳ. ①O381

中国版本图书馆 CIP 数据核字(2021)第 096926 号

出版发行 / 北京理工大学出版社有限责任公司
社　　址 / 北京市海淀区中关村南大街5号
邮　　编 / 100081
电　　话 / (010)68914775(总编室)
　　　　　(010)82562903(教材售后服务热线)
　　　　　(010)68944723(其他图书服务热线)
网　　址 / http://www.bitpress.com.cn
经　　销 / 全国各地新华书店
印　　刷 / 北京捷迅佳彩印刷有限公司
开　　本 / 710毫米×1000毫米 1/16
印　　张 / 18
彩　　插 / 2
字　　数 / 259千字
版　　次 / 2021年5月第1版　2021年5月第1次印刷
定　　价 / 98.00元

责任编辑 / 孙　澍
文案编辑 / 宋　肖
责任校对 / 周瑞红
责任印制 / 李志强

图书出现印装质量问题,请拨打售后服务热线,本社负责调换

前 言

气相爆轰波的传播过程是物理化学的强耦合过程,并受到边界条件的显著影响。尽管对于气相爆轰现象的研究已经进行了百余年,但是由于其自身具有强非线性、多尺度以及非稳态等特性,对于特定初边界条件下的爆轰极限、临界起爆能量、极限管径和燃烧转爆轰的临界条件等最基本的传播问题依然难以仅从第一性原理(热力学特性和化学反应机理)进行定量的解释和预测。气相爆轰波的传播问题涉及复杂的非线性动力学问题,如激波动力学、化学反应动力学、横波不稳定性和特征尺度效应等多个方面,吸引了国内外越来越多研究者的关注和参与。在研究过程中,本书特别重视尺度效应的影响,因为在空间尺度的参与下,物理过程会非常复杂;但是利用无量纲的参数去消除某些空间尺度的影响,可以得到问题普遍性的规律。对气相爆轰波传播过程中的典型问题进行研究有助于加深对爆轰问题内在物理特性的理解和认识,同时也为分析爆轰波在复杂结构中的传播规律提供基础,在工业安全、武器设计和航空航天工程等领域具有重要的理论意义和应用价值。

国内外学者很早就对气相爆轰波的传播问题进行了大量的实验和数值模拟研究,取得了很多重要的学术成果。本书的很多研究工作借鉴了前人的很多重要思想,对气相爆轰波传播过程的典型问题进行了更为深入和细致的研究。本书的主要内容是作者近年来研究成果的总结,主要涉及气相爆轰波的楔面和曲面反射、衍射以及复杂管道中反射和衍射的相互作用问题。本书由北京理工大学的李健和宁建国合作完成,宁建国负责第1、2章,约5万字,李健负责第3、4、5、6、

7、8、9、10 章，约 20 万字。感谢北京理工大学爆炸科学与技术国家重点实验室出版基金对本书出版的资助。由于本书所涉及的内容比较广泛，加之作者水平有限，书中难免会有疏漏和不足之处，恳请读者批评指正。

作者

2020 年 10 月

目 录

第1章 绪论   1
  1.1 爆轰波的结构   2
  1.2 爆轰波的不稳定性   8
  1.3 爆轰波的传播机理   11
  1.4 爆轰波的空间尺度   13
    1.4.1 反应区宽度   14
    1.4.2 胞格尺寸   14
    1.4.3 流体动力厚度   16
  1.5 爆轰波与边界的相互作用   17
    1.5.1 气相爆轰波的楔面马赫反射   19
    1.5.2 气相爆轰波的曲面反射   21
    1.5.3 气相爆轰波的衍射   23
    1.5.4 气相爆轰波反射和衍射的相互作用   27
  1.6 章节安排   28

第2章 控制方程和基本理论模型   30
  2.1 多组分气体热力学   30
  2.2 多组分反应流控制方程组   34

2.2.1　笛卡儿坐标系下的形式　　34
　　2.2.2　曲线坐标系下的形式　　39
　　2.2.3　物理边界的分类　　40
　　2.2.4　控制方程的无量纲化　　43
2.3　化学反应动力学　　44
　　2.3.1　基元反应机理　　44
　　2.3.2　CHEMKIN 程序包　　46
　　2.3.3　TRANSPORT 程序包　　48
　　2.3.4　简化反应模型　　50
2.4　平面 ZND 稳态结构　　56
2.5　爆轰波楔面反射模型　　60
2.6　本章总结　　66

第3章　爆轰数值计算方法和技术　　67
3.1　有限差分格式　　67
　　3.1.1　双曲型方程定解问题的离散　　68
　　3.1.2　相容性、收敛性和稳定性　　75
　　3.1.3　修正方程、耗散和色散　　77
　　3.1.4　双曲型方程的弱解和熵条件　　81
　　3.1.5　双曲型方程的经典差分格式　　84
　　3.1.6　高精度的 ENO 格式和 WENO 格式　　93
3.2　时间离散格式　　97
　　3.2.1　常微分方程求解器　　97
　　3.2.2　刚性常微分方程求解器　　98
　　3.2.3　时间算子分裂算法　　99
　　3.2.4　Runge–Kutta 隐式类算法　　100
3.3　边界处理方法　　104
3.4　MPI 并行计算方法　　106
　　3.4.1　并行机内存共享方式　　107

3.4.2	MPI 并行计算基础函数	109
3.4.3	并行程序设计关键问题	112
3.4.4	动态并行计算技术	118
3.4.5	并行程序基本结构	118
3.4.6	二维并行爆轰程序	120
3.5	自适应网格和 AMROC	125
3.6	程序的验证	127
3.7	本章总结	138

第 4 章 ZND 爆轰波的马赫反射 —— 139

4.1	引言	139
4.2	数值方法和计算设置	139
4.3	激波的楔面反射	141
4.4	ZND 爆轰波楔面反射	144
4.4.1	反应的马赫杆	144
4.4.2	马赫反射三波点轨迹线	144
4.5	极限楔面角度	150
4.6	本章总结	151

第 5 章 胞格爆轰波马赫反射的数值模拟研究 —— 152

5.1	引言	152
5.2	数值模拟设置	153
5.3	胞格结构和三波点轨迹线	154
5.4	尺度效应	159
5.5	爆轰不稳定性的影响	160
5.6	横波结构的相互作用	163
5.7	本章总结	167

第 6 章 爆轰波楔面反射实验研究 —— 169

6.1　引言　169
6.2　实验设置　170
6.3　马赫反射的胞格结构变化　173
　　6.3.1　三波点轨迹线　173
　　6.3.2　局部自相似性　178
　　6.3.3　三维效应　182
6.4　马赫杆的三维演化和稳态过驱爆轰波　186
6.5　本章总结　201

第7章　爆轰波的凸面反射　203

7.1　引言　203
7.2　爆轰波凸面反射实验研究　204
　　7.2.1　实验设置　204
　　7.2.2　实验结果分析　205
7.3　基元反应模型数值模拟研究　213
7.4　两步反应模型数值模拟研究　215
7.5　本章总结　222

第8章　气相爆轰波的衍射　223

8.1　引言　223
8.2　爆轰波衍射的理论分析　224
8.3　数值模拟设置　226
8.4　稳定爆轰波的拐角衍射　226
8.5　不稳定爆轰波的拐角衍射　232
8.6　本章总结　233

第9章　爆轰波反射和衍射的相互作用　235

9.1　引言　235
9.2　数值模拟设置　236

9.3 爆轰波弯管中的反射和衍射 238
 9.3.1 数值胞格模式 238
 9.3.2 反射和衍射下的波阵面结构变化 241
9.4 曲率半径对爆轰波传播的影响 245
9.5 本章总结 250

第10章 总结和展望 251

参考文献 253

附录A 正激波间断关系 261

附录B 斜激波模型 268

附录C 斜爆轰波模型 275

第 1 章
绪 论

爆轰波可以在气相、液相和凝聚相介质中存在。本书只涉及气相介质中的爆轰波,因为它们比凝聚相介质中的爆轰波更容易理解。气相爆轰与凝聚相爆轰有许多相似之处,由于凝聚相爆轰的爆压远高于凝聚态炸药的材料强度,气相爆轰的流体力学理论同样适用于凝聚相爆轰。然而,材料的非均质性、孔隙率和晶体结构等特性在凝聚相爆轰中起着更重要作用[1-3]。

爆轰波是超声速的燃烧波,跨越其波阵面热力学状态急剧变化。它可以被认为是一道在很短的时间内将反应物转化成产物并释放能量的反应激波。爆轰波相对于波前状态是超声速的,因此在其波阵面到达前波前反应介质不受影响,这与火焰波的传播机理有所不同。爆轰波同时也是一道压缩波,因此其波阵面后的粒子速度方向与爆轰波一致,这也与属性为稀疏波的火焰波不同。质量守恒要求爆轰波后存在一条稀疏波紧跟其后,称为Taylor(泰勒)波。因此自维持爆轰波后的稀疏波会削弱粒子移动速度以匹配波后的边界条件。反应介质的点火由爆轰波前导激波的绝热压缩实现。前导激波之后诱导区发生反应物的解离和自由基的生成,虽然这一过程是吸热的,但是其热力学状态变化通常很小。在诱导区之后为反应区,自由基发生聚合反应,伴随着放热和温度升高,同时压力和密度下降。因此,爆轰波通常被认为是一个紧密耦合的激波-燃烧复合体。反应区内的压力快速下降,以及其后膨胀波中的进一步压降,提供了爆轰波向前传播的推力。因此,自维持爆轰波传播的经典机制是由前导激波诱导点火,进而由后方的产物膨胀推动前进,这与一些爆轰推进系统的工作机制类似。

低速爆燃波在反应介质中的传播机理通常是通过热和质量的扩散实现的。反应阵面附近的温度和化学物质浓度存在梯度，使得热量和自由基物质从反应区输运到波前介质中，从而影响点火过程。因此，与爆轰波是压缩波不同，低速爆燃波本质上是一种扩散波，而且是亚声速的，它的速度与扩散率和反应速率的平方成正比。即使爆燃波波阵面是湍流态的，依然可以在一维框架下通过定义湍流扩散系数来描述输运过程，从而得到一个确定的传播速度。爆燃波本质上是不稳定的，并且存在许多不稳定机制，这使得其波阵面更混乱，表现出更多的湍流特性，进而通过增大反应速率而加速。当边界条件允许时，爆燃波会转变为爆轰波。在完成向爆轰波的转变之前，湍流爆燃波可以突破声速进而达到更高的传播速度。通常高速爆燃波，即指 DDT（爆燃转爆轰）过程中加速中的爆燃波。当爆轰波在非常粗糙的壁管中传播时，其传播速度可以大大低于正常的 C－J（Chapman－Jouguet）速度。这些低速爆轰被称为"准爆轰波"（quasi－detonation wave），高速爆燃波和准爆轰波的速度谱可以重叠。这些波的复杂湍流结构相似，表明它们的传播机制也可能是相似的。因此，很难对它们做出明确的区分。

1.1 爆轰波的结构

爆轰波可以简单地描述为：它是一道强压缩波，波后物质的热力学属性发生剧烈变化，并伴随着能量的释放（主要表现为热量的释放和温度的升高）。Chapman 和 Jouguet 根据 Rankine 和 Hugoniot 的激波理论提出一个定性的描述爆轰波结构的理论，即 Chapman－Jouguet（C－J）理论。该理论把爆轰波描述成没有厚度的强间断，经过这个间断化学反应和能量释放瞬间完成，并达到热力学平衡状态。基于这个假设，给定爆速或者反应热 Q，求解守恒方程可以确定爆轰波波后的产物组分和热力学状态。但是对于给定的爆速，C－J 理论存在两个可能的解，即强解和弱解，分别对应强爆轰波和弱爆轰波。强爆轰波相对于波后是亚声速，弱爆轰波相对于波后是超声速，但是相对于波前状态，两者均为超声速。这里存在一个满足守恒关系的最小爆速，即 C－J 解。对于自维持爆轰波来说，C－J 解是唯一的稳定解，对应的爆轰波为 C－J 爆轰波。

C-J 理论没有考虑爆轰波的内部结构，因此它不能解释爆轰波的传播机理，只能从能量守恒的角度去预测爆轰的稳定传播速度。在 20 世纪 40 年代，Zel'dovich、von Neumann 和 Döring 分别提出了描述爆轰波内部结构的理论，后人合称为 ZND 理论（模型），如图 1.1 所示。根据 ZND 模型，爆轰波由前导激波和随后的化学反应区组成。通过前导激波的绝热压缩，反应物温度升高、压力和密度增大，分子活化、解离，这个过程称为诱导阶段。在这个阶段，温度、压力和密度等热力学参数基本维持不变。诱导阶段结束后，化学反应过程开始，热量开始释放，伴随着压力和密度的减小以及温度和粒子速度的升高（激波坐标系下）。化学反应阶段是一个高温气体粒子的加速膨胀过程，直接提供了爆轰波向前传播的动力。因此 ZND 模型提供了一个可行的爆轰波传播机制。

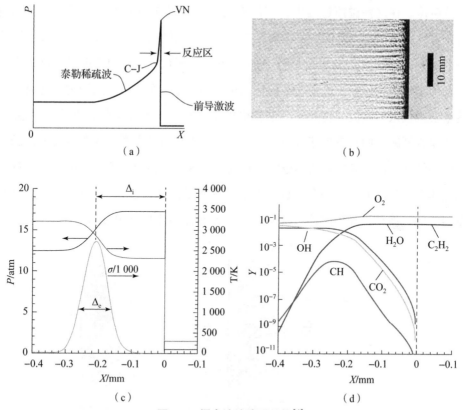

图 1.1　爆轰波波阵面结构[4]

(a) 典型的稳态 ZND 爆轰波结构；(b) 气相爆轰波阵面的纹影图；
(c) ZND 爆轰波结构的诱导和反应区；(d) 凝聚相爆轰波内部化学反应组分变化

ZND模型能够描述爆轰波的一维稳态或者层流结构，并能够比较准确地预测稳定爆轰波的传播速度。根据实验观察，真实的自维持爆轰波不稳定且具有复杂的三维多波结构，ZND模型无法适用。这种多波结构由入射激波、马赫杆和横波组成，称为三波结构，交点为三波点，类似于激波中的马赫反射（MR）结构，如图1.2所示。马赫杆是过驱爆轰波，其压力高于具有C－J爆速的稳态ZND爆轰波的von Neumann压力，速度超过C－J爆速，因此其诱导区和反应区的宽度均小于稳态ZND爆轰波的诱导区和反应区的宽度。入射波是欠驱爆轰波，其流场特性与马赫杆正好相反。横波通常是无反应的激波，但是对于很不稳定的气体来说，横波本身也可能演化为横向爆轰波[5]。爆轰波的波阵面是扭曲的和不均匀的，分布着弱的入射激波和强的马赫杆。横波扫过爆轰波的波阵面，并与其他的横波碰撞。在这种碰撞过程中，三波点的运动可以在烟熏膜上留下鱼鳞状的轨迹，称为胞格结构，它的宽度称为胞格尺寸λ。胞格尺寸是多维非稳态爆轰波的一个重要的特征长度，爆轰波的临界（critical）管径、临界起爆能量和爆轰极限等动力学参数均依赖于这个基本的特征长度[2]。在一个胞格的周期内，马赫杆会逐渐衰减成入射激波，直到下一个胞格周期开始。因此沿着胞格的径向中心线，压力是逐渐减小的，直到接近下一个周期才可以重新升高[6]。爆轰波波阵面的这种胞格结构是由于其本质的不稳定性造成的。这种不稳定性可以归因于化学反应和气体动力学的非线性耦合过程。通常这种非线性耦合过程是振荡和不稳定的。爆轰波的三波结构和相应的胞格模式可以从图1.3～图1.5中看出。

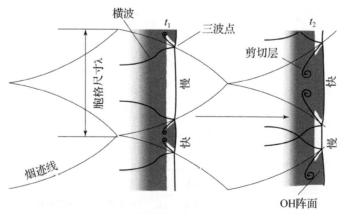

图1.2 二维稳定爆轰波波阵面胞格结构示意图[4]

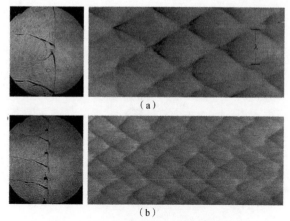

图 1.3　稳定爆轰波的纹影和胞格图[4]

(a) $2H_2 + O_2 + 17Ar$；(b) $2H_2 + O_2 + 12Ar$

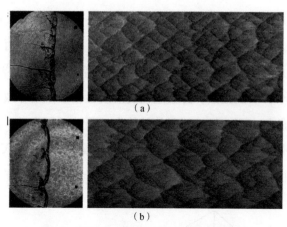

图 1.4　不稳定爆轰波的纹影和胞格图[4]

(a) $H_2 + N_2O + 1.33N_2$；(b) $C_3H_8 + 5O_2 + 9N_2$

在三维矩形截面管道中，存在 x 和 y（z 沿传播方向）两个特征尺寸。最低的波阵面结构模式在 x 方向和 y 方向上分别对应一个横波，如图 1.6 所示。如果将某一个特征尺寸做得足够小，如沿 y 方向，则可以抑制这一方向上的横波模式，结果是仅在沿较长 x 方向上存在单个横波，类似于圆管中的单头螺旋 (single head spin) 模式。因此，爆轰传播必须与最低的横向振动模式耦合以维持其自身的极限，横截面的最大特征尺寸（即周长）提供了最低的特征频率（尺度）。在远离爆轰极限的情况下，相对于管道尺寸，胞格尺寸（横波间隔）较

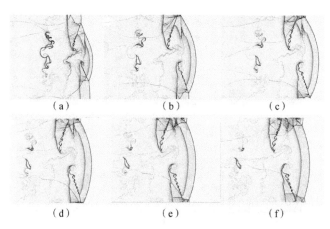

图 1.5 爆轰波的波阵面结构 – 数值模拟[7]

(a) $t=0.1$；(b) $t=0.2$；(c) $t=0.3$；(d) $t=0.4$；(e) $t=0.5$；(f) $t=0.6$

小，因此在 x 方向和 y 方向将呈现较高的横向模态 ［多头爆轰（multihead detonation）］[7]。在初始压力较大的情况下，在 x 方向和 y 方向上的两个横向振动模态是相当稳定的，并且横波交叉给出矩形单元（或者菱形）的相当规则的模式[8]。如果初始压力减小，横波更强，并且它们的非线性相互作用导致更多不规则单元的模式。在较高的频率下，横波更弱并且趋向于更接近弱声波，因此在线性声学理论的指导下，横波可以相互叠加。如果将通道的高度 h 与单元尺寸 λ 之比做得足够小，则可以抑制 y 方向上的横波，并且仅在 x 方向上获得横波的二维爆轰结构。

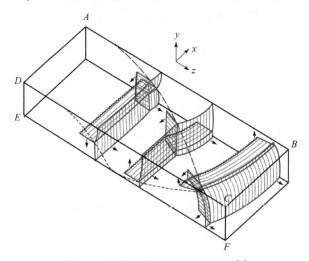

图 1.6 爆轰波波阵面的三维结构[2]

到目前为止，尽管人们为研究气相爆轰波的动态行为付出了巨大的努力，但仍无法获得一个完整的、能够描述导致胞格结构的化学和流体动力学相互耦合的定量模型和理论。原因在于，爆轰现象非常复杂，涉及燃烧和波动过程的许多方面。我们对不稳定爆轰波波阵面的起源或性质，如不稳定性的作用和反应区结构内详细的化学动力学过程，仍然缺乏足够的认识。爆轰波波阵面可能的三维结构模式如图 1.7 所示。

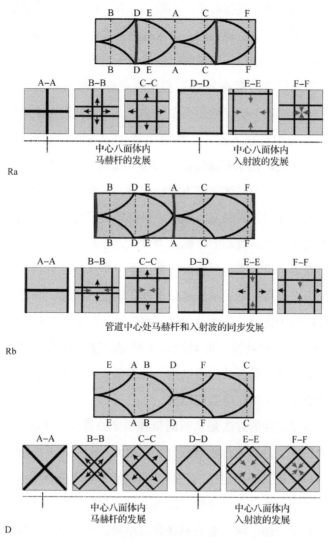

图 1.7　爆轰波波阵面可能的三维结构模式[8]

1.2 爆轰波的不稳定性

对于几乎所有的可燃气体来说，爆轰波的波阵面是本质不稳定的，并且表现出一种不断变化的三维胞格结构。但是总体上来说，爆轰波的平均传播速度依然接近于一维稳态的 C-J 爆速。爆轰波的不稳定性可以归因于流动和化学反应的非线性耦合。如果这种耦合过程对扰动不敏感，并且在扰动过后能够自我恢复到原来的状态，则说明爆轰波是稳定的。如果这种耦合过程对扰动是敏感的，并且扰动的振幅随时间变化而增长，则说明爆轰波是不稳定的。理论研究证明，根据不稳定的程度，不同幅度（频率）的不稳定模式可以同时存在，并进行非线性的相互作用。这种多模的不稳定性使得多维非稳态爆轰波的多波结构更加复杂。

虽然在一般实验中观察不到，一维自维持 ZND 爆轰波也可以是不稳定的。无论活化能大小（活化能控制着爆轰波的温度灵敏度和稳定性），ZND 爆轰波的层流结构总是可以从稳态的一维守恒方程中求得。一维稳态守恒方程的使用排除了描述爆轰波不稳定性的任何时变多维解。研究爆轰波稳定性的经典方法是在解上施加小的多维扰动，观察扰动的振幅是否增大。小扰动假设允许扰动方程线性化和积分，从而确定不稳定模态。与大多数流体力学稳定性分析一样，其弥散关系相当复杂，无法用解析方法表示，这就模糊了稳定性机理的物理基础。气体爆轰的胞格结构可归因于化学-气体动力学不稳定性，理论上的稳定性分析也显示层流 ZND 结构固有的一种特性，即对扰动不稳定。这些理论研究表明，大量的不稳定模式造就了整体的爆轰波胞格结构。这些模式可以以非线性的方式相互作用，以产生复杂的不稳定胞格爆轰波结构。

另一种研究不稳定性的方法是从时间依赖的非线性反应 Euler 方程开始，然后在给定的初始条件下对其进行数值积分。在很大时间尺度下渐近地获得稳态的 ZND 解时，就可以发现其不稳定性的特征。与线性稳定性分析不同，直接数值模拟的优点是保留了问题的完全非线性。此外，可以分别研究一维、二维和三维的不稳定性，这有助于全面、深入地去解释数值结果。数值模拟结果表明，在一维结构中，对小扰动的不稳定性表现为波阵面的纵向脉动结构（图 1.8），并且可以通过分析压力峰值的周期性变化得到不同稳定性下的模态,如图 1.9 所示。因此,对一维爆轰的非线性振荡行为的研究为阐明多维自持胞格爆轰结构的性质和解释不稳定性机理提供了基础。

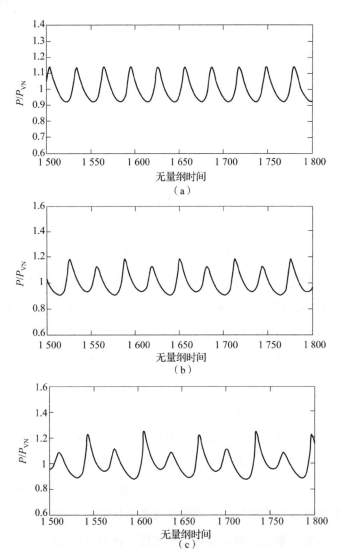

图 1.8　一维爆轰波波阵面的脉动结构 – 数值模拟[9]

(a) $K_R = 1.126$;(b) $K_R = 1.157$;(c) $K_R = 1.189$

在一维的情况下,如果爆轰波是稳定的,其峰值压力应该不随时间发生变化,即保持为 von Neumann 峰值压力。如果超过不稳定极限,爆轰波的不稳定性

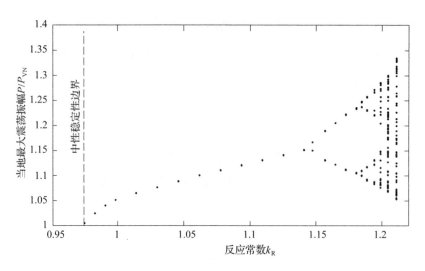

图1.9 一维脉动爆轰波的模态分析[9]

会导致一种在传播方向上的脉动振荡特性,即压力峰值随时间变化有规律地在 von Neumann 峰值压力附近上下脉动[2,6]。这种脉动可以是单模的,也可以是多模的,取决于不稳定性的程度,这通常可以用无量纲的活化能 E_a/RT 进行量化。对于稳定或者弱不稳定的爆轰波(低活化能)来说,这种脉动通常使得峰值压力在 $(0.8 \sim 1.6) p_{VN}$ 之间振荡,也可以说爆轰波波阵面在过驱和欠驱之间振荡,但是爆轰波并没有熄爆。对于强不稳定的爆轰波(高活化能)来说,这种脉动更加剧烈,上行压力可以超过 2 倍的 von Neumann 压力,而下行压力会降至 von Neumann 压力的一半,这意味着爆轰波已经接近熄爆。但是下一个周期,欠驱动的爆轰波会加速并重新起爆。可以说强不稳定爆轰波波阵面在熄爆和重新起爆之间振荡。这与稳定爆轰波或者弱不稳定爆轰波有着明显的区别。这种不同的特性也将决定它们会有不同的传播机理,本书后续的研究也会经常提及这一点。需要指出的是,如果继续提高活化能,即继续提高不稳定性,爆轰波在下行振荡的过程中,可能因不能够重新起爆而导致彻底熄爆。在多维的情况下,基于自身下行振荡的熄爆很困难,原因在于它需要在多个方向上同时熄爆,这种情况往往很难实现。这也意味着这种由于自身脉动引起的"自我毁灭"只是一维情况下的特例。值得注意的是,根据 Lee[2]的分析,如果计算是基于一步反应模型,自我熄灭这种情况永远不会发生。这是由于模型本身只是一步 Arrhenius 反应率,如果反应欧拉方程本身没有扩散损失,在足够长的时间下,爆轰波最终会重新起爆。

一维爆轰波的稳定性分析同样可以扩展到多维爆轰波的稳定性分析中。一维脉动爆轰波只有径向的脉动不稳定性,在二维或者三维的情况下,横向的振荡会叠加在径向的脉动上,因此横向的激波(横波)会出现并连接波阵面形成所谓的三波结构。波阵面上的三波结构会相互碰撞,也会在烟熏膜上留下鱼鳞状的胞格结构。以二维爆轰波为例,图1.3、图1.4说明了这种变化。爆轰波的不稳定性也会反映到这些多维的不稳定结构上。对于弱不稳定的自维持的爆轰波来说,横波很弱,有时可以接近为声波。波阵面上入射爆轰波和马赫杆的分布比较均匀,两者虽有强弱之分,但是均为爆轰波。前导激波在一个胞格的范围内先是过驱的马赫杆,然后衰减为欠驱的入射爆轰波,在这个过程中,压力速度也随之衰减。对强不稳定爆轰波来说,这种压力和速度的变化范围更大,入射爆轰波甚至会衰减至局部的熄爆。实验中经常可以看到爆轰波局部熄爆,然后在附近胞格结构的碰撞作用下重新起爆。这个过程与一维脉动爆轰波有类似的地方。因此弱不稳定爆轰波的胞格结构比较规则,胞格的尺寸变化不大,也说明不稳定的模式单一。但是随着不稳定程度的增大,胞格结构越来越不规则,甚至会在胞格里出现更小的次级胞格,表现出一种多模态的不稳定性。在这种情况下,胞格的尺寸会在一定的范围内变化,并不存在一个不变的特征胞格尺寸。

1.3 爆轰波的传播机理

爆轰波的传播机理指的是物理、化学过程在特定的初边界条件下如何影响爆轰波的起爆、传播和熄爆。根据经典的 ZND 理论,爆轰波包括前导激波和紧随其后的诱导区和反应区。在诱导区,分子活化、热解离,但是没有进行反应,是一个轻微程度的吸热区。对于层流 ZND 爆轰波来说,它的传播机理是前导激波压缩起爆。但是这种层流的 ZND 爆轰波在实验中是不存在的,因为爆轰波不再是层流的,而是存在不稳定的多维湍流结构(胞格结构)。由于胞格结构(三波结构)的存在,爆轰波的波阵面不再是光滑和平面的,而是不均匀的,弱的入射激波和强的马赫杆均匀地相间分布(弱不稳定爆轰波)或者无规律地散乱分布

(强不稳定爆轰波)。对于弱不稳定的爆轰波来说,在一个胞格的周期内,初始时前导激波为马赫杆且足够强(过驱),因此可以诱导起爆气体;在胞格的后半部分,前导激波衰减成弱的、欠驱的入射激波,它不再能够压缩起爆气体,但是由于相邻一对横波(强的激波)的存在,仍然可以提高横向的绝热压缩并起爆气体。因此从这方面来说,多维弱不稳定胞格爆轰波的传播机理类似于上述层流ZND爆轰波的传播机理,只是这种绝热压缩起爆模式不再是在一个方向上(径向),而是在多个方向上共同实现的。

对于强不稳定爆轰波来说,如图 1.10 所示,情况有所不同。强不稳定爆轰波波阵面的压力和传播速度波动更大,三波结构的分布和强弱没有规律性,有的部分很强,有的部分很弱,甚至已经熄爆,并强烈地受到湍流结构的影响。在弱

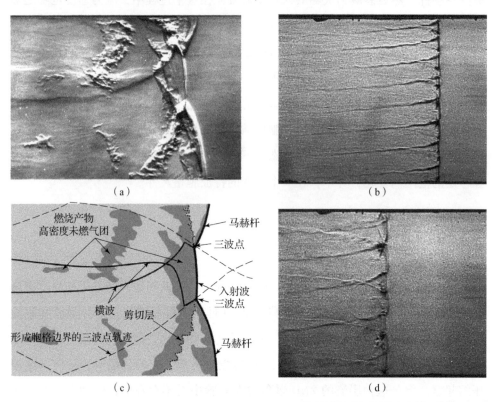

图 1.10　不稳定爆轰波的波阵面结构[2]

(a) $C_2H_2 + 2.5O_2$,爆轰波波阵面纹影;(b) $C_2H_2 + 2.5O_2$,爆轰波波阵面示意图;
(c) $2H_2 + O_2 + 40\% Ar$,爆轰波纹影,初始压力 13 kPa;(d) $2H_2 + O_2 + 40\% Ar$,爆轰波纹影,初始压力 8 kPa

不稳定爆轰波的传播过程中，总是遵循先激波压缩诱导，然后开始燃烧反应的顺序，即使爆轰波是多维和不稳定的。但是在强不稳定爆轰波中，这种先后顺序被打乱，由于波阵面的极不稳定和湍流结构的存在，有些气体经过某段很弱的前导激波的压缩过后并没有起爆，随后进入了很热的正在反应的离子或者产物的包围中，形成"热点"。然后在"热点"中，经过预压缩的未反应气体会逐渐燃烧掉或者形成局部的起爆。局部爆炸会形成压力波并影响本就极不稳定的爆轰波波阵面，更增加了其波阵面的复杂性。因此强不稳定爆轰波的传播机理与弱不稳定爆轰波的传播机理有着本质的不同。这种不同会影响它们对于外界扰动的响应，强不稳定的爆轰波具有更强的"环境适应能力"，即使受到很强的稀疏效应，相比弱不稳定的爆轰波更容易"生存"下来。这种现象可以在爆轰波在粗糙管道中以及扩张管道中的传播过程中看到。结论是，除弱不稳定的气相爆轰波之外，经典的冲击点火和热爆炸机理通常不能描述不稳定爆炸的高度复杂反应区中的物理和化学过程。在高度不稳定的爆轰反应区中，湍流效应在点火和燃烧机理中都将起重要作用。

1.4 爆轰波的空间尺度

研究表明，可燃气体混合物中的大多数自持爆轰都是不稳定的。胞格边界由横向激波与前导激波的相交形成。尽管波阵面存在大的脉动，在爆轰极限范围内，爆轰波的平均速度依然非常接近 C-J 值。通常，在相对稳定的胞格爆轰中能够观察到规则的胞格结构，胞格尺寸 λ 相当容易确定。但是，大多数可燃气体混合物的化学动力学速率对局部热力学状态变化表现出高度敏感性，这导致爆轰波结构高度不稳定。图 1.10 显示了这种不稳定爆轰波的典型纹影图像，这也是大多数燃料-空气混合物爆轰波的典型特征，很好地说明了反应区的高度湍流性质。对于这种湍流的胞格结构，很难确定胞格尺寸的平均值，更合理的是确定最可能或最主要的胞格的大小。同样清楚的是，这种不稳定爆轰波结构与 ZND 模型所假定的经典一维层流结构大不相同。爆轰动力学参数[2]（如爆轰传播极限、临界起爆能量和临界管径等）的确定取决于湍流爆轰结构。使用理想化的 ZND

模型确定这些动力学参数得到的结果通常并不理想，有时甚至存在量级的差距。因此，爆轰研究的关键问题是构造一种用于确定这些重要的非平衡动力学参数的、针对胞格爆轰波的模型。在爆轰动力学参数的框架中，正如 Lee[10] 所指出的，需要一个更为准确的、可以表征胞格爆轰平均厚度的长度尺度。

1.4.1 反应区宽度

在一维稳态 ZND 模型中，存在两个空间尺度，即诱导区宽度和反应区宽度 [或者热脉冲宽度（thermicity pulse width）]。这两个尺度可以通过热脉冲曲线确定。如图 1.11 所示，诱导区宽度一般定义为从前导激波到最大放热峰值的距离，反应区宽度定义为热脉冲曲线一半高度时的宽度。在很多情况下，反应区宽度也可以定义为从诱导区结束到声速面的距离，但是由于该方法预测的反应区过长，限制了它的广泛使用。

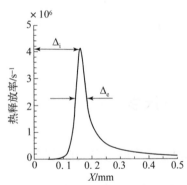

图 1.11　C-J 爆轰波 ZND 结构的热脉冲曲线

另外一种定义反应区宽度的方法为

$$\Delta = \frac{u_{CJ}}{\dot{\sigma}_{max}} \tag{1.1}$$

其中，$\dot{\sigma}_{max}$ 为最大热度；u_{CJ} 为激波坐标系下粒子的速度。

1.4.2 胞格尺寸

胞格的边界由横波系与前导波阵面的交叉给定。横波本身是由爆轰波不均匀、间断的能量释放来维持的。因此，波阵面的结构形态理应由适当的、非均匀的能量释放分布与横向振荡的共振耦合实现。在爆轰极限附近，横向振动对应于最低的声学特征模态，而特征模态又由管道横截面的特征尺寸控制。因此，胞格爆轰波波阵面的特征长度和传播极限与附近管道横截面的特征长度相关。在远离爆轰传播极限的情况下，横向振动频率较高，爆轰波波阵面相应的胞格尺寸与管道的特征尺寸相比变小。因此，爆轰波胞格的大小不再受管道几何形状和尺寸的约束，只取决于可燃气体混合物自身的性质。对于共振耦合，胞格尺寸必是气体动力学和化学过程之间非线性反馈的结果。在化学反应中，各种不同的基元反应速率形成一个时间尺度谱。然而，只有少数控制能量释放的基元反应才是起决定作用的，因此化学反应长度尺度也取决于热力学状态。必须先确定一个特征气体动力学过程来定义热力学状态，然后再将化学反应速率方程进行积分，以获得特定的反应长度尺度。

迄今为止，还没有能够定量预测胞格尺寸的模型。然而，单纯从量纲分析来看，它应该与爆轰结构的特征反应区宽度有关。胞格的尺寸似乎是爆轰波内在的固有属性，并且反应区的结构提供了唯一相关的特征长度尺度。因此，胞格尺寸必须与反应区结构确定的某些长度成比例关系。作为一阶近似值，最简单的选择是由理想的、稳态 ZND 模型确定的长度尺度。很多学者将计算出的稳态反应区宽度与爆轰波的胞格尺寸联系起来，提出了胞格大小和 ZND 诱导长度尺度之间的线性比例关系，即 $\lambda = A\Delta_{\mathrm{I}}$，其中 A 是恒定的比例因子。从此，随着化学动力学的发展，学者们进行了许多尝试，使用这种方法将实验测量的胞格尺寸与通过详细的动力学机理得到的 ZND 反应区宽度进行关联。这些结果表明，只要在线性关系中适当选择因子 A，就可以定性地获得混合物成分、初始温度和压力对胞格尺寸的影响。比例因子 A 通常通过拟合特定可燃混合物在一定初始条件下的实验数据获得，然后将该线性关系用于胞格尺寸的预测，进而扩展到更宽的初始条件范围内。但是，通过这种方法预测的胞格尺寸通常仅对与拟合数据相似的混合物和初始条件有效。因此，比例因子 A 不是通用的，并且对于不同的混合物组成（尤其是化学计量和稀释混合物）和初始条件，它会显著变化，预测得到的胞格尺寸可能与实验测量值存在几个数量级的差距。

但是，迄今为止，还没有从气体混合物的基本性质（或者说第一性原理）预测胞格尺寸的理论。尽管可以提出各种经验关系，以改进 ZND 反应区宽度与测量的胞格尺寸数据之间的相关性，但是这些经验关系本质上只是简单的拟合，并没有提供任何有关特征反应区宽度与胞格尺寸之间物理关系的信息。这也说明，我们对于气体动力学与化学反应非线性耦合的认识还远远不够，这也是气相爆轰基础研究的一个重点。

1.4.3　流体动力厚度

稳态 ZND 结构的反应区宽度并不能反映真实的多维爆轰波的反应区宽度。Soloukhin 首先提出考虑前导激波后的非稳态气体动力学过程来估计更适当的爆轰波波阵面的真实厚度[11]。他提出了"流体动力学厚度"（hydrodynamic thickness）这一概念来描述非稳态气体动力膨胀过程对反应速率的影响。早期研究定性地证明了气体动力学膨胀将衰减激波后的诱导时间延长了几个数量级，导致整体反应区长度比稳态 ZND 模型所预测的值更大，同时也发现这个估计值高度依赖于化学反应的不稳定性。很多研究的结论是，诸如横向波碰撞和湍流之类的多维效应在爆轰波传播机理中起着不可或缺的作用。因此，基于化学反应过程对流体动力学厚度进行更真实的估计需要对爆轰波波阵面的反应湍流结构进行更详细的描述。鉴于波阵面湍流结构的复杂性，这是一项艰巨的任务。

表征湍流爆轰波最合适的长度尺度是声速面的位置，该位置在统计意义上将稳定的反应区结构与波后的不稳定膨胀流分开。问题是确定平均声速面的整体位置与爆轰波结构中发生的化学、力学和热力学过程之间的关系。基于实验证据，Lee[2] 假设湍流爆轰的结构可以在一维 ZND 框架中建模，湍流效应作为动量和能量方程中的源项。这些源项涉及力学、热力学和化学反应率的波动。在带有源项的理想一维结构的框架中，声表面位置受广义 C‐J 准则支配。所得的平均值和振荡的一维分布图揭示了两个重要的长度尺度，第一个与化学放热相关，第二个流体动力学厚度与较慢的流体动力学波动的耗散有关，它们共同决定了流体平均声速面的位置。他发现第二个长度尺度比一维反应区计算所预测的值更长，如图 1.12 所示。Lee[2] 建议：①获得一个大型的计算平均爆轰特性（爆轰速度、声波表面位置和平均反应区分布曲线）的数据库；②设计适当的、描述平均运动方程中的湍流波动的源项。

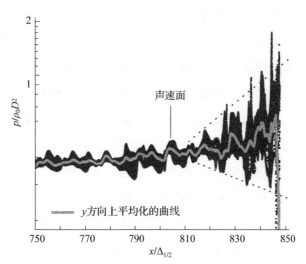

图 1.12 多维爆轰波平均的波阵面曲线[10]

1.5 爆轰波与边界的相互作用

一维气体动力学爆轰理论及其 ZND 模型通常并不考虑边界条件对爆轰波传播的影响。实际上，大多数爆轰波在封闭环境中传播都受到边界的影响。对于圆柱或者球形爆轰波的情况，虽然也可以说它是"自我约束的"，但是由于几何结构引入了曲率，这与边界对爆轰波传播的影响并没有本质的区别。在直管道中，管壁上的动量和热量损失可能导致爆轰失效，因此存在爆轰波自维持传播的极限。从某种意义上讲，边界对爆轰波结构的影响与扰动对爆轰波不稳定性的影响是一致的，本质上是气体动力学和化学反应动力学非线性、多尺度耦合系统对外界扰动的响应。

Zel'dovich[5] 首次通过在描述爆轰结构的守恒方程中添加热量和动量损失源项来考虑边界对爆轰波传播的影响。当控制方程包含损失项时，爆轰速度不再通过平衡 C-J 理论获得，而是通过数值迭代在满足声速奇异性条件时获得。值得注意的是，对于动量损失项的给定值，含源项的稳态一维守恒方程组存在多个解，但实际上应该只有一个解。管壁的损失本质上是一种二维（或者三维）效应，因此在一维模型中对壁面损失进行建模，会因为将壁面效应分布在管的整个横截面上而引入一些不符合物理实际的现象。Fay[6]在激波坐标系下，将壁面边界层影响考虑为波后的负边界层位移效应，提出了一个更为精确的模型。该模型能够描述波后的流动发散现象，以及进而导致的波阵面的弯曲，能够在一维模型下准确预测二维壁面上的损失。Murray 和 Lee[12]通过在整个稳态守恒方程中添加曲率源项，利用 Fay 模型来描述柔性壁面管道中爆轰波速度的亏损。他们发现，对于给定的曲率值，方程存在多个解。然而，如果使用非稳态方程并且渐近地获得稳态解，则只有一个确定的解。应当指出，稳态的渐近解可能是不稳定的，并且在一维理论的框架内，可以表现为脉动爆轰。壁面对爆轰波传播的最重要的影响是通过多孔管壁对横波进行削弱。相关的研究结果表明，当横波消失，进而不稳定的胞格结构被破坏时，自维持的爆轰是不可能继续存在的，可能会发生熄爆。这也证明了不稳定性对爆轰波自持传播的重要作用[13-14]。

突然改变边界条件会导致对爆轰波传播过程的显著破坏。当来自小管道中的受约束平面爆轰波突然进入无约束自由空间时（或者是大管径管道时），爆轰波可能会在稀疏波的作用下熄爆失效，因此存在一个临界管径。在临界管径之下，来自拐角的膨胀波穿透到管轴线并导致波失效。当管径超过临界值时，稀疏扇到达轴线时整体爆轰波曲率不会过大，这允许产生新的胞格而避免发生失效。当然这个过程与爆轰波的传播机理有关，也就是与爆轰波的不稳定性有关。不稳定的爆轰波容易克服稀疏效应而"生存"下去，而越稳定的爆轰波越容易失效。三维情况下，临界管径大约对应于 13λ。如果这个结果是对的，那么基于二维和三维曲率的不同，在二维情况下临界管径（宽度）应该是 6λ，但是实验发现二维临界管径（宽度）只有 3λ，存在矛盾。Lee[2]后来解释了这个难题，他指出有两种失效机制，这取决于爆轰波是稳定的还是不稳定的。对于稳定的爆轰波，结构由 ZND 模型描述，而横波在传播中起着微不足道的作用。相比之下，对于不稳定的爆轰波，横波起主导作用，而胞格结构对于不稳定爆轰波的传播至关重要。Lee 认为：对于不稳定的爆轰波，在稀疏波侵入波阵面时，通过不稳定性可以在局部爆炸产生新的胞格结构，从而避免失效。另外，对于稳定的爆轰波，存在一个避免爆轰波解耦失效的最大曲率。因此，对于稳定爆轰波，三维临界管径实际上应该对应于 6λ。

爆轰波的反射和衍射是爆轰波与边界的相互作用问题的典型过程，广泛存在于爆轰波的传播问题中，决定着爆轰波的失效和重新起爆机制。不局限于本书介绍的内容，在爆轰波与结构的相互作用过程中[15-17]，爆轰波在非均匀单相介质的传播[18-20]过程中，以及爆轰波在多介质中的传播过程中[21]，反射和衍射仍然是最基本的流体动力学过程。

1.5.1　气相爆轰波的楔面马赫反射

与激波相似，爆轰波的马赫反射也包括入射波、反射波和马赫杆，如图1.13所示。所不同的是，在激波的马赫反射中，入射波、反射波和马赫杆均为无反应激波，而在爆轰波的马赫反射中，入射激波和马赫杆为爆轰波（反应激波），反射激波则为无反应激波。由于激波的厚度只有几个分子自由程，通常可以忽略不计，因此激波的马赫反射过程不存在特征尺度。这也造成了激波的马赫反射是自相似的，即马赫反射三波点的轨迹线是一条源自楔面顶点的直线[22-23]。对于爆轰波来说，它本身存在特征宽度，因此它的马赫反射过程不是自相似的。但是如果马赫杆沿着楔面传播的距离远大于爆轰波本身的厚度，则爆轰波的马赫反射过程可以演变为自相似的，因为这时爆轰波自身的尺度已经可以忽略不计了。

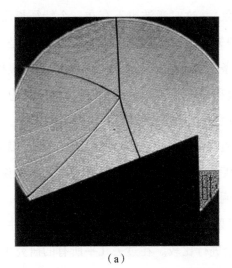
（a）

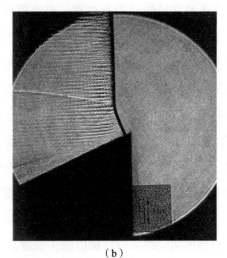
（b）

图1.13　楔面马赫反射纹影图像[24]

（a）激波；（b）爆轰波

在 Ong[25]，Meltzer 等[26]，Akbar[24]和 Li 等[27]的爆轰波马赫反射研究中，他们把入射爆轰波和马赫杆本身的厚度忽略，即把这两者的波阵面视为没有厚度的强间断（适用 C-J 爆轰波的间断关系式），反射波仍然视为无反应的激波（适用激波的间断关系式）。在这种假定下，可以应用反应三激波理论于爆轰波的马赫反射过程，求解得到跨越各个间断的波前波后流场的物理量，三波点轨迹线的角度以及马赫反射转变为规则反射（RR）的极限楔角。但是反应三激波理论得到的结果与实验结果在一般意义上并不一致。这主要是由于反应三激波理论忽略了爆轰波的厚度，在这种情况下爆轰波的马赫反射过程是自相似的，而真实的情况下，这种自相似性并不存在。因此任何忽略爆轰波厚度的理论都不能定量地描述爆轰波的马赫反射过程。

激波的特征长度也可以来自自身的波阵面厚度。对于强激波（马赫数大于 10）来说，电离、解离等松弛过程会使得激波的波阵面存在一个松弛区域，其厚度不可忽略。Sandeman 等[28]发现，由于这种特征厚度的存在，激波的整个马赫反射过程不再是自相似的，但是存在两个极限，即冻结极限（frozen limit）和平衡极限（equilibrium limit）。如果这个松弛厚度很小，电离平衡在波阵面后很快达到，这对应于可以忽略波阵面厚度的激波；如果松弛区域很大，激波波后状态本质上是冻结的（没有电离、解离等现象），这时激波也不存在一个特征长度。在上述的两个极限内，由于特征长度的缺失，激波的马赫反射过程可以认为是自相似的，其马赫反射三波点的轨迹线是条直线。Shepherd 等[29]和 Akbar[24]根据上述两个极限分析了爆轰波的马赫反射过程。爆轰波的特征长度可以是一维稳态 ZND 爆轰波的反应区宽度 Δ，也可以是非稳态多维胞格爆轰波的胞格尺寸 λ，或者流体动力学厚度 L（表示非稳态胞格爆轰波真实的反应区厚度）。对于 ZND 爆轰波，存在一个冻结的无反应的诱导区和随后的放热区。但是对于胞格爆轰波来说，由于其是多维的和不断变化的，并不能够明显地区分开诱导区和反应区。

前人的很多实验研究主要关注马赫反射三波点的轨迹线以及极限楔角，并且将得到的实验结果与自相似的三激波理论进行比较。在过去几乎所有的研究中，对马赫反射的观察通常局限在一个较短的马赫杆行程（Mach stem travel）内。在这种情况下，容易得出爆轰波马赫反射三波点的轨迹线是直线的结论。根据具体实验工况的不同（如不同的胞格尺寸），实验结果符合或者不符合自相似三激波理论的结论都存在于过往的文献中。这些矛盾的结论对后来的研究者造成了很大的困扰。比如在 Ong[25] 的早期研究中 [$H_2 + O_2$, 20 PSIA（每平方英寸绝对磅数）]，由于胞格尺寸很小，爆轰波本身可以认为是一个带反应的强间断，其马赫反射的实验结果更接近反应三激波理论。另外，其他一些研究者发现马赫反射三波点的轨迹线不是直线而是曲线。这说明爆轰波的马赫反射不是自相似的。但是他们仍然试图拟合出一条直线来表示三波点的轨迹线，并与三激波理论进行比较。严格意义上讲，这种做法是不严谨的。爆轰波的数值研究主要侧重于定性描述规则爆轰波的马赫反射模式，如胞格的尺寸变化、马赫杆结构的演变以及流场参数的不同，除此之外并没有给出特定的核心结论，比如自相似性的问题，又比如特征尺度、爆轰波本身稳定性对马赫反射的影响等。需要指出的是，在几乎所有的数值计算中，楔面的长度只有几个胞格的长度，只有在 Trotsyuk[30] 的研究中，计算距离达到 60λ。因此 Trotsyuk 能够观察到马赫反射的三波点轨迹线在远场渐近地趋于一条直线。Trotsyuk 同时也观察到马赫反射三波点轨迹线是振荡的，而这种振荡是由于马赫反射与波阵面横波的作用造成的。对于胞格爆轰波来说，波阵面是非稳态、非平面的，存在着大量的三波结构。因此胞格爆轰波与楔面的入射角在一个胞格的范围内是不断变化的。在楔面的附近，反射模式可以是马赫反射，也可能是规则反射。Wang 等[31] 也得到一个相似的结论，即在一个 50°（相同强度激波反射的临界楔角）的楔面上，规则反射和马赫反射交替存在。这种规则反射和马赫反射交替存在的现象只存在于胞格爆轰波的楔面反射中。对于平面 ZND 爆轰波和平面激波来说，反射模式只可能是马赫反射或者规则反射，不存在其他情况。这是因为从局部来说，平面 ZND 爆轰波和平面激波的楔面反射至少是拟稳态（pseudo-steady）的，而不是非稳态（non-steady）的。

1.5.2 气相爆轰波的曲面反射

当平面入射激波遇到圆柱形凸面时，根据初始壁角和马赫数（入射波）的不同，可能发生规则反射或马赫反射。如果初始反射是 RR，则当入射激波沿着圆柱形凸面传播时，壁角会不断减小，最终 RR 转变为 MR。当壁面切角明显小于 detachment criterion（脱离准则）时，发生 RR 到 MR 在凸圆柱上的过渡，该结果与实验测量结果[22]一致。很多实验表明，RR 到 MR 转变的楔角取决于入射冲击波的马赫数和圆柱表面的曲率半径。此外，实验结果表明临界过渡壁角位于 RR – MR 过渡线下方，用于拟稳态流动。此外，随着曲率半径的增加，过渡壁角增加并接近拟稳态 RR – MR 过渡线。

1945 年，von Neumann[32]提出了第一个预测从 RR 到 MR 转变的理论模型，即脱离准则。最值得注意的转变准则包括脱离准则、力学平衡准则（mechanical – equilibrium criterion）、声速准则（sonic criterion）和空间尺度标准（length – scale criterion）[22]。对于楔面上的伪稳态激波反射，普遍接受的观点是，一旦在反射点后面产生的声波信号超过反射点（对应于所谓声速准则），就会发生从 RR 到 MR 的转变。Hornung[23]提出的空间尺度概念已经成功地用于预测稳态和拟稳态激波反射中的转变线以及在圆柱形凹面上的非稳态激波反射情况。据信，楔角顶点产生的信号和入射激波之间的"追逐"是确定圆柱形凸面上 RR→MR 转变过程的主要因素。Skews 和 Kleine[33]研究了激波与凸圆柱面的相互作用，发现"追赶"状态发生的壁面角度远高于直楔面上的壁面角度。只有随着激波在壁面上的传播才能观察到可见的马赫杆，即临界壁角明显小于楔面的情况。只要初始反射模式是规则反射的并且顶角信号不穿过反射点，初始楔角就不会影响转变过程。在这种情况下，顶角信号保留在反射点后面。然而，这一发现与 Hakkaki – Fard[34]的数值结果不一致。Skews 和 Kleine 的结果表明在非黏性流动的情况下凸面上的转变角度与直楔面的结果相同。然而，如果在模拟中考虑黏性效应，使用计算流体动力学（CFD）预测的转变结果有一定的延迟。从定性的角度讲，该结果类似于楔面马赫反射的情况。

类似地，爆轰波也可以以 RR 或 MR 的形式在圆柱形凸面上发生反射。与惰性激波不同，爆轰波是存在胞格结构的并且存在更多的空间尺度，例如反应区厚度和胞格尺寸，这进一步增加了问题的复杂性。Akbar[24]利用 schlieren（纹影）实验研究了凸面上的爆轰波反射，得到了 MR 的三波点轨迹。然而，在该研究中未测量临界壁角。我们之前关于楔面爆轰反射的研究[35-37]表明空间尺度效应对 MR 过程有显著影响。由于不存在特征空间尺度，惰性激波的 MR 是自相似的。

然而，爆轰波波阵面的厚度使得 MR 过程是非自相似的。在本研究中，由于曲率半径的影响从开始就存在，因此无论是惰性激波还是爆轰波的反射过程都不是自相似的。尽管直楔面上的爆轰波反射已经成为许多实验和数值研究的热门课题，但是仍然缺乏关于凸面上爆轰波从 RR 到 MR 的转变的定量研究，该领域中的几个关键问题仍然缺乏合理的解释。圆柱凸面有助于更好地观察 RR 到 MR 的演变，以及随后由于圆柱表面上的衍射使 MR 衰减的过程。在本研究中，同时进行了实验和数值模拟以研究从 RR 到 MR 发生转变的临界壁角的尺度效应。

1.5.3 气相爆轰波的衍射

与激波的马赫反射过程类似，激波的衍射过程也是一个自相似的过程（图 1.14），这也是由于激波的衍射过程不存在特征尺度。如果认为激波波阵面的厚度不可忽略，或者引入几何尺度（比如衍射点处存在圆角），则激波的衍射过程不再是一个自相似的过程。对于爆轰波来说，其自身存在特征尺度（反应区的宽度 Δ、胞格尺寸 λ 或者流体动力学厚度 L[10]），因此爆轰波的衍射过程不再是一个自相似的过程。但是如果忽略爆轰波的厚度，只是把其视为没有厚度的反应激波（间断），则这种反应激波的衍射过程就与激波类似，是一个自相似的过程。因此，爆轰波的特征尺度对于其衍射过程来说是一个极其重要的因素。

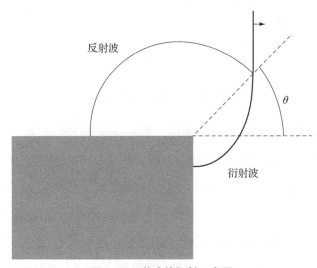

图 1.14 激波的衍射示意图

爆轰波从管道进入自由空间的衍射问题是爆轰问题研究的经典问题[2]。如图 1.15 所示，在爆轰波的衍射过程中，受到稀疏的波阵面会弯曲，并且开始衰减，表现为前导激波与反应区解耦，流场的压力、密度和速度等物理量开始减小。这会导致爆轰波的局部熄爆，而且随着爆轰波的继续向前传播，熄爆波的波阵面到达管道中线后，整个爆轰波可能会完全熄爆。实验发现如果在管道的管径 d 足够大的情况下，爆轰波可以克服稀疏作用而不熄灭。因此存在一个极限管径尺寸 d_c：如果 $d>d_c$，平面爆轰波进入自由空间后，能够转变为球型爆轰波而不熄灭；如果 $d<d_c$，平面爆轰波进入自由空间后，不能够转变为球型爆轰波而衰减为爆燃波。因此爆轰波的绕射过程存在三种模式，即亚临界（sub-critical）、临界（critical）和超临界（super-critical）模式。

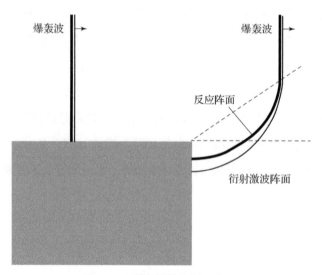

图 1.15　爆轰波的衍射示意图

对于一般的碳氢燃料混合气体来说，Mitrofanov 和 Soloukhin[38]通过大量的实验发现了临界管径大约是胞格宽度的 13 倍，即 $d_c \approx 13\lambda$。此后，Knystautas 等[39]对不同稀释度和初始压力下的燃料-氧气-氮气混合气体进行了深入的实验研究，进一步确认了 $d_c \approx 13\lambda$ 这个经验公式的普遍适用性。需要指出的是，由于爆轰波的不稳定性，在实验中胞格尺寸 λ 的测量存在很大的误差，因此 d_c 与 λ 的比值会在一个较大的范围内波动。虽然经验公式 $d_c \approx 13\lambda$ 看起来对大多数的气相爆轰波来说是正确的，但是 Zhang 等[40]发现对于经过大量氩气稀释的混合气体来说，$d_c \approx 25\lambda$，对于不稳定的气体来说，$d_c \approx 13\lambda$ 仍然成立。这也说明了气体的不稳定程度能够影响临界管径，因此有必要将稳定气体和不稳定气体分开进行研究。Meredith 等[41]用薄的环形管道对圆柱爆轰波（近似于二维平面爆轰波）的衍射过程进行了实验研究，结果发现对于不稳定气体来说，临界宽度 w_c 大约是 $2.74 \sim 3.80\lambda$。这一结果与 Benedick 等[42]在矩形管道中的实验结果 $w_c \approx 3\lambda$ 接近。但是对于高度稀释的混合气体（$C_2H_2 + O_2 + 70\%$ Ar）来说，Meredith 等发现 w_c/λ 不再是 3，而是接近 12。

由此可见，对于稳定气体和不稳定气体来说，临界管径差异很大，这也说明混合气体的稳定性，或者说胞格的规则程度对爆轰波的衍射过程有着举足轻重的影响。Lee[2]认为对于不稳定气体和高度稀释的稳定气体来说存在两种截然不同的机理，如图 1.16 和图 1.17 所示。对于不稳定气体来说，化学反应速率对温度扰动很敏感，容易造成流动和化学反应的解耦。爆轰波波阵面受到稀疏作用后，其前导激波与反应区解耦而造成熄爆，稀疏波波头即爆轰波熄爆的失效波。由于管道截面积是突然扩大的，因此靠近拐角处面积发散的速率很大，越靠近管道中线面积发散的速率越小。因而在拐角处，爆轰波很容易熄爆，胞格会消失。靠近中线时，当面积扩散的速率减小而不足以造成爆轰波的熄爆，胞格会增大而不会消失。如果胞格尺寸增大的速率不大，爆轰波的不稳定性会发挥作用并在扩大的胞格内产生新的小胞格，从而造成局部的重起爆。对于稳定气体（比如高浓度氩气稀释的混合气体）来说，活化能较低，化学反应对温度的扰动不敏感，因此稀疏波波头产生的稀疏作用并不会造成其后面爆轰波的全部熄灭。受到稀疏作用的爆轰波速度减小，因此其波阵面变弯曲。从稀疏波的波头往后，爆轰波的波阵面的曲率逐渐增加。当曲率达到一个临界值，前导激波会与反应区解耦从而造成熄爆。因此在完全熄爆的爆轰波与未受稀疏影响的爆轰波之间存在一个低速爆轰区域，其波阵面是弯曲的并且爆速低于 C-J 速度，胞格比正常的胞格要大。对于稳定气体来说，其失效与否取决于受到稀疏作用后波阵面的曲率（曲率与速度对应），如果其曲率增加到某一临界值，或者说速度衰减到某一临界值（如 $0.6D_{CJ}$），爆轰波就会失效。

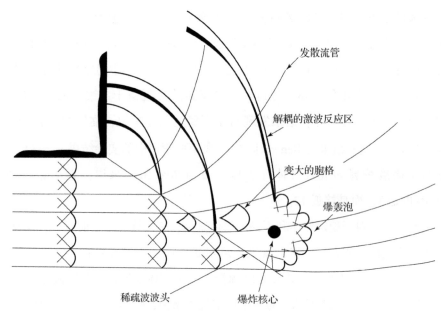

图1.16　不稳定爆轰波的失效和重起爆机理[2]

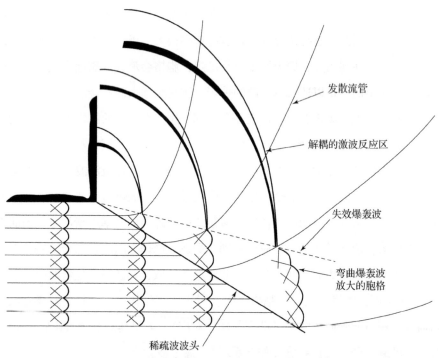

图1.17　稳定爆轰波的失效和重起爆机理[2]

1.5.4　气相爆轰波反射和衍射的相互作用

在复杂的管道中，爆轰波可能会受到反射和衍射的共同作用，或先后或同时发生，这就使得爆轰波在复杂管道中的传播规律异常复杂，难以分析和预测。例如在天然气输运管道或者核反应堆的管道系统中，经常需要一些弯管法兰结构，突然的管道内部爆炸会对其构成巨大的威胁。为了评估意外事故条件下爆轰波对整个管道的破坏效应，需要重点研究弯管，特别是弯管不同位置处的压力响应过程，以及造成这些结果的原因。此外研究爆轰波在环形管道内的传播机理也有助于旋转爆轰发动机（RDE）的设计。

如图1.18和图1.19所示，当平面爆轰波从直管道中进入弯曲管道中时，其波阵面内侧受到稀疏作用，速度减小，反应区变宽，受此影响胞格的尺寸也会变大。如果稀疏作用过于强烈，可能会导致前导激波与反应区的解耦，造成爆轰波的熄爆。与此过程相反的是，在弯曲管道的外侧，爆轰波则会受到压缩作用的影响而加速为过驱爆轰波，导致反应区宽度和胞格尺寸的减小。在马赫反射的三波点与稀疏波的波头相碰之前，反射过程和衍射过程是两个相互独立的过程，不会相互产生影响，但是当两者相遇后，反射作用和稀疏作用开始相互影响。这种相互影响的过程是一个很复杂的过程，与管道的曲率半径、管道的宽度以及爆轰波本身的特征尺度都有关系。

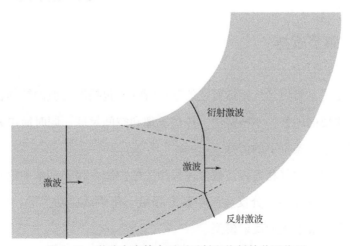

图1.18　激波在弯管内受到反射和绕射的共同作用

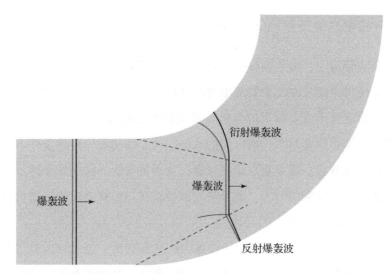

图1.19 爆轰波在弯管内受到反射和绕射的共同作用（忽略胞格结构）

Thomas 等[43]通过实验研究了气相爆轰波与楔体、弯管等约束的相互作用过程，详细阐述了爆轰波在不同尺寸的弯管传播过程中横波结构对爆轰波传播特性的影响，并发现对于小曲率弯管来说，在受压缩一侧的爆轰波受弯管出口端的重新起爆所支配。Deiterding[44]对氢氧爆轰波在光滑弯管中的精细爆轰结构进行了数值模拟，结果表明：在弯管出口端，沿着横波出现新的三波点，并向该横波所参与构成的三波点移动。

1.6 章节安排

第1章绪论主要讲述气相爆轰波的基本特性，包括爆轰波的结构，以及与之有关的三个主要的因素：不稳定性、传播机理和空间尺度。同时简单介绍了爆轰波在特定复杂边界条件下的传播。

第2章主要讲述气相爆轰波数值模拟相关的控制方程和基本理论模型，包括多组分气体热力学和多组分反应流控制方程组、化学反应动力学、平面ZND稳态结构解以及爆轰波楔面反射模型。

第3章主要讲述用于气相爆轰数值模拟的数值计算方法和技术，包括有限差分格式、时间离散格式、边界处理方法，此外还介绍了如何使用并行计算技术和网格自适应方法来提高数值模拟的效率，并通过不同的算例对计算方法和技术进行验证。

第 4 章主要对 ZND 爆轰波的马赫反射进行了数值模拟研究，重点关注在不考虑横波效应的基础上波阵面的宽度这一空间尺度如何使自相似性丧失，远场局部的自相似性又是如何渐近地实现，以及尺度效应的影响；此外还针对马赫反射到规则反射转变的临界角度，探索尺度效应是否产生影响。

第 5 章在第 4 章研究的基础上，重点考虑不稳定性和胞格结构对马赫反射过程的影响，特别是爆轰波的不稳定性对马赫反射过程的影响、远场的渐近相似性对反应区宽度的依赖性、胞格结构（横波）对马赫反射三波点轨迹线的影响以及马赫反射的马赫杆在楔面顶点近场的初期发展模式。

第 6 章在第 4 章和第 5 章数值模拟研究的基础上进行实验研究，重点关注对局部自相似性存在的条件进行定量分析，以及不稳定性和热力学特性的影响规律；同时也对气相爆轰波马赫反射的三维结构进行分析，研究在临界马赫反射 – 规则反射的范围内胞格结构的特性。

第 7 章在前几章对爆轰波楔面反射研究的基础上，对爆轰波在凸面上的反射过程同时进行了数值模拟研究和实验研究。在这一问题中引入了一个新的空间尺度：曲率半径。本章针对规则反射到马赫反射转变的临界角度，探究不同空间尺度（曲率半径、胞格尺寸和反应区宽度）的影响以及相关的物理机制。

第 8 章对爆轰波的衍射过程进行了数值模拟研究，重点关注衍射过程中爆轰波解耦失效的机制与不稳定性的关系，以及二维和三维衍射的情况下临界管径与胞格尺寸的定量关系。

第 9 章通过数值模拟研究了在复杂管道内同时存在反射和衍射效应的情况下，爆轰波的传播机制和模式，包括解耦、熄爆和重新起爆过程；同时分析了这个过程中尺度效应的影响规律。

第 10 章进行本书总结、问题探讨和未来研究展望。

第 2 章
控制方程和基本理论模型

本章介绍多组分气体介质反应流体的运动守恒方程组，并重点介绍其与无反应流体 Navier – Stokes（N – S）方程的区别，区别主要体现在以下三个方面：①反应气体是包含多种组分的非等温混合物，即各个组分的温度是不同的。与经典的空气动力学相比，反应气体的比热受到组分和温度的强烈影响，使得其热力学参数更为复杂。②组分之间会发生化学反应，而且化学反应的速率需要进行特别计算。③因为反应气体是多组分的，输运系数（热对流、组分对流、黏性等）需要特别重视。本章介绍的均为守恒型控制方程，CFD 多采用守恒型方程来研究流动特性，因为利用守恒型方程易于构造守恒型差分格式，并且可以减小摄入误差的积累，易于使物理上的守恒关系得到满足，并且得到正确的激波传播速度。

2.1 多组分气体热力学

多组分气体的热力学状态主要包括压力 p 或密度 ρ、温度 T 以及质量分数 Y_k 或摩尔分数 X_k 或摩尔浓度 $[X_k]$。因此，要确定多组分气体的热力学状态，必须从下面数组的每一列中选择一个变量。

$$\begin{pmatrix} p & T_k & Y_k \\ \rho & & X_k \\ & & [X_k] \end{pmatrix}$$

这些变量是一般问题的自然变量，在实际应用中，通常需要选择各种变量的组合。例如，在压力固定的情况下，压力是一种自然选择，密度是固定体积的自然变量。此外，密度是涉及流体力学许多问题的自然变量，因为它直接由连续性方程确定。温度始终是一个自然变量，因为热力学性质和化学速率常数都直接依赖于温度。质量分数和摩尔分数是描述气体混合物组成的变量。摩尔浓度有时也是一个方便使用的变量，因为化学反应的速率直接取决于反应物和产物的摩尔浓度。

1. 状态方程

理想的多组分气体状态方程允许为每个组分指定温度 T_k。然而，在所有组分温度 T_k 都相等的假设下，热力学会简化到更常见的热力学关系。一般的状态方程由式（2.1）给出：

$$p = \sum_{k=1}^{K} [X_k] R T_k \tag{2.1}$$

其中，$R = 8.314 \text{ J/mol} \cdot \text{K}$ 为通用气体常数；K 为组分的总数目。平均质量密度定义为

$$\rho = \sum_{k=1}^{K} [X_k] W_k \tag{2.2}$$

则状态方程也可以写为

$$p = \rho \frac{R}{\overline{W}} T \tag{2.3}$$

其中，平均分子量 $\overline{W}$ 可以定义为不同的形式：

$$\overline{W} = \frac{1}{\sum_{k=1}^{K} Y_k / W_k} = \sum_{k=1}^{K} X_k W_k = \frac{\sum_{k=1}^{K} [X_k] W_k}{\sum_{k=1}^{K} [X_k]} \tag{2.4}$$

将气体混合物种类组成不同地表示为质量分数、摩尔分数或摩尔浓度通常是方便的。下面列出描述混合物组成方式之间的转换公式：

$$X_k = \frac{Y_k}{W_k \sum_{j=1}^{K} Y_j / W_j} = \frac{Y_k \overline{W}}{W_k} T, \qquad X_k = \frac{[X_k]}{\sum_{j=1}^{K} [X_j]}$$

$$[X_k] = \frac{P(Y_k / W_k)}{R \sum_{j=1}^{K} Y_j T_j / W_j} = \rho \frac{Y_k}{W_k}, \qquad [X_k] = X_k \frac{P}{R \sum_{k=1}^{K} X_k W_k} = X_k \frac{\rho}{\overline{W}}$$

$$Y_k = \frac{X_k W_k}{\sum_{j=1}^{K} X_j W_j} = \frac{X_k W_k}{\overline{W}}, \qquad Y_k = \frac{[X_k] W_k}{\sum_{j=1}^{K} [X_j] W_j}$$

2. 标准状态热力学性质

假定多组分气体为热理想气体（thermally perfect gas），则热力学变量只是温度的函数。恒定压力下组分 k 的摩尔比热容由多项式拟合给出：

$$\frac{C_{pk}^o(T)}{R} = \sum_{i=1}^{N} a_{ik} T_k^{(i-1)} \tag{2.5}$$

上标 o 表示一个大气压下的标准热力学状态。然而，对于理想的气体，热容与压力无关，标准热力学状态值可以认为是实际值。其他热力学变量可由摩尔比热容的积分给出。首先，组分 k 的标准态摩尔焓由式（2.6）给出：

$$H_k^o(T) = \int_{T_0}^{T_k} C_{pk}^o \mathrm{d}T + \Delta H_{fk}^o \tag{2.6}$$

其中，ΔH_{fk}^o 为 $T_0 = 298.15$ K 时组分 k 的标准生成焓。其次，组分 k 的标准态摩尔熵由式（2.7）给出：

$$S_k^o(T) = \int_{T_0}^{T_k} \frac{C_{pk}^o}{T} \mathrm{d}T + \Delta S_{fk}^o \tag{2.7}$$

其中，ΔS_{fk}^o 为 $T_0 = 298.15$ K 时组分 k 的标准生成熵。代入 C_{pk}^o/R 的多项式到方程（2.6）和方程（2.7）中，可得多项式形式的焓和熵：

$$\begin{aligned} \frac{H_k^o(T)}{RT_k} &= \sum_{n=1}^{N} \frac{a_{nk} T_k^{n-1}}{n} + \frac{a_{N+1,k}}{T_k} \\ \frac{S_k^o(T)}{R} &= a_{1k} \ln T_k + \sum_{n=2}^{N} \frac{a_{nk} T_k^{n-1}}{n-1} + a_{N+2,k} \end{aligned} \tag{2.8}$$

上述方程是针对任意阶多项式的拟合，但是常用的热力学数据库[CHEMKIN, NASA（美国航空航天局）] 通常只需要 7 个系数，即

$$\frac{C_{pk}^o(T)}{R} = a_{1k} + a_{2k} T_k + a_{3k} T_k^2 + a_{4k} T_k^3 + a_{5k} T_k^4$$

$$\frac{H_k^o(T)}{RT_k} = a_{1k} + \frac{a_{2k}}{2} T_k + \frac{a_{3k}}{3} T_k^2 + \frac{a_{4k}}{4} T_k^3 + \frac{a_{5k}}{5} T_k^4 + \frac{a_{6k}}{T_k} \tag{2.9}$$

$$\frac{S_k^o(T)}{R} = a_{1k} \ln T_k + a_{2k} T_k + \frac{a_{3k}}{2} T_k^2 + \frac{a_{4k}}{3} T_k^3 + \frac{a_{5k}}{4} T_k^4 + a_{7k}$$

其他热力学变量：等容比热 $C_{\nu k}^o$，内能 U_k^o，标准 Gibbs 自由能 G_k^o，标准 Helmholtz 自由能 A_k^o，很容易以 C_p^o、H^o 和 S^o 的形式给出：

$$\begin{aligned}
C_{\nu k}^o(T) &= C_{pk}^o(T) - R \\
U_k^o(T) &= H_k^o(T) - RT_k \\
G_k^o(T) &= H_k^o(T) - T_k S_k^o(T) \\
A_k^o(T) &= U_k^o(T) - T_k S_k^o(T)
\end{aligned} \quad (2.10)$$

对于理想气体，标准状态的比热，焓和内能也是实际值为准，所以可以放弃这些上标 o。通常，热力学状态以单位质量（每千克）而非单位摩尔（每摩尔）给定，可用摩尔单位的热力学变量除以分子量 W_k 进行转换。通常小写的变量如 c_{pk}^o、$c_{\nu k}^o$、h_k^o、s_k^o 等表示的是单位质量的热力学状态。

3. calorically perfect gas 热力学参数

calorically perfect gas 假设定压比热 c_p 不随温度变化，为一常数，此时 $h = c_p T$。利用状态方程：$p = \rho \dfrac{R}{W} T$，$c_p - c_\nu = \dfrac{R}{W}$ 和 $\gamma = c_p/c_\nu$，可得

$$\left.\begin{aligned}
c_\nu &= \frac{1}{\gamma - 1} R \\
c_p &= \frac{\gamma}{\gamma - 1} R \\
h &= c_p T = \frac{\gamma}{\gamma - 1} \frac{p}{\rho} \\
e &= c_\nu T = \frac{1}{\gamma - 1} \frac{p}{\rho}
\end{aligned}\right\} \to h - e = \frac{p}{\rho} \quad (2.11)$$

上面的 4 个热力学变量均为单位质量的变量，称为比热、比焓和比内能。式 (2.11) 也可以写成总能 E 和总焓 H 的形式，即

$$\begin{aligned}
p &= (\gamma - 1)\rho e = (\gamma - 1)\left(E - \frac{1}{2}\rho u^2\right) \\
p &= \frac{\gamma - 1}{\gamma}\rho h = \frac{\gamma - 1}{\gamma}\left(H - \frac{1}{2}\rho u^2\right)
\end{aligned} \quad (2.12)$$

单位体积的总能和总焓显式地表示为

$$\left. \begin{array}{l} E = \dfrac{p}{\gamma - 1} + \dfrac{1}{2}\rho u^2 = \rho h - p + \dfrac{1}{2}\rho u^2 \\ H = \dfrac{\gamma p}{\gamma - 1} + \dfrac{1}{2}\rho u^2 \end{array} \right\} \rightarrow H - E = p \qquad (2.13)$$

声波是小扰动波，可以认为是等熵过程，声速方程可以写为

$$a^2 = \left(\dfrac{\partial p}{\partial \rho} \right)_s \qquad (2.14)$$

理想气体的等熵关系 $p/\rho^\gamma = \mathrm{const}$，可得

$$a^2 = \gamma \dfrac{p}{\rho} = \gamma \dfrac{R}{W} T \qquad (2.15)$$

利用声速公式，总能和总焓可以表示为声速的形式，即

$$\begin{array}{l} E = \dfrac{\rho u^2}{2} + \dfrac{\rho a^2}{\gamma(\gamma - 1)} \\ H = \dfrac{\rho u^2}{2} + \dfrac{\rho a^2}{\gamma - 1} \end{array} \qquad (2.16)$$

两式相减可以得总能和总焓之间的关系：

$$E - H = -p \qquad (2.17)$$

或者

$$H = E + p \qquad (2.18)$$

2.2 多组分反应流控制方程组

2.2.1 笛卡儿坐标系下的形式

1. 质量和组分守恒

因为燃烧过程并不产生（消耗）质量，因此与无反应流相比，反应流的总质量也是守恒的：

$$\dfrac{\partial \rho}{\partial t} + \dfrac{\partial \rho u_i}{\partial x_i} = 0 \qquad (2.19)$$

注意，本节中守恒方程写成张量分量的形式，下标 i，j 满足爱因斯坦求和约定。

下标 k 表示组分编号，不参与求和。

组分 k 的质量守恒方程可以写为

$$\frac{\partial \rho Y_k}{\partial t} + \frac{\partial}{\partial x_i}(\rho Y_k(u_i + V_{ki})) = \dot{\omega}_k \quad (k = 1, 2, \cdots, N) \tag{2.20}$$

其中，V_{ki} 为组分 k 的扩散速度 V_k 在 x_i 方向上的分量；$\dot{\omega}_k$ 为组分 k 的生成速率。

由于总的组分守恒，可得

$$\sum_{k=1}^{N} Y_k V_{ki} = 0, \quad \sum_{k=1}^{N} \dot{\omega}_k = 0$$

其中 N 为总的组分数量。V_{ki} 的具体形式复杂，大多数的数值计算通常采用简化的形式。Hirschfelderh 和 Curtiss 采用如下的一阶近似形式：

$$V_{ki} X_k = -D_k \nabla X_k = -D_k \frac{\partial X_k}{\partial x_i}$$

$$D_k = \frac{1 - Y_k}{\sum_{j=1, j \neq k}^{N} X_j / D_{j,k}} \tag{2.21}$$

其中系数 $D_{j,k}$ 为反应气体混合物中组分 j 相对于组分 k 的双扩散系数，而系数 D_k 为组分 k 相对于其他组分的等效扩散系数。采用 Hirschfelderh 和 Curtiss 简化，组分守恒方程可以改写为

$$\frac{\partial \rho Y_k}{\partial t} + \frac{\partial \rho u_i Y_k}{\partial x_i} = \frac{\partial}{\partial x_i}\left(\rho D_k \frac{\partial Y_k}{\partial x_i}\right) + \dot{\omega}_k \quad (k = 1, 2, \cdots, N) \tag{2.22}$$

需要特别说明的是，采用 Hirschfelderh 和 Curtiss 简化会导致总质量的不守恒。但是由于求解 V_{ki} 的困难，多数的计算仍然采用 Hirschfelderh 和 Curtiss 简化公式[45]。基于此假设，组分扩散系数 D_k 可以与热扩散系数 $D_{th} = \frac{\lambda}{\rho c_p}$ 产生联系，其中 λ 为热传导系数。因此组分扩散系数 D_k 可以表示为

$$D_k = D_{th} / Le_k \tag{2.23}$$

其中 Le_k 为刘易斯数。普朗特数 Pr，表示动量与热传导之比，可以写为

$$Pr = \frac{v}{\lambda / \rho c_p} = \frac{\mu c_p}{\lambda} \tag{2.24}$$

其中 v 和 μ 分别为运动和动力黏度系数。

施密特数 Sc_k，表示动量与组分 k 的扩散数 D_k 之比，可以写为

$$Sc_k = \frac{v}{D_k} = Pr \cdot Le_k \tag{2.25}$$

2. 动量守恒

反应流体和无反应流体的动量守恒方程形式一致，即

$$\frac{\partial \rho u_j}{\partial t} + \frac{\partial \rho u_i u_j}{\partial x_i} = -\frac{\partial p \delta_{ij}}{\partial x_i} + \frac{\partial \tau_{ij}}{\partial x_i} + \rho \sum_{k=1}^{N} Y_k b_{k,j} \tag{2.26}$$

其中，$-p\delta_{ij}$、τ_{ij} 和 $b_{k,j}$ 分别为球应力（正应力）、偏应力（剪应力）和作用在组分 Y_k 上的体积力。一般情况下，体积力可以忽略。虽然动量守恒方程中不显式地出现反应项，但是流动已经被化学反应所改变：动力黏度由于温度的巨大变化而大大改变；密度也随之发生变化。因此，相对于无反应流体，当地雷诺数发生了很大的变化；即使动量守恒方程形式保持一致，流动状态已经截然不同。应力张量 $\sigma_{ij} = -p\delta_{ij} + \tau_{ij}$：

$$\sigma_{ij} = \tau_{ij} - p\delta_{ij} = -\frac{2}{3}\mu \frac{\partial u_l}{\partial x_l}\delta_{ij} + \mu\left(\frac{\partial u_i}{\partial x_j} + \frac{\partial u_j}{\partial x_i}\right) - p\delta_{ij} \tag{2.27}$$

应力偏量的分量可以表示为

$$\tau_{11} = \frac{2}{3}\mu\left(2\frac{\partial u}{\partial x} - \frac{\partial v}{\partial y} - \frac{\partial w}{\partial z}\right)$$

$$\tau_{22} = \frac{2}{3}\mu\left(\frac{\partial u}{\partial x} - 2\frac{\partial v}{\partial y} - \frac{\partial w}{\partial z}\right)$$

$$\tau_{33} = \frac{2}{3}\mu\left(\frac{\partial u}{\partial y} - \frac{\partial v}{\partial y} - 2\frac{\partial w}{\partial z}\right)$$

$$\tau_{12} = \tau_{21} = \mu\left(\frac{\partial u}{\partial y} + \frac{\partial v}{\partial x}\right)$$

$$\tau_{23} = \tau_{32} = \mu\left(\frac{\partial v}{\partial z} + \frac{\partial w}{\partial y}\right)$$

$$\tau_{31} = \tau_{13} = \mu\left(\frac{\partial w}{\partial x} + \frac{\partial u}{\partial z}\right)$$

混合气体总的动力黏性系数 μ 可以写为下面的形式（Wilke 公式）：

$$\mu = \sum_{k=1}^{N} \left(\frac{X_k \mu_k}{\sum_{j=1}^{N} X_j \phi_{kj}} \right) \text{或者} \mu = \sum_{k=1}^{N} \left(\frac{Y_k \mu_k}{W_k \left(\sum_{j=1}^{N} \frac{X_j \phi_{kj}}{W_j} \right)} \right)$$

其中 μ_k 是组分 k 的动力黏性系数。ϕ_{kj} 可以写为

$$\frac{1}{\sqrt{8}} \left(\frac{1}{\sqrt{1 + \frac{W_k}{W_j}}} \right) \left(1 + \sqrt{\frac{\mu_k}{\mu_j}} \sqrt[4]{\frac{W_j}{W_k}} \right)^2$$

3. 能量守恒

能量守恒的一般形式可以写为

$$\frac{\partial \rho e}{\partial t} + \frac{\partial \rho u_i e}{\partial x_i} = -\frac{\partial q_i}{\partial x_i} + \frac{\partial u_i \sigma_{ij}}{\partial x_i} + \dot{Q} + \rho \sum_{k=1}^{N} Y_k b_{k,j} (u_i + V_{ki}) \quad (2.28)$$

其中 $\dot{Q}$ 不是化学反应的放热，而是表示系统外传入的能量，如电火花或者激光，若不存在则可以忽略该项。最后一项是体积力做功引起的能量变化，一般情况下也可以忽略。q_i 为能量通量，可以表示为

$$q_i = -\lambda \frac{\partial T}{\partial x_i} + \rho \sum_{k=1}^{N} h_k Y_k V_{ki} \quad (2.29)$$

能量通量包含两项，第一项为 Fourier 热传导定律表示的热量变化，λ 为热传导系数；第二项为混合物各组分扩散产生的热量变化。采用 Hirschfelderh 和 Curtiss 简化[45]，式（2.29）可以改写为

$$q_i = -\lambda \frac{\partial T}{\partial x_i} - \rho \sum_{k=1}^{N} h_k D_k \frac{\partial Y_k}{\partial x_i} \quad (2.30)$$

与混合气体总的动力黏性系数 μ 的定义一样，总的热传导系数 λ 可以写为下面的形式：

$$\lambda = \frac{1}{2} \left(\sum_{k=1}^{N} X_k \lambda_k + \frac{1}{\sum_{j=1}^{N} \frac{X_j}{\lambda_j}} \right) \text{或者} \lambda = \frac{1}{2} \left(\overline{W} \sum_{k=1}^{N} \frac{Y_k \lambda_k}{W_k} + \frac{1}{\overline{W} \sum_{j=1}^{N} \frac{Y_j}{W_j \lambda_j}} \right)$$

其中 λ_k 是组分 k 的热传导系数。

4. 反应 Navier–Stokes 方程组

可燃气体混合物的燃烧和爆轰过程可以由多组分反应 N–S 方程进行描述。

忽略外界能量和体积力，多组分反应 N-S 方程可以写为如下的形式：

$$\begin{cases} \dfrac{\partial \rho}{\partial t} + \dfrac{\partial \rho u_i}{\partial x_i} = 0 \\[6pt] \dfrac{\partial \rho Y_k}{\partial t} + \dfrac{\partial \rho u_i Y_k}{\partial x_i} = \dfrac{\partial}{\partial x_i}\left(\rho D_k \dfrac{\partial Y_k}{\partial x_i}\right) + \dot{\omega}_k \\[6pt] \dfrac{\partial \rho u_i}{\partial t} + \dfrac{\partial \rho u_j u_i}{\partial x_j} = -\dfrac{\partial p}{\partial x_i} + \dfrac{\partial \tau_{ij}}{\partial x_j} \\[6pt] \dfrac{\partial \rho e}{\partial t} + \dfrac{\partial \rho u_i e}{\partial x_i} = \dfrac{\partial}{\partial x_i}\left(\lambda \dfrac{\partial T}{\partial x_i} + \rho \sum_{k=1}^{N} h_k D_k \dfrac{\partial Y_k}{\partial x_i}\right) + \dfrac{\partial u_j \sigma_{ij}}{\partial x_i} \end{cases}$$

或者把压力项 p 提出来放到能量通量项里面，即

$$\begin{cases} \dfrac{\partial \rho}{\partial t} + \dfrac{\partial \rho u_i}{\partial x_i} = 0 \\[6pt] \dfrac{\partial \rho Y_k}{\partial t} + \dfrac{\partial \rho u_i Y_k}{\partial x_i} = \dfrac{\partial}{\partial x_i}\left(\rho D_k \dfrac{\partial Y_k}{\partial x_i}\right) + \dot{\omega}_k \\[6pt] \dfrac{\partial \rho u_j}{\partial t} + \dfrac{\partial \rho u_i u_j}{\partial x_i} = -\dfrac{\partial p}{\partial x_i} + \dfrac{\partial \tau_{ij}}{\partial x_i} \\[6pt] \dfrac{\partial \rho e}{\partial t} + \dfrac{\partial \rho u_i(e+p)}{\partial x_i} = \dfrac{\partial}{\partial x_i}\left(\lambda \dfrac{\partial T}{\partial x_i} + \rho \sum_{k=1}^{N} h_k D_k \dfrac{\partial Y_k}{\partial x_i}\right) + \dfrac{\partial u_j \tau_{ij}}{\partial x_i} \end{cases}$$

上述方程也可以写成通量的形式：

$$\frac{\partial U}{\partial t} + \frac{\partial F}{\partial x} + \frac{\partial G}{\partial y} + \frac{\partial H}{\partial z} = \frac{\partial F_v}{\partial x} + \frac{\partial G_v}{\partial y} + \frac{\partial H_v}{\partial z} + S \tag{2.31}$$

其中守恒项 U 为

$$U = [\rho, \rho Y_1, \cdots, \rho Y_{N-1}, \rho u, \rho v, \rho w, \rho e]$$

对流项为

$$F = [\rho u, \rho u Y_1, \cdots, \rho u Y_{N-1}, \rho u^2 + p, \rho uv, \rho uw, u(\rho e + p)]$$

$$G = [\rho v, \rho v Y_1, \cdots, \rho v Y_{N-1}, \rho uv, \rho v^2 + p, \rho vw, v(\rho e + p)]$$

$$H = [\rho w, \rho w Y_1, \cdots, \rho w Y_{N-1}, \rho uw, \rho vw, \rho w^2 + p, w(\rho e + p)]$$

扩散项为

$$F_v = \begin{bmatrix} 0, \rho D_1 \dfrac{\partial Y_1}{\partial x}, \cdots, \rho D_1 \dfrac{\partial Y_{N-1}}{\partial x}, \sigma_{11}, \sigma_{21}, \sigma_{31}, u\sigma_{11}+v\sigma_{12}+w\sigma_{13}+ \\ \lambda \dfrac{\partial T}{\partial x} + \rho \sum\limits_{k=1}^{N} h_k D_k \dfrac{\partial Y_k}{\partial x} \end{bmatrix}$$

$$G_v = \begin{bmatrix} 0, \rho D_1 \dfrac{\partial Y_1}{\partial y}, \cdots, \rho D_1 \dfrac{\partial Y_{N-1}}{\partial y}, \sigma_{12}, \sigma_{22}, \sigma_{32}, u\sigma_{21}+v\sigma_{22}+w\sigma_{23}+ \\ \lambda \dfrac{\partial T}{\partial y} + \rho \sum\limits_{k=1}^{N} h_k D_k \dfrac{\partial Y_k}{\partial y} \end{bmatrix}$$

$$H_v = \begin{bmatrix} 0, \rho D_1 \dfrac{\partial Y_1}{\partial z}, \cdots, \rho D_1 \dfrac{\partial Y_{N-1}}{\partial z}, \sigma_{13}, \sigma_{23}, \sigma_{33}, u\sigma_{31}+v\sigma_{32}+w\sigma_{33}+ \\ \lambda \dfrac{\partial T}{\partial z} + \rho \sum\limits_{k=1}^{N} h_k D_k \dfrac{\partial Y_k}{\partial z} \end{bmatrix}$$

反应源项为

$$S = [0, \dot{\omega}_1, \cdots, \dot{\omega}_{N-1}, 0, 0, 0, 0]$$

2.2.2 曲线坐标系下的形式

曲线坐标系 (ξ, η, ζ, τ) 与笛卡儿直角坐标系 (x, y, z, t) 的变换关系为

$$\begin{cases} \xi &= \xi(x,y,z,t) \\ \eta &= \eta(x,y,z,t) \\ \zeta &= \zeta(x,y,z,t) \\ \tau &= t \end{cases}$$

定义雅可比矩阵 J：

$$J = \left| \dfrac{\partial(\xi,\eta,\zeta)}{\partial(x,y,z)} \right| = \left| \dfrac{\partial(x,y,z)}{\partial(\xi,\eta,\zeta)} \right|^{-1}$$

雅可比矩阵 J 满足下面的关系式：

$$\dfrac{\partial(x,y,z)}{\partial(\xi,\eta,\zeta)} \cdot \dfrac{\partial(\xi,\eta,\zeta)}{\partial(x,y,z)} = \begin{bmatrix} x_\xi & x_\eta & x_\zeta \\ y_\xi & y_\eta & y_\zeta \\ z_\xi & z_\eta & z_\zeta \end{bmatrix} \begin{bmatrix} \xi_x & \xi_y & \xi_z \\ \eta_x & \eta_y & \eta_z \\ \zeta_x & \zeta_y & \zeta_z \end{bmatrix} = I$$

利用联系求导法则：

$$\frac{\partial}{\partial x} = \xi_x \frac{\partial}{\partial \xi} + \eta_x \frac{\partial}{\partial \eta} + \zeta_x \frac{\partial}{\partial \zeta}$$

$$\frac{\partial}{\partial y} = \xi_y \frac{\partial}{\partial \xi} + \eta_y \frac{\partial}{\partial \eta} + \zeta_y \frac{\partial}{\partial \zeta}$$

$$\frac{\partial}{\partial z} = \xi_z \frac{\partial}{\partial \xi} + \eta_z \frac{\partial}{\partial \eta} + \zeta_z \frac{\partial}{\partial \zeta}$$

求解可得

$$\xi_x = J(y_\eta z_\zeta - z_\eta y_\zeta), \ \xi_y = J(z_\eta x_\zeta - x_\eta z_\zeta), \ \xi_z = J(x_\eta y_\zeta - y_\eta x_\zeta)$$

$$\eta_x = J(y_\zeta z_\xi - z_\zeta y_\xi), \ \eta_y = J(z_\zeta x_\xi - x_\zeta z_\xi), \ \eta_z = J(x_\zeta y_\xi - y_\zeta x_\xi)$$

$$\zeta_x = J(y_\xi z_\eta - z_\xi y_\eta), \ \zeta_y = J(z_\xi x_\eta - x_\xi z_\eta), \ \zeta_z = J(x_\xi y_\eta - y_\xi x_\eta)$$

$$J = \frac{1}{x_\xi(y_\eta z_\zeta - y_\zeta z_\eta) - x_\eta(y_\xi z_\zeta - y_\zeta z_\xi) - x_\zeta(y_\xi z_\eta - y_\eta z_\xi)}$$

曲线坐标系下的多组分反应 N-S 方程可以写为如下的形式：

$$\frac{\partial \widetilde{U}}{\partial \tau} + \frac{\partial \widetilde{F}}{\partial \xi} + \frac{\partial \widetilde{G}}{\partial \eta} + \frac{\partial \widetilde{H}}{\partial \zeta} = \frac{\partial \widetilde{F}_v}{\partial \xi} + \frac{\partial \widetilde{G}_v}{\partial \eta} + \frac{\partial \widetilde{H}_v}{\partial \zeta} + \widetilde{S} \qquad (2.32)$$

其中

$$\widetilde{U} = \frac{U}{J}, \ \widetilde{S} = \frac{S}{J}$$

$$\widetilde{F} = \frac{1}{J}(\xi_x F + \xi_y G + \xi_z H), \ \widetilde{G} = \frac{1}{J}(\eta_x F + \eta_y G + \eta_z H), \ \widetilde{H} = \frac{1}{J}(\zeta_x F + \zeta_y G + \zeta_z H)$$

$$\widetilde{F}_v = \frac{1}{J}(\xi_x F_v + \xi_y G_v + \xi_z H_v), \ \widetilde{G}_v = \frac{1}{J}(\eta_x F_v + \eta_y G_v + \eta_z H_v),$$

$$\widetilde{H}_v = \frac{1}{J}(\zeta_x F_v + \zeta_y G_v + \zeta_z H_v)$$

其中，J 决定坐标系从直角坐标系（x，y，z）到曲线坐标系（ξ，η，ζ）的变换矩阵。η_x，η_y，η_z，ξ_x，ξ_y，ξ_z，ζ_x，ζ_y，ζ_z 为坐标系变换参数。其他参数与笛卡儿直角坐标系下的一致。

2.2.3 物理边界的分类

合适的边界条件对数值计算是非常重要的。边界条件不仅要反映实际流动特征，同时还应具有很好的数值稳定性和易操作性。应当指出，边界条件的选取不是固定的，可以根据具体情况进行选择。常用的边界条件有以下几种。

1. 来流条件

对于开阔流场（外流），在上游的充分远处，可以使用来流条件。通常为

$$\rho = \rho_\infty,\ u = u_\infty,\ v = v_\infty,\ w = w_\infty,\ T = T_\infty \,。$$

2. 入口条件

对于类似管道流场之类的内流，在入口处，可以使用入口边界条件。与外流不同，内流的入口边界条件通常要区分超声速流动及亚声速流动。入口边界条件通过特征边界方法导出，该方法取决于对流通量雅可比矩阵特征值的符号，即 $u,\ u+c,\ u-c$ 的正负性。

对于超声速流动，入口条件与外流的无穷远来流条件相同为：$\rho = \rho_\infty,\ u = u_\infty,\ v = v_\infty,\ w = w_\infty,\ T = T_\infty$。

对于亚声速入口，在入口边界处存在两个正特征值 $u,\ u+c$ 和一个负特征值 $u-c$。因此，两个特征线性正向传播，一个特征线负向传播，离开物理域。在这种情况下，需要在边界上施加两个物理条件，取决于来流上方的物理量，而一个数值条件是从计算域的内部推断而来。因此，亚声速入口的边界条件可以写为

$$p_0 = \frac{1}{2}[p_\infty + p_{\mathrm{in}} - \rho_{\mathrm{in}} c_{\mathrm{in}}(u_\infty - u_{\mathrm{in}})]$$

$$\rho_0 = \rho_\infty - (p_\infty - p_0) c_{\mathrm{in}}^2$$

$$u_0 = u_\infty - (p_\infty - p_0)/(\rho_{\mathrm{in}} c_{\mathrm{in}})$$

3. 出口条件

出口边界条件通过特征边界方法导出，该方法取决于对流通量雅可比矩阵特征值的符号，即 $u,\ u+c,\ u-c$ 的正负性对于外流、出流条件可以采用外推、外插方法得到；也可以采用无反射边界条件或对流边界条件。对于内流，则应当区分超声速出口及亚声速出口。对于超声速出口，可以像外流的出流条件那样处理。对于亚声速出口，存在两个正特征值 $u,\ u+c$ 和一个负特征值 $u-c$，应当给定 1 个边界条件（如背压），另外两个边界条件由内部推出，因此，亚声速入口的边界条件可以写为

$$p_b = p_s$$

$$\rho_b = \rho_n - (p_n - p_b)c_n^2$$
$$u_b = u_n + (p_n - p_b)/(\rho_n c_n)$$

4. 壁面条件

固壁边界条件是一种最常见的边界条件。在固壁上，无黏流动的边界条件表现为不可渗透条件，它要求固壁上运动流体的法向速度与固壁运动保持一致。黏性流动的固壁边界条件则表现为流体完全跟随固壁运动的黏附边界条件，这时除了法向以外，流体在切向也必须与固壁的运动一致。上面两种情况分别对应滑移边界条件和无滑移边界条件。在流体力学的问题中，固壁的运动通常是已知的。确定速度比较麻烦，设固壁本身的运动速度为 $\vec{U}$，则在固壁上，选取无滑移边界条件：$\vec{u} = \vec{U}$，选取滑移边界条件，只需要法向的速度相等，即：$\vec{u} \cdot \vec{n} = \vec{U} \cdot \vec{n}$。对于反应流体，还要考虑边界上组分质量分数的变化，对于边界无催化作用的气体，有

$$\frac{\partial y_i}{\partial n} = 0$$

对于绝热壁，有 $\frac{\partial T}{\partial n} = 0$，对于等温壁，为 $T = T_w$；另外，通常采用 $\frac{\partial p}{\partial n} = 0$ 以确定壁面上的压力。

5. 无反射边界条件

离扰动区较远的边界，可以采用无反射边界条件。配合流体矢量分裂，无反射边界条件可以有很简单的形式。对于流入计算域的通量，假设其空间导数为 0；对于流出计算域的通量，其空间导数由内点和边界点做单边差分给出。

6. 周期边界条件

根据具体情况，可以选择周期边界条件：$\rho_1 = \rho_2$，$u_1 = u_2$，$v_1 = v_2$，$w_1 = w_2$，$T_1 = T_2$。

7. 对称/反对称边界条件

在对称轴上，可以选择对称或反对称边界条件。

8. 对称轴/极点条件

使用柱坐标、球坐标时，在对称轴、极点处要采用这种边界条件。

2.2.4 控制方程的无量纲化

流体动力学方程的无量纲化在数值计算中非常重要。如果不进行无量纲化，那么对于大的压力和小的时间步长（小的扩散和反应时间尺度），方程可能会受到病态的影响。当用真实的物理参数模拟扩散流，并使用很细的网格来显示收敛时，时间步长会变得很小，以至于四舍五入误差会污染计算结果。方程无量纲化可以解决这个问题。

1. 无反应 Navier–Stokes 方程

对于无反应的方程，可以选择未反应介质适当的时间和空间尺度作为无量纲时间和长度参考值，即

$$x^* = \frac{x}{L_\infty}, \quad t^* = \frac{t}{\dfrac{L_\infty}{a_\infty}}$$

其中 a_∞ 为声速。其他物理量可以无量纲为

$$u^* = \frac{u}{a_\infty}, \quad \rho^* = \frac{\rho}{\rho_\infty}, \quad p^* = \frac{p}{\rho_\infty a_\infty^2}, \quad T^* = \frac{T}{\dfrac{a_\infty^2}{c_{p\infty}}}, \quad R^* = \frac{R}{c_{p\infty}}$$

理想气体的无量纲化的热力学方程和状态方程可以写为

$$p = \rho RT \rightarrow \rho_\infty a_\infty^2 p^* = (\rho_\infty \rho^*)(c_{p\infty} R^*)\left(\frac{a_\infty^2}{c_{p\infty}} T^*\right) \rightarrow p^* = \rho^* R^* T^*$$

无量纲化的混合物黏度和导热率为

$$\mu^*(T^*) = \frac{\mu(T)}{\rho_\infty a_\infty L_\infty}, \quad \lambda^*(T^*) = \frac{\lambda(T)}{\rho_\infty a_\infty L_\infty c_{p\infty}}$$

将无量纲化的物理量代入原来的 Navier–Stokes 方程，可以得到无量纲化的 Navier–Stokes 方程，经过验证，可以发现这两个方程的形式一致。应当指出，无量纲形式的选取不是唯一的。

2. 反应 Navier–Stokes 方程

对于 N 组分的热理想气体混合物，无量纲化的密度和各组分的分密度可以表示为 $\rho_\infty = \sum_{i=1}^{N} \rho_{i\infty}$，$\rho_i^* = \dfrac{\rho_i}{\rho_\infty}$。无量纲化的热力学方程可以写为

$$c_{pi}^*(T^*) = \frac{c_{pi}(T)}{c_{p\infty}}, \quad h_i^*(T^*) = \frac{h(T)}{a_\infty^2}, \quad R^*(T^*) = \frac{R(T)}{c_{p\infty}}$$

无量纲化的质量扩散率：

$$D_i^*(T^*) = \frac{D_i(T)}{a_\infty L_\infty}$$

无量纲化的 Arrhenius 参数为

$$E_{ai}^* = \frac{E_a}{a_\infty^2}, \quad A_i^* = \frac{A_i}{\dfrac{a_\infty}{L_\infty}}$$

2.3 化学反应动力学

化学反应动力学研究的对象是化学反应进行的速度以及反应机理，燃料的燃烧、火焰的传播和爆轰的理论都是建立在这个基础上的。不同的化学反应以完全不同的速度进行。即使是同一反应，由于进行条件的不同，反应速度也有很大的差别。例如爆炸反应仅在万分之一秒就完成，而另外一些反应（比如液体火箭燃料对金属外壳的腐蚀），却要以年来计算。有时希望反应快些，有时希望反应慢些。能不能以我们希望的反应速度进行？通过数学方法，找出化学反应速度的关系，这就是我们研究化学反应动力学的目的。化学反应动力学涉及的问题很多，同时很多问题到目前为止仍然没有很好解决。化学反应动力学与化学热力学不同，不是计算达到反应平衡时反应进行的程度或转化率，而是从一种动态的角度观察化学反应，研究反应系统转变所需要的时间，以及这之中涉及的微观过程。化学反应动力学与化学热力学的基础是统计力学、量子力学和分子运动论。

2.3.1 基元反应机理

考虑用一般形式的涉及 K 种组分的可逆（或不可逆）反应：

$$\sum_{k=1}^{K} v'_{ki} \chi_k \Leftrightarrow \sum_{k=1}^{K} v''_{ki} \chi_k \tag{2.33}$$

化学计量系数 v_{ki} 是整数，χ_k 是第 k 种组分的化学符号。上标 ′ 表示正向化学计量系数，而"表示反向化学计量系数，通常，一个基元反应只涉及三种到四种组分，因此对于包含大量基元反应的机理，v_{ki} 的矩阵是稀疏矩阵。对于非基元反应，方程（2.33）也可以表示为整体的反应表达式，但化学计量系数可能是非整数。第 k 个组分的生成速率可以写成所有包含这一组分的 I 个基元反应速率 q_i 的总和，即

$$\dot{\omega}_k = \sum_{i=1}^{I} v_{ki} q_i \quad (k = 1, \cdots, K) \tag{2.34}$$

其中

$$v_{ki} = v_{ki}'' - v_{ki}'$$

第 i 个反应的速率 q_i 由正向和反向速率的差异给出，即

$$q_i = k_{fi} \prod_{k=1}^{K} [X_k]^{v_{ki}'} - k_{ri} \prod_{k=1}^{K} [X_k]^{v_{ki}''} \tag{2.35}$$

其中，$[X_k]$ 为第 k 种组分的摩尔浓度；k_{fi}，k_{ri} 为第 i 个反应的正向速率系数和反向速率系数。正向速率系数为

$$k_{fi} = A_i T^{n_i} \exp\left(\frac{-E_i}{RT}\right) \tag{2.36}$$

其中，A_i 为指前因子；n_i 为温度指数；E_i 为活化能。

在热力学系统中，反向速率系数 k_{ri} 通过平衡常数与正向速率系数相关，即

$$k_{ri} = \frac{k_{fi}}{K_{ci}} \tag{2.37}$$

尽管 K_{ci} 是以浓度单位给出的，但平衡常数更容易由压力单位的热力学性质确定，即

$$K_{ci} = K_{pi} \left(\frac{P_{atm}}{RT}\right)^{\sum_{k=1}^{K} v_{ki}} \tag{2.38}$$

平衡常数 K_{pi} 用下面的关系式获得：

$$K_{pi} = \exp\left(\frac{\Delta S_i^o}{R} - \frac{\Delta H_i^o}{RT}\right) \tag{2.39}$$

Δ 是第 i 个反应中反应物完全变为产物时物理量发生的变化：

$$\begin{aligned} \frac{\Delta S_i^o}{R} &= \sum_{k=1}^{K} v_{ki} \frac{S_k^o}{R} \\ \frac{\Delta H_i^o}{RT} &= \sum_{k=1}^{K} v_{ki} \frac{H_k^o}{RT} \end{aligned} \tag{2.40}$$

$H_2 - O_2$ 预混气体的一种 9 组分 19 反应的基元反应机理，见附录 B，包括具体的基元反应方程及各种常数（包括活化能 E、指前因子 A、温度指数 n，其中标有 M 的表示方程有三体效应）。

三体效应：

在一些反应中，需要"三体"组分来辅助才能进行，这在解离或重组反应中经常出现，例如

$$H + O_2 + M \Leftrightarrow HO_2 + M$$

有效的三体组分的浓度必须出现在该反应的速率表达式中。因此，反应速率方程（2.35）需要修改为

$$q_i = \left(\sum_{k=1}^{K}(\alpha_{ki})[X_k]\right)\left(k_{fi}\prod_{k=1}^{K}[X_k]^{v'_{ki}} - k_{ri}\prod_{k=1}^{K}[X_k]^{v''_{ki}}\right) \quad (2.41)$$

如果混合物中的所有组分都作为三体并做出同等的贡献，那么所有组分 k 的 $\alpha_{ki} = 1$，此时方程（2.41）右端第一个因子是混合物的总浓度：

$$[M] = \sum_{k=1}^{K}[X_k] \quad (2.42)$$

然而，在很多反应中，有些组分作为三体组分通常是比其他的组分更有效的，这意味着 α_{ki} 值是不同的，必须在机理文件中显式地说明。

2.3.2 CHEMKIN 程序包

CHEMKIN 程序包是美国 Sandia 国家实验室在 20 世纪 80 年代开发的大型气相化学反应动力学库函数，旨在方便解释和计算与气相反应动力学有关的问题。它提供了灵活而强大的工具，可以将复杂的化学动力学计算耦合到反应流体动力学模拟中。该程序包含两个主要组件：解释器（Interpreter）和气相子程序库（Gas - Phase Subroutine Library）。解释器是一个完整的 Fortran 程序，可以读取用户指定的基元化学反应机理。解释器的一个输出是一个数据文件，用于链接气相子程序库。气相子程序库不是一个完整的计算程序，而是一个包含 100 多个高度模块化的 Fortran 子程序的文件。在用户自定义的程序中可以调用这些子程序获得化学反应系统的状态方程、热力学性质和化学反应生成率等信息，解决具体问题。

CHEMKIN 程序包包括两个 Fortran 源程序和另外两个数据文件。

(1) the Interpreter (code) 解释器：interpreter.f。

(2) the Gas-Phase Subroutine Library (code) 气相子程序库：cklib.f。

(3) the Thermodynamic Database (file) 热力学数据库：therm.dat。

(4) the Linking File (file) 链接文件：chem.bin。

用户运行解释器（interpreter.exe）读取格式化的化学反应机理文件（chem.inp），然后从热力学数据库（therm.dat）中提取相关组分的热力学数据。解释器的输出一个链接文件（chem.bin），其中包含反应机理中的元素（element）、组分（species）和反应（reaction），以及与基元反应有关的所有信息；还输出文本文件 chem.out，供使用者校核。

将 CHEMKIN 应用于具体问题时，用户首先需要编写一个应用程序。接下来，链接文件（chem.bin）由用户应用程序代码中的子程序（ckinit）初始化并读取相关信息。初始化的目的是创建 3 个数据数组（一个整数数组 iwork、一个浮点数组 rwork 和一个字符型数组 cwork），供气相子程序库（cklib.f）中的其他子程序在内部使用。气相子程序库具有 100 多个子程序，这些子程序返回有关元素、组分、反应、状态方程、热力学性质和化学生成率有关的信息。通常，这些子程序的输入由气体混合物的状态-压力、密度、温度和组分组成。用户只需要调用 CHEMKIN 子程序，就可以减少所需的编程量。下面介绍 cklib.f 中几个简单的子程序。

CALL CKINIT(LENIWK,LENRWK,LENCWK,LINKCK,LOUT,ICKWRK,RCKWRK,CCKWRK)

CALL CKINDX(ICKWRK,RCKWRK,MM,KK,II,NFIT)

CALL CKRHOY(P,T,Y,ICKWRK,RCKWRK,RHO)

CALL CKWT(ICKWRK,RCKWRK,WK)

CALL CKCPBS(T,Y,ICKWRK,RCKWRK,CPB)

CALL CKHML(T,ICKWRK,RCKWRK,HML)

CALL CKWYP(P,T,Y,ICKWRK,RCKWRK,WDOT)

这些子程序调用的完整细节可以查阅 CHEMKIN 文档，此处的目的是简单说明如何简单地应用 CHEMKIN 子程序。简要地说,第一个调用是初始化子程序 CKINIT,该子程序读取由解释器创建的链接文件 chem.bin 并填充 3 个工作数组 ICKWRK、RCKWRK 和 CCKWRK。LENIWK、LENRWK 和 LENCWK 是用户为数据数组 ICKWRK、RCKWRK 和 CCKWRK 指定的数组大小,取决于机理的元素、组分和反应数量。LINKCK 是链接文件 chem.bin 的逻辑文件号,而 LOUT 是打印的诊断和错误消息的逻辑文件号。对 CKINDX 的调用提供了有关反应机理的索引信息:MM 是混合物中包含的元素数量,KK 是气相组分的数量,II 是基元反应的数量,NFIT 是热力学中的系数数量拟合。在其余的调用中,P、T 和 Y 分别是压力、温度和组分质量分数。输出变量对应于描述反应动力学和热力学方程的各种参量,即密度 RHO = ρ,等压比热 CPB = $\bar{c}_p$,焓 HML = H_k,组分生成率 WDOT = $\dot{\omega}_k$,摩尔质量 WK = W_k。

在调用上述子程序的基础上,对于等压爆炸模型:

$$\begin{cases} \dfrac{\mathrm{d}T}{\mathrm{d}t} = -\dfrac{1}{\rho \bar{c}_p} \sum_{k=1}^{K} h_k \dot{\omega}_k W_k \\ \dfrac{\mathrm{d}Y_k}{\mathrm{d}t} = \dfrac{\dot{\omega}_k W_k}{\rho} \end{cases}, \quad k = 1,2,\cdots,KK$$

上述方程的两个导数可以通过下面的程序获得:

```
SUM = 0.0
DO k = 1,KK
  SUM = SUM + HML(k) * WDOT(k) * WK(k)
  DYDT(k) = WDOT(k) * WK(k)/RHO
ENDDO
DTDT = - SUM/(RHO * CPB)
```

2.3.3 TRANSPORT 程序包

TRANSPORT 程序包用于计算多组分气体的各种输运参数,包括黏性系数、热传导系数、组分扩散系数和热扩散系数。它必须与化学动力学软件包 CHEMKIN 结合使用,逻辑关系如图 2.1 所示。首先执行 CHEMKIN 解释器生成链接文件 chem.bin。然后使用拟合程序 TRANFIT.f 读取输入文件 tran.inp、气体组分输运参数库 tran.dat，以及 CHEMKIN 链接文件 chem.bin 里的信息，输出链接文件 tran.bin，该文件稍后供输运性质子程序库 tranlib.f 调用。使用 tranlib.f 前必须调用 CKINIT 子程序初始化 CHEMKIN 库，调用 MCINIT 子程序初始化 TRANSPORT 库。初始化的目的是读取输运链接文件 tran.bin 内的信息并设置内部工作和存储空间，供库中的其他子程序使用。一旦初始化，就可以在用户自定义的 Fortran 代码中调用库中的任何子程序。

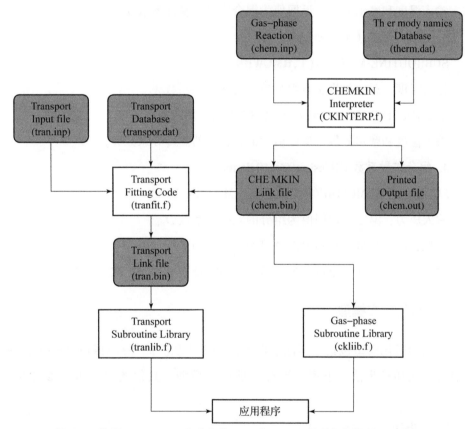

图 2.1　使用 CHEMKIN 程序包和 TRANSPORT 软件包逻辑关系示意图

与输运性质相关的变量和参数可以通过下面的子程序获得。

1. 初始化和参数化

SUBROUTINE MCINIT (LINKMC, LOUT, LENIMC, LENRMC, IMCWRK,

RMCWRK)

SUBROUTINE MCPRAM(IMCWRK,RMCWRK,EPS,SIG,DIP,POL,ZROT,NLIN)

2. 黏性系数 Viscosity

SUBROUTINE MCSVIS(T,RMCWRK,VIS)

输入温度，返回值为所有组分单独的黏性系数 μ_k。

SUBROUTINE MCAVIS(T,X,RMCWRK,VISMIX)

输入温度和摩尔分数，返回值为混合物总的黏性系数 μ。

3. 热传导系数 Conductivity

SUBROUTINE MCSCON(T,RMCWRK,CON)

输入温度，返回值为所有组分单独的热传导系数 λ_k。

SUBROUTINE MCACON(T,X,RMCWRK,CONMIX)

输入温度和摩尔分数，返回值为混合物总的热传导系数 λ。

4. 组分扩散系数 Diffusion Coefficients

SUBROUTINE MCSDIF(P,T,KDIM,RMCWRK,DJK)

输入压力、温度，返回值为组分的双扩散系数 $D_{j,k}$。

SUBROUTINE MCADIF(P,T,X,RMCWRK,D)

输入压力、温度和摩尔分数，返回值为混合物平均的扩散系数 D_k。

2.3.4 简化反应模型

常见的简化模型包括一步法、两步法和三步法。此外针对特定的可燃气体也有五步法和七步法。下面主要介绍前两种模型，其他的模型可以参考相关文献。

1. 一步法

一步法基于不可逆总包反应，即

$$A \rightarrow B$$

其中 A、B 分别为反应物和产物。产物 B 的生成速率等于反应物 A 的减少速率，即 $\dot{\Omega}(B) = -\dot{\Omega}(A)$。因此如果只考虑产物，其生成速率可以写为如下 Arrhenius

反应率形式：

$$\dot{\Omega} = -kY\exp\left(-\frac{E_a}{RT}\right)$$

其中，k、Y、和 E_a 分别表示指前因子、产物的质量分数（反应前 $Y=0$，反应后 $Y=1$）和活化能。活化能 E_a 表征气体的不稳定程度，其值越大说明气体越不稳定。指前因子 k 可以控制反应区的宽度和反应时间（时空尺度）。状态方程可以写为

$$E = \frac{p}{\gamma-1} + \frac{1}{2}\rho u^2 + \rho YQ$$

一步模型需要确定 k、E_a、Q 和 γ 这 4 个参数。通常这 4 个参数可以通过基元反应模型简化得出。需要注意的是在基元模型中，γ 是温度的函数，是一个变量，但是在一步模型中，γ 是一个常量。如果选择 von Neumann 峰值处的 γ，则能够保证一步法得出的 von Neumann 峰值物理量与基元模型的结果一致。如果选择 C-J 面上的 γ，则能够保证一步法得出的 C-J 物理量与基元模型的结果一致。但是一步法不能同时满足上述两点，这是所有 γ 为常数的简化模型存在的共性问题。除此之外，一步反应没有诱导阶段（诱导时间和诱导长度），即使在低于正常爆轰极限温度的情况下也会发生反应，只是通过指数率控制使得这种情况下的反应很慢。因此对于一步模型来说，对于某些特殊的问题，包括直接起爆和熄爆问题，会得出错误的结果，即使是定性的描述也存在问题。但是对于一些相对简单的传播问题，仍然可以认为是一种可以接受的简化方法。

这个模型是一种将反应物 A 转化为产物 B 的不可逆反应。这种模型最简单，假设两种物质具有相同且恒定的比热比和分子量，但具有不同的生成热。反应速率 $\dot{\Omega}$ 具有阿伦尼乌斯形式。虽然这个模型在数值模拟中很容易实现，但很难与实际反应系统联系，因为它只有一个时间尺度和 4 个参数 γ、E_a、Q、k。详细的化学模型和一步模型都有局限性：详细的化学机制在计算上是相当费时的，一步模型是不真实的。

利用一步 Arrhenius 反应率模型，对稳态常微分方程积分可以得到爆轰波的一维稳态 ZND 解，如图 2.2 和图 2.3 所示。在该模型下，控制 ZND 爆轰波结构

的最重要的参数是活化能 E_a，它表征着化学反应的敏感程度，或者说爆轰波的稳定性。低活化能的情况下，波阵面后的压力和温度曲线变化平缓。然而在高活化能的情况下，初始阶段变化很慢，然后突然急剧地变化。在这种情况下爆轰波的 ZND 结构等同于一个相对宽的诱导区和一个相对窄的化学反应区（放热区）。

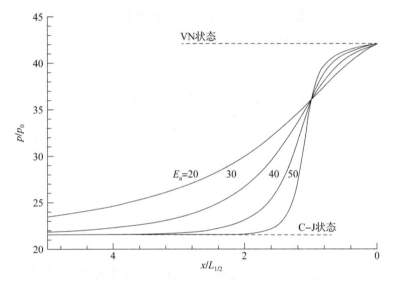

图 2.2　不同活化能下的 ZND 爆轰波压力曲线（$Q=50$，$\gamma=1.2$）

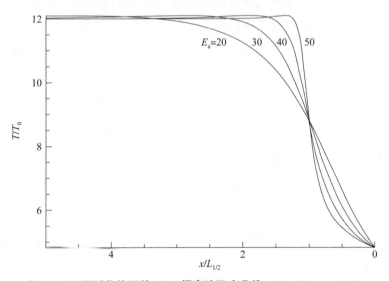

图 2.3　不同活化能下的 ZND 爆轰波温度曲线（$Q=50$，$\gamma=1.2$）

2. 两步法

真实的碳氢燃料燃烧化学反应是支链反应，存在链的支化和终止。一步法的总包反应不能够全部地显现出爆轰波的特性。两步法[46]是最简单的支链反应模型，它由一个对温度敏感的诱导活化阶段（链支化）和一个放热阶段（链终止）构成，可以写成如下的形式：

$$A \rightarrow B \rightarrow C$$

其中 A、B、C 分别为反应物、中间产物和产物。第一步诱导阶段，分子活化，链分支成自由基，这个阶段没有热量的释放。第二步放热阶段链终止，离子结合成产物分子，并释放热量。这两步是独立的，只有第一步完全结束，第二步才会开始。根据 Ng[9] 的工作，诱导过程的反应速率写为

$$\dot{\Omega}_I = H(1 - Y_I) k_I \exp\left(E_I \left(\frac{1}{T_S} - \frac{1}{T}\right)\right)$$

其中，T_S 为前导激波后的温度，可以通过激波关系得到；k_I 为诱导阶段链支化的速率常数，可以用于控制诱导阶段进行的快慢和诱导区长度；E_I 为诱导阶段的活化能。$H(1 - Y_I)$ 是一个阶梯函数，可以定义为

$$H(1 - Y_I) = \begin{cases} 1, & Y_I < 1 \\ 0, & Y_I \geq 1 \end{cases}$$

这里，通过选择合适的参考长度 x_{ref}，可以使诱导区的长度是单位长度，即 $k_I = -u_{vn}$。u_{vn} 是在激波坐标系下前导激波后的粒子速度。参考时间尺度可以通过参考长度 x_{ref} 和声速求得，即 $t_{\text{ref}} = \frac{x_{\text{ref}}}{c_0}$。在诱导区之后，产物开始生成，并伴随着能量的释放。放热阶段的反应速率可以写为

$$\dot{\Omega}_R = (1 - H(1 - Y_I)) k_R (1 - Y_R) \exp\left(\frac{E_R}{T}\right)$$

其中，k_R 为链终止放热阶段的反应速率常数，可以用于控制反应阶段进行的快慢，进而控制反应区的长度；E_R 为链终止放热阶段的活化能。可以通过控制化学反应速率常数 k_R 来控制反应区宽度与诱导区宽度的比值，进而控制反应的稳定性。引入了无量纲的活化能：

$$\varepsilon_\mathrm{I} = \frac{E_\mathrm{I}}{T_\mathrm{S}}, \quad \varepsilon_\mathrm{R} = \frac{E_\mathrm{R}}{T_\mathrm{S}}$$

与一步法类似,两步法的状态方程可以写为

$$E = \frac{p}{\gamma - 1} + \frac{1}{2}\rho u^2 + \rho Y_\mathrm{R} Q$$

其中 Q 为反应热。

利用两步支链反应模型,对稳态常微分方程积分可以得到爆轰波的一维稳态 ZND 解,如图 2.4 和图 2.5 所示。在该模型下,控制 ZND 爆轰波结构的最重要的参数是活化能 E_a,它表征着化学反应的敏感程度,或者说爆轰波的稳定性。诱导区的宽度 Δ_I 由诱导区的反应速率参数 k_I 决定,同理反应区的化学反应速率参数 k_R 决定着放热区的宽度 Δ_R。在本书的研究中,爆轰波的厚度定义为诱导区和反应区宽度之和,即 $\Delta = \Delta_\mathrm{I} + \Delta_\mathrm{R}$。

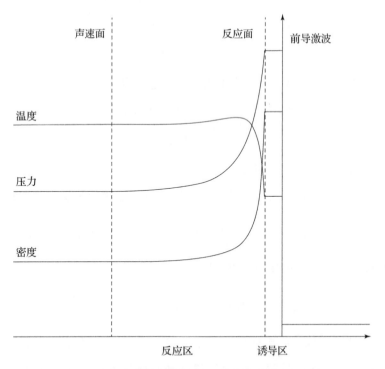

图 2.4 两步支链反应模型的 ZND 爆轰波压力、温度、
密度曲线($Q=50$,$\gamma=1.44$)

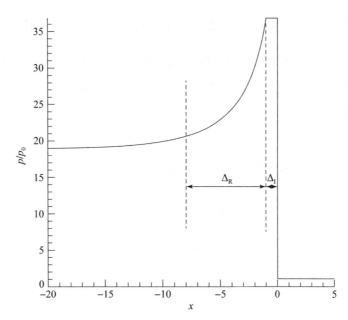

图 2.5　两步支链反应模型的 ZND 爆轰波诱导区和放热区（$Q=50$，$\gamma=1.44$）

与一步法相比，两步法由一个温度敏感的无放热的诱导区和一个放热的反应区组成，更接近于真实的爆轰波 ZND 结构。它可以用于爆轰波直接起爆、熄爆和重新起爆等问题的研究。

3. 三步法

一个三步链支化反应模型的详细描述可以在 Short 和 Quirk[47] 的论文中找到。为了完整起见，我们将在此总结其主要特征。该模型涉及两个温度敏感的产生自由基的反应和一个不依赖于温度的链终止反应。它可以表现为以下三个主要阶段。

(1) F→Y　　　$\dot{\omega}_I = f\exp\left(E_I\left(\dfrac{1}{T_I} - \dfrac{1}{T}\right)\right)$

(2) F + Y→2Y　$\dot{\omega}_B = \rho f y \exp\left(E_B\left(\dfrac{1}{T_B} - \dfrac{1}{T}\right)\right)$

(3) Y→P　　　$\dot{\omega}_C = y$

其中，F，Y，P 分别对应于反应物、自由基和产物；f，y，p 分别对应于反应物、自由基和产物的质量分数。链启动和链支化速率 $\dot{\omega}_I$ 和 $\dot{\omega}_B$ 具有 Arrhenius 温度依

赖形式 $\exp\left(-\dfrac{E}{T}\right)$。链终止反应被假定为一阶，与温度无关并且具有固定速率 $\dot{\omega}_C$。链启动步具有活化能 E_I，并且链支化步的活化能是 E_B。参数 T_I，T_B 分别表示链启动和链支化交叉温度。为了表示典型的链支化反应，这些参数应该在以下限制内，即

$$T_I > T_s, \quad T_B < T_s, \quad E_I \gg E_B$$

反应物、自由基和产物的生成/消耗速率方程为

$$\dfrac{\mathrm{d}f}{\mathrm{d}t} = -(\dot{\omega}_I + \dot{\omega}_B)$$

$$\dfrac{\mathrm{d}y}{\mathrm{d}t} = \dot{\omega}_I + \dot{\omega}_B - \dot{\omega}_C$$

$$\dfrac{\mathrm{d}p}{\mathrm{d}t} = \dot{\omega}_C$$

化学热量释放 q 可以表示为

$$q = (1 - f - y)Q = pQ$$

2.4 平面 ZND 稳态结构

C-J 理论完全忽略了爆轰波结构的细节（即从反应物到产物的过渡过程）。它是稳态的一维守恒方程的可能解，只考虑波阵面上游和下游的平衡态，没有对结构的描述，爆轰波的传播机制也就无从得知。

ZND 爆轰模型也是一个一维稳态模型，可以用代数-微分方程组或者纯粹的偏微分方程组（PDE）来表示。首先我们将讨论这个模型的物理和几何特点。其次我们将给出这个模型的代数-微分方程组，这个方程组是从间断条件得到的，然后是两种形式的纯微分方程组。爆轰波是前导激波和反应区耦合的超声速燃烧波。前导激波通过压缩提高了燃料和氧化剂混合物的温度、密度和压力，引发耦合的链支化爆炸。在诱导时间之后，放热重组反应产生了产物，产物的膨胀效应作为"活塞"向前推进冲击波。前导激波和随后的反应区之间的相互耦合作用是自持爆轰的一个显著特征。

最简单的考虑爆轰波结构的模型是 ZND 模型，由 Zel'dovich, von Neumann 和 Döring 在 20 世纪 40 年代独立提出。在这个模型中，如图 2.6 所示，前导激波之前是初始的未反应的反应物，激波过后是很短的反应区，最终在声速平面处达到平衡，平衡之后的状态取决于边界条件。对于真实的基元化学反应，反应区的大部分由近乎热中性的链启动和链支化反应控制，在此期间，压缩加热后的反应物逐渐解离形成自由基。随着浓度的不断升高，自由基开始发生重组，形成产物，并伴随着显著的放热。由于放热与反应速率与温度之间存在指数性的正向反馈，因此在大多数反应系统中反应通常很快完成。在反应区内，存在两个主要长度尺度：诱导长度 Δ_I 和能量释放脉冲宽度或者成热度脉冲跨度 Δ_e。注意在反应区中，解离形成自由基和自由基重组两个过程是同时进行的，只是速度存在差异。但是在很多简化反应模型，特别是两步反应模型中，自由基重组只发生在反应物全部解离成自由基之后，因此并不存在链支化和重组的竞争关系，这可能会影响爆轰波在解耦、熄爆时的表现。

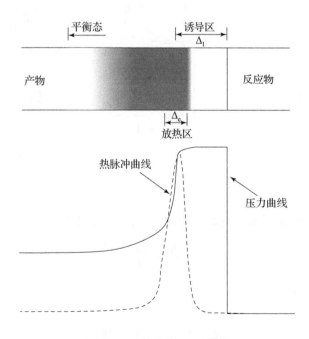

图 2.6　一维稳态 ZND 模型

在激波坐标系下，一维爆轰波稳态 ZND 模型的控制方程可以写为

$$\begin{cases} \dfrac{D\rho}{Dt} + \rho \dfrac{\partial w}{\partial x} = 0 \\[2mm] \rho \dfrac{Dw}{Dt} + \dfrac{\partial p}{\partial x} = 0 \\[2mm] \rho \dfrac{D}{Dt}\left(h + \dfrac{w^2}{2}\right) - \dfrac{\partial p}{\partial t} = 0 \leftrightarrow \dfrac{Dp}{Dt} - a_f^2 \dfrac{D\rho}{Dt} = \rho a_f^2 \dot{\sigma} \\[2mm] \dfrac{DY_i}{Dt} = \dot{\Omega}_i, (i = 1, 2, \cdots, N) \end{cases} \quad (2.43)$$

其中，a_f 为诱导区冻结声速，N 为总的组分数，$w = u - U$。将上述方程组的时间导数 dt 替换为空间导数 dx，可以得到下面稳态的守恒方程：

$$\begin{cases} w\dfrac{d\rho}{dx} = -\rho \dfrac{dw}{dx} \\[2mm] \rho w\dfrac{dw}{dx} = -\dfrac{dp}{dx} \\[2mm] w\left(\dfrac{dp}{dx} - \dfrac{d\rho}{dx}\right) = \rho a_f^2 \dot{\sigma} \\[2mm] w\dfrac{dY_i}{dx} = \dot{\Omega} \end{cases} \xrightarrow{\eta = 1 - M^2} \begin{cases} \dfrac{d\rho}{dx} = -\dfrac{\rho}{w}\dfrac{\dot{\sigma}}{\eta} \\[2mm] \dfrac{dw}{dx} = \dfrac{\dot{\sigma}}{\eta} \\[2mm] \dfrac{dp}{dx} = -\rho w \dfrac{\dot{\sigma}}{\eta} \\[2mm] w\dfrac{dY_i}{dx} = \dot{\Omega}_i \end{cases} \xrightarrow{\frac{d}{dt}\big|_{X_p} = w\frac{d}{dx}} \begin{cases} \dfrac{d\rho}{dt}\bigg|_{X_p} = -\rho \dfrac{\dot{\sigma}}{\eta} \\[2mm] \dfrac{dw}{dt}\bigg|_{X_p} = w \dfrac{\dot{\sigma}}{\eta} \\[2mm] \dfrac{dp}{dt}\bigg|_{X_p} = -\rho w^2 \dfrac{\dot{\sigma}}{\eta} \\[2mm] \dfrac{dY_i}{dt}\bigg|_{X_p} = \dot{\Omega}_i \\[2mm] \dfrac{dX_p}{dt} = w \end{cases}$$

$$(2.44)$$

下面推导温度的导数，对状态方程 $p = \rho RT$ 求导可得

$$\frac{dp}{p} = \frac{d\rho}{\rho} + \frac{dR}{R} + \frac{dT}{T} \quad (2.45)$$

气体常数定义为

$$R = \frac{\tilde{R}}{\overline{W}} = \tilde{R} \sum_{i=1}^{N} Y_i / W_i \quad (2.46)$$

求导可得

$$\frac{dR}{R} = \sum_{i=1}^{N} \frac{\overline{W}}{W_i} dY_i \tag{2.47}$$

代入公式（2.45）可得

$$\frac{dT}{dx} = \frac{T}{w}\left[(1-\gamma M^2)\frac{\dot{\sigma}}{\eta} - \sum_{i=1}^{N}\frac{\overline{W}}{W_i}\dot{\Omega}_i\right] \tag{2.48}$$

或者

$$\left.\frac{dT}{dt}\right|_{X_P} = T\left[(1-\gamma M^2)\frac{\dot{\sigma}}{\eta} - \sum_{i=1}^{N}\frac{\overline{W}}{W_i}\dot{\Omega}_i\right] \tag{2.49}$$

选择适当的化学反应机理，对方程组（2.44）进行数值积分，可以得到一维稳态爆轰波的 ZND 结构，如图 2.7 和图 2.8 所示。

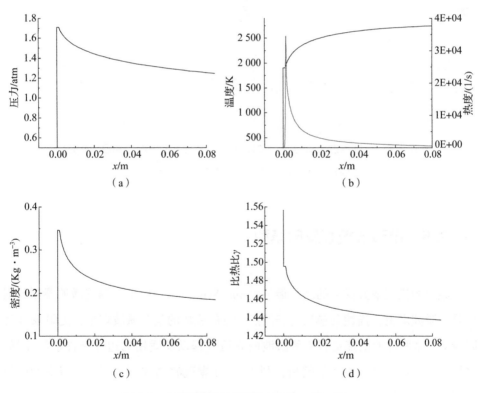

图 2.7　一维稳态 ZND 结构（$2H_2 + O_2 + 7Ar$，初压 6 670 Pa，初温 300 K）

(a) 压力；(b) 温度；(c) 密度；(d) 比热比 γ

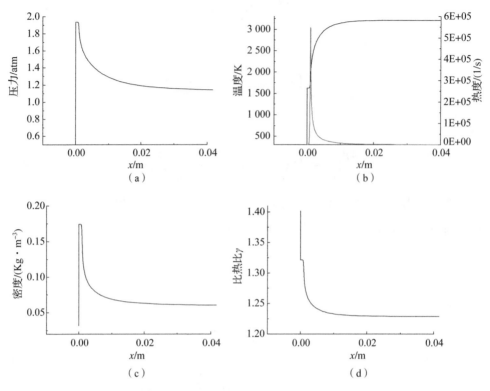

图 2.8　一维稳态 ZND 结构（$2H_2 + O_2$，初压 6 670 Pa，初温 300 K）

(a) 压力；(b) 温度；(c) 密度；(d) 比热比 γ

2.5　爆轰波楔面反射模型

经典的描述激波反射的理论最早由 von Neumann[32] 提出。描述激波规则反射的是两激波理论，描述马赫反射三波点附近的流场的是三激波理论，见附录 B 和附录 C。这两种理论都是利用斜激波的守恒方程以及适用的边界条件求解流场。将爆轰波描述为没有厚度的间断，利用 C-J 爆轰波的守恒方程，可以借助两激波理论和三激波理论来近似描述爆轰波的规则反射和马赫反射，称为反应两激波理论和反应三激波理论。

上述激波理论原则上只能应用于三波点或者反射点的附近流场，如果要用于描述激波或者爆轰波在楔面上的反射过程（图 2.9 和图 2.10），并求解得到三波点的轨迹角和临界楔角，需要用到两个假设条件：①马赫杆是直的，并且垂直于楔面；②三波点的轨迹线源于楔面顶点。计算步骤如下。

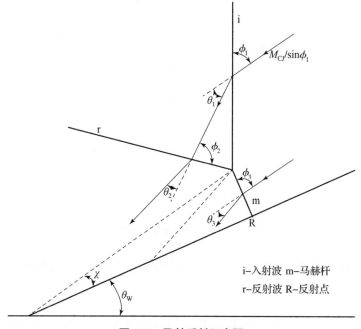

图 2.9 马赫反射示意图

（1）首先确定爆轰波的 C–J 速度 M_{CJ} 和给定一个确定的入射角 ϕ_1，得到来流的马赫数 $M_0 = M_{CJ}/\sin(\phi_1)$，利用斜爆轰波公式，得到波后的物理量和偏折角 θ_1，此时波后马赫数法向分量为 $M_1\sin(\phi_1 - \theta_1)$。

（2）在确定的来流马赫数情况下，不断增大 ϕ_1 至 $\pi/2$，利用斜爆轰波公式，得到波后的物理量和偏折角，进而得到入射波的极曲线。

（3）令 ϕ_1 在 $\arcsin(1/M_1)$ 至 $\pi/2$ 之间连续变化，利用斜激波公式得到反射波的极曲线（左支）。

（4）如果反射波的左支极曲线和入射波的极曲线无交点，则说明反射类型为规则反射，反射波后的压力为入射波左支极曲线与 y 轴两个交点中上面的一个。如果反射波的左支极曲线和入射波的极曲线有交点，则说明反射类型为马赫

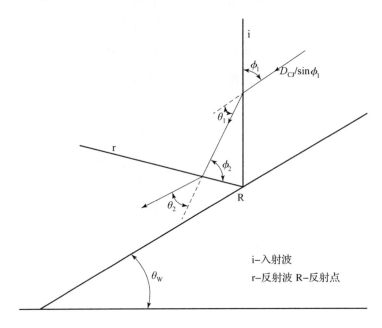

图 2.10 规则反射示意图

反射,交点即为反射波和马赫杆后的压力值,反射波和马赫杆后的偏折角 $\theta_2 = \theta_3$。

(5) 知道了马赫杆后的偏折角 θ_3,利用斜爆轰波的公式可以反推出马赫杆入射角 ϕ_3 以及相关的物理量,同时利用下面的公式,通过几何关系,可以得到一定楔角 θ_w 下的三波点轨迹角 χ:

$$\phi_3 = 90 - \chi$$

$$\phi_1 = 90 - (\theta_w + \chi)$$

给定马赫数 M,通过求解上述三激波方程和几何方程,可以得到 $\chi - \theta_w$ 的关系式,如图 2.11 所示。可以看出,在相同的马赫数 M 和比热比 γ 下,激波马赫反射的三波点轨迹角远大于爆轰波马赫反射的三波点轨迹角,而且两者的极限楔角也有很大不同。对激波来说,马赫反射变为规则反射的极限楔角为 50°($\chi = 0$),远大于爆轰波的 35°。需要指出的是,激波或者爆轰波的楔面反射这类问题为拟稳态问题,区别于超声速气流在斜面上产生的驻定反射问题。根据 Hornung[23] 的理论，对于前者来说，其极限楔角接近通过二激波理论得出的结果，而对于后者来说，三激波理论得出的结果更接近实验值。图 2.11 中箭头标出的位置分别为通过两激波理论和反应两激波理论得出的结果。可以看出对于激波来说，通过二激波理论和三激波理论得出的极限楔角差距很大，接近 15°。而对于爆轰波来说，通过反应二激波理论和反应三激波理论得出的极限楔角相差不大，小于 1°。

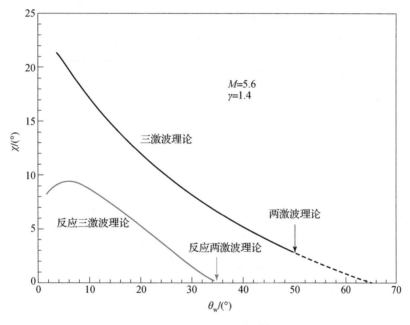

图 2.11 $\chi - \theta_w$ 关系式[7]

图 2.12（a）~（c）给出了在不同的楔角、不同比热比 γ 下，$\chi - M$ 的关系式。从图中可以看出，对于激波来说，低马赫数时，χ 随马赫数 M 的变化很大，但是在高马赫数时，变化不大。对于爆轰波来说，由于大多数的爆轰波的爆速都在 3 个马赫数以上，因此可以看出在给定楔角 θ_w 和比热比 γ 的情况下，马赫数 M 对 χ 的影响有限。同时也可以看出，不管对于激波还是爆轰波来说，比热比 γ 对于 $\chi - M$ 有很大的影响。当楔角增大到一定角度时，反射的形式从马赫反射变为规则反射，这个角度称为临界楔角。图 2.12（d）中给出了分别根据三激波理论和两激波理论得出的临界楔角。对于激波来说，根据三激波理论得出的临界楔角要远大于根据二激波理论得到的临界楔角。但是对于爆轰波来说，根据上述两

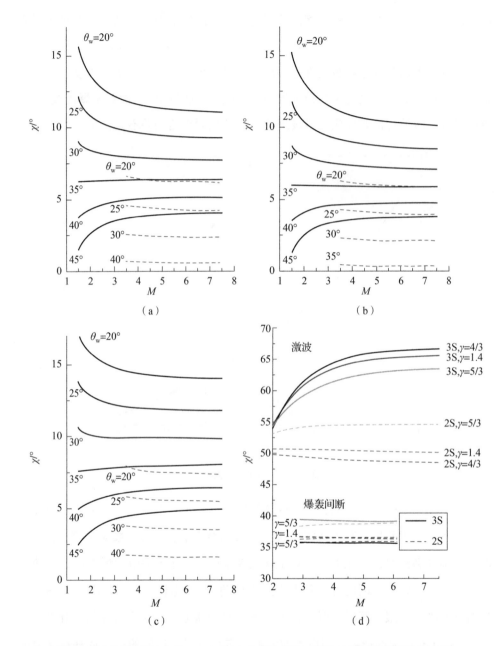

图 2.12　不同比热比下的 $\chi - M$ 关系式以及激波、爆轰波楔面反射的临界角[7]

(a) $\gamma = 1.4$，$\chi - M$ 关系式；(b) $\gamma = 4/3$，$\chi - M$ 关系式；
(c) $\gamma = 5/3$，$\chi - M$ 关系式；(d) 激波、爆轰波楔面反射的临界角

个理论得到的结果相差不大。对于激波反射的临界条件,三激波理论和两激波理论分别对应于 mechanical equilibrium 机理和 detachment 机理,根据 Hornung 的理论[23],对于激波在楔面上的反射这类拟稳态问题,detachment 机理(两激波理论)得到的结果更接近实验数据。对于超声速气流在楔面的反射这类稳态问题,mechanical equilibrium 机理与实验结果吻合得较好。另外从图 2.12 中仍然可以看出,极限楔角的变化趋势与三波点轨迹的变化规律是一致的,即对于激波来说,低马赫数时,χ 随马赫数 M 的变化很大,但是在高马赫数时,变化不大。对于爆轰波来说,由于大多数的爆轰波的爆速都在 3 个马赫数以上,因此可以看出在给定楔角 θ_w 和比热比 γ 的情况下,马赫数 M 对极限楔角的影响有限。对两者来说,比热比 γ 对于 $\chi - M$ 都有较大的影响。图 2.13、图 2.14 给出了两种真实气体组分下的 $\chi - \theta_w$ 曲线,并对反应和无反应两种情况在图中做了对比。

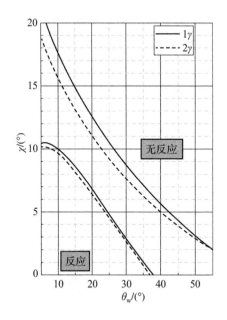

图 2.13 三激波理论 $\chi - \theta_w$ 关系,$C_2H_2 + 2.5O_2 + 70\%Ar$[7,37]

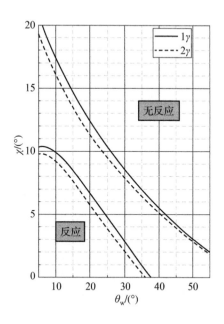

图 2.14 三激波理论 $\chi - \theta_w$ 关系,$2H_2 + O_2 + 2Ar$[7,37]

2.6 本章总结

本章主要介绍了气相爆轰波数值模拟的控制方程、热力学方程和化学反应模型。控制方程包括多组分的反应 N-S 方程和反应欧拉方程。热力学方程主要基于多组分气体的热力学性质,在特定的情况下,会退化为更简单的形式。化学反应模型包括基元反应模型和简化的一步、两步和三步反应模型,简化模型相比基元模型形式简单,容易修改反应参数,但是误差较大。

第3章 爆轰数值计算方法和技术

一般意义上，爆轰过程可以用可压缩反应流 Navier – Stokes 方程进行描述。但是该方程是具有刚性源项的混合型偏微分方程组（PDE），对数值方法有很高的要求。可压缩反应流 Navier – Stokes 方程是包含大梯度的多尺度问题，其离散解对数值耗散具有高度敏感性[48-51]。可压缩反应流 Navier – Stokes 方程的双曲型部分（无黏性项）通常使用专门为间断解设计的稳定的激波捕获格式进行数值求解。然而，这些方法引入了数值耗散，"污染"了方程的扩散项。对于对流 – 扩散方程，由于物理黏性的存在，方程的解不存在严格的间断。然而，在没有寄生振荡的情况下处理尖锐梯度仍然需要使用激波捕捉格式。理想情况下，需要一种无数值耗散的方法来精确捕获扩散项。然而，由于在激波捕捉中缺乏耗散，这种无耗散的方法在结构化自适应网格结构（SAMR）框架中往往缺乏鲁棒性和稳定性。

3.1 有限差分格式

有限差分法（finite difference method，FDM）是数值方法中最经典的方法。它是将计算区域划分为差分网格，用有限个网格节点代替连续的求解域，然后将偏微分方程的导数用差商代替，推导出含有离散点上有限个未知数的差分方程组。差分方程组（代数方程组）的解，就是微分方程定解问题的数值近似解，这是一种直接将微分问题变为代数问题的近似数值解法。这种方法发展较早，比较成熟，较多用于求解双曲型和抛物型问题（发展型问题）。对于有限差分格式，从格式的精度来划分，有一阶格式、二阶格式和高阶格式。从差分的空间形式来考虑，可分为中心格式和迎风格式。考虑时间项的离散，差分格式还可以分为显格式、隐格式、显隐交替格式等。目前常见的差分格式，主要是上述几种形式的组合，不同的组合构成不同的差分格式。

3.1.1 双曲型方程定解问题的离散

1. 导数的离散

有限差分法的基本原理是使用泰勒展开来实现导数（偏微分）的离散。举例说明，为了计算点 x_i 处函数 $u(x_i)$ 的一阶导数，对点 x_i 的邻域内一点 $x_i + \Delta x$ 处的函数 $u(x_i + \Delta x)$ 进行泰勒展开：

$$u(x_i + \Delta x) = u(x_i) + \Delta x \left.\frac{\partial u}{\partial x}\right|_{x_i} + \frac{\Delta x^2}{2}\left.\frac{\partial^2 u}{\partial x^2}\right|_{x_i} + \cdots \tag{3.1}$$

容易得到函数 $u(x)$ 在 $u(x_i)$ 处的一阶导数：

$$\left.\frac{\partial u}{\partial x}\right|_{x_i} = \frac{u(x_i + \Delta x) - u(x_i)}{\Delta x} + O(\Delta x) \approx \frac{u_{i+1} - u_i}{\Delta x} \tag{3.2}$$

上述导数包含一个差商和一个余项，该差商是导数的差分近似，也称为差分格式；余项为截断误差，表示差分和导数的差距。通过截断误差可以判断差分逼近的精度，若截断误差为 $O(\Delta x^n)$，则精度为 n 阶，因此该差商 (3.2) 是导数的一阶精度近似，这是因为截断误差的形式为 $O(\Delta x)$，即余项的最大量级与 Δx 相同。使用相同的步骤可以得到更高阶偏微分的差分近似。

同理可以得到时间导数的一阶近似：

$$\left.\frac{\partial u}{\partial t}\right|_{t^n} = \frac{u(t^n + \Delta t) - u(t^n)}{\Delta t} + O(\Delta t) \approx \frac{u^{n+1} - u^n}{\Delta t} \tag{3.3}$$

因此对于线性偏微分方程：

$$\frac{\partial u}{\partial t} + \frac{\partial u}{\partial x} = 0 \tag{3.4}$$

利用式 (3.2) 和式 (3.3) 中的差商代替时间和空间导数，线性微分方程 (3.4) 可以转换为差分方程：

$$\frac{u_i^{n+1} - u_i^n}{\Delta t} + \frac{u_{i+1}^n - u_i^n}{\Delta x} = 0 \tag{3.5}$$

或者写为

$$u_i^{n+1} = u_i^n - \lambda(u_{i+1}^n - u_i^n) = 0, \quad \lambda = \frac{\Delta t}{\Delta x} \tag{3.6}$$

这种利用差分代替导数，将微分方程转换为代数差分方程的方法就是有限差分法。该方法的一个重要优点是它构造简单直接，容易理解；另一个优点是可以容易地获得高阶导数的近似。

2. 导数离散的一般性方法：待定系数法

已知均匀网格点上物理量的分布为 u_i，在 i 点处导数 $\frac{\partial u}{\partial x}$ 的差分可以表示成附近多个点上物理量线性组合的形式，即

$$\left(\frac{\partial u}{\partial x}\right)_i = a_{i-k}u_{i-k} + \cdots + a_i u_i + \cdots + a_{i+s}u_{i+s} + O(\Delta x^n) \quad (k>0, s>0) \tag{3.7}$$

式中的系数 a 可以通过泰勒展开求得。以三点格式为例，介绍一下如何求解系数。

假设：

$$\left(\frac{\partial u}{\partial x}\right)_i = a_{i-2}u_{i-2} + a_{i-1}u_{i-1} + a_i u_i + O(\Delta x^n) \tag{3.8}$$

做泰勒展开：

$$u_{i-2} = u_i + \left(\frac{\partial u}{\partial x}\right)_i (-2\Delta x) + \frac{1}{2!}\left(\frac{\partial^2 u}{\partial x^2}\right)_i (-2\Delta x)^2 + \frac{1}{3!}\left(\frac{\partial^3 u}{\partial x^3}\right)_i (-2\Delta x)^3 + O(\Delta x^4)$$

$$u_{i-1} = u_i + \left(\frac{\partial u}{\partial x}\right)_i (-\Delta x) + \frac{1}{2!}\left(\frac{\partial^2 u}{\partial x^2}\right)_i (-\Delta x)^2 + \frac{1}{3!}\left(\frac{\partial^3 u}{\partial x^3}\right)_i (-\Delta x)^3 + O(\Delta x^4)$$

代入上式可得系数：

$$a_{i-2} = \frac{1}{2\Delta x}, \quad a_{i-1} = -\frac{4}{2\Delta x}, \quad a_i = \frac{3}{2\Delta x}$$

因此导数可以写为

$$\left(\frac{\partial u}{\partial x}\right)_i = \frac{1}{2\Delta x}(u_{i-2} - 4u_{i-1} + 3u_i) + \frac{2}{6}\left(\frac{\partial^3 u}{\partial x^3}\right)_i \Delta x^2 + O(\Delta x^3) \tag{3.9}$$

其中差分格式为

$$\frac{1}{2\Delta x}(u_{i-2} - 4u_{i-1} + 3u_i) \tag{3.10}$$

截断误差为

$$\frac{2}{6}\left(\frac{\partial^3 u}{\partial x^3}\right)_i \Delta x^2 + O(\Delta x^3) = O(\Delta x^2) \tag{3.11}$$

表示差分和微分的逼近程度。截断误差最低阶导数是三阶，对应的空间步长 Δx 的幂为 2，因此该差分是二阶精度的逼近。

同理可以构造 6 点五阶的差分表达式为

$$\left(\frac{\partial u}{\partial x}\right)_i = \frac{-2u_{i-3} + 15u_{i-2} - 60u_{i-1} + 20u_i + 30u_{i+1} - 3u_{i+2}}{60\Delta x} \tag{3.12}$$

从上面的计算中可以看出，利用 k 个点上的值最高可以构造 $k-1$ 阶的导数逼近。

3. 基本差分格式

针对一维标量守恒方程：

$$\frac{\partial u}{\partial t} + \frac{\partial f(u)}{\partial x} = 0 \tag{3.13}$$

下面介绍几种简单的有限差分格式，均可以通过泰勒展开获得。

向前差分：

$$\frac{\partial u}{\partial t}(x, t^n) = \frac{u(x, t^{n+1}) - u(x, t^n)}{\Delta t} + O(\Delta t) \tag{3.14}$$

$$\frac{\partial f}{\partial x}(x_i, t) = \frac{f(u(x_{i+1}, t)) - f(u(x_i, t))}{\Delta x} + O(\Delta x) \tag{3.15}$$

向后差分：

$$\frac{\partial u}{\partial t}(x, t^n) = \frac{u(x, t^n) - u(x, t^{n-1})}{\Delta t} + O(\Delta t) \tag{3.16}$$

$$\frac{\partial f}{\partial x}(x_i, t) = \frac{f(u(x_i, t)) - f(u(x_{i-1}, t))}{\Delta x} + O(\Delta x) \tag{3.17}$$

中心差分：

$$\frac{\partial u}{\partial t}(x, t^n) = \frac{u(x, t^{n+1}) - u(x, t^{n-1})}{2\Delta t} + O(\Delta t^2) \tag{3.18}$$

$$\frac{\partial f}{\partial x}(x_i,t) = \frac{f(u(x_{i+1},t)) - f(u(x_{i-1},t))}{2\Delta x} + O(\Delta x^2) \quad (3.19)$$

如图 3.1 所示，空间上的向前、向后和中心差分均表示 x_i 处导数的三种近似。上述的三种中间差分和三种时间差分可以相互组合。形成 9 种有限差分格式，如表 3.1 所示。但是任意组合得到的格式不一定都是好的格式，如 FTCS (forward time central space)、CTBS (central time backward space)、CTFS (central time forward space) 都是无条件不稳定格式。

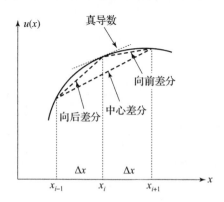

图 3.1　向前、向后和中心差分近似

表 3.1　9 种基本差分格式

时间差分	空间差分	格式	其他名称	精度	显隐式
前差 forward time	前差 forward space	FTFS		$O(\Delta t + \Delta x)$	显式
前差 forward time	后差 backward space	FTBS		$O(\Delta t + \Delta x)$	显式
前差 forward time	中心差 central space	FTCS		$O(\Delta t + \Delta x^2)$	显式
后差 backward time	前差 forward space	BTFS		$O(\Delta t + \Delta x)$	隐式
后差 backward time	后差 backward space	BTBS		$O(\Delta t + \Delta x)$	隐式
后差 backward time	中心差 central space	BTCS	隐式 Euler	$O(\Delta t + \Delta x^2)$	隐式
中心差 central time	前差 forward space	CTFS		$O(\Delta t^2 + \Delta x)$	显式
中心差 central time	后差 backward space	CTBS		$O(\Delta t^2 + \Delta x)$	显式
中心差 central time	中心差 central space	CTCS	Leap Frog	$O(\Delta t^2 + \Delta x^2)$	显式

1)时间前差类格式

三种时间前差类格式：

FTFS：$u_i^{n+1} = u_i^n - \lambda(f(u_{i+1}^n) - f(u_i^n))$ (3.20)

FTBS：$u_i^{n+1} = u_i^n - \lambda(f(u_i^n) - f(u_{i-1}^n))$ (3.21)

FTCS：$u_i^{n+1} = u_i^n - \dfrac{\lambda}{2}(f(u_{i+1}^n) - f(u_{i-1}^n))$ (3.22)

其中 $\lambda = \dfrac{\Delta t}{\Delta x}$，三种格式用到的节点分布如图 3.2 所示。其中黑点表示未知量，灰点表示已知量，下同。

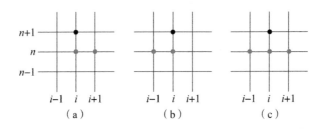

图 3.2　三种时间前差类格式

(a) FTFS；(b) FTBS；(c) FTCS

2)时间后差类格式

三种时间后差类格式：

BTFS：$u_i^{n+1} = u_i^n - \lambda(f(u_{i+1}^{n+1}) - f(u_i^{n+1}))$ (3.23)

BTBS：$u_i^{n+1} = u_i^n - \lambda(f(u_i^{n+1}) - f(u_{i-1}^{n+1}))$ (3.24)

BTCS：$u_i^{n+1} = u_i^n - \dfrac{\lambda}{2}(f(u_{i+1}^{n+1}) - f(u_{i-1}^{n+1}))$ (3.25)

三种格式用到的节点分布如图 3.3 所示。

无须解方程组就可直接计算 $n+1$ 层的值，这样的格式为显式格式，如格式 (3.20) ~ 格式 (3.22)；必须求解方程组才能计算 $n+1$ 层的值，这样的格式为隐式格式，如格式 (3.23) ~ 格式 (3.25)。时间后差类格式为隐式格式，需要求解线性方程组。下面以线性对流方程

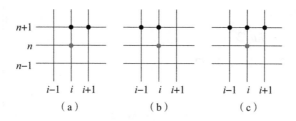

图3.3 三种时间后差类格式

(a) BTFS; (b) BTBS; (c) BTCS

$$\frac{\partial u}{\partial t} + a\frac{\partial u}{\partial x} = 0 \tag{3.26}$$

为例说明如何求解。

使用 BTCS 格式离散上述方程,可得

$$u_i^{n+1} = u_i^n - \frac{\lambda a}{2}(u_{i+1}^{n+1} - u_{i-1}^{n+1}) \tag{3.27}$$

将已知量放在等号右边,将未知量放在等号左边,BTCS 格式可以改写为:

$$-\frac{\lambda a}{2}u_{i-1}^{n+1} + u_i^{n+1} + \frac{\lambda a}{2}u_{i+1}^{n+1} = u_i^n \tag{3.28}$$

考虑网格节点 $i = 1, \cdots, N$,可以在每一个点上使用 BTCS 格式。若 $i = 1$,则

$$\boxed{-\frac{\lambda a}{2}u_0^{n+1}} + u_1^{n+1} + \frac{\lambda a}{2}u_2^{n+1} = u_1^n \tag{3.29}$$

若 $i = N$,则

$$-\frac{\lambda a}{2}u_{N-1}^{n+1} + u_N^{n+1} + \boxed{\frac{\lambda a}{2}u_{N+1}^{n+1}} = u_N^n \tag{3.30}$$

需要指出的是,方框里的项在计算区域的外面。一般来说需要通过边界条件对此进行特殊处理。这里姑且不考虑上述两项,直接丢弃掉。

组合每一个网格节点上的多项式,可以得到下面的线性方程组:

$$\begin{pmatrix} 1 & \lambda a/2 & & & & & \\ -\lambda a/2 & 1 & \lambda a/2 & & & & \\ & -\lambda a/2 & 1 & \lambda a/2 & & & \\ & & & \ddots & & & \\ & & & -\lambda a/2 & 1 & \lambda a/2 \\ & & & & -\lambda a/2 & 1 \end{pmatrix} \begin{pmatrix} u_1^{n+1} \\ u_2^{n+1} \\ u_3^{n+1} \\ \vdots \\ u_{N-1}^{n+1} \\ u_N^{n+1} \end{pmatrix} = \begin{pmatrix} u_1^n \\ u_2^n \\ u_3^n \\ \vdots \\ u_{N-1}^n \\ u_N^n \end{pmatrix}$$

求解上述线性方程组,可以得到 $n+1$ 时刻每一个单元中心点上的物理量 u_i^{n+1},在此基础上,用相同的步骤可以得到 $n+2$ 时刻每一个单元中心点上的物理量 u_i^{n+2},直到推进到需要的时间步。这就是时间推进格式的含义。

3) 时间中心差类格式

三种时间中心差类格式:

CTFS: $u_i^{n+1} = u_i^{n-1} - 2\lambda(f(u_{i+1}^n) - f(u_i^n))$ (3.31)

CTBS: $u_i^{n+1} = u_i^{n-1} - 2\lambda(f(u_i^n) - f(u_{i-1}^n))$ (3.32)

CTCS: $u_i^{n+1} = u_i^{n-1} - \lambda(f(u_{i+1}^n) - f(u_{i-1}^n))$ (3.33)

三种格式用到的节点分布如图3.4所示。

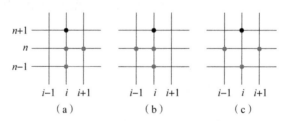

图3.4 三种时间中心差分类格式

(a) CTFS; (b) CTBS; (c) CTCS

4) 组合差分格式

可以利用上面的9种格式中的两种格式组合成一个新的差分格式,例如利用 FTCS 和 BTCS 进行组合。

n 时刻的 FTCS 格式:

$$\frac{u_i^{n+1} - u_i^n}{\Delta t} + \frac{f_{i+1}^n - f_{i-1}^n}{2\Delta x} = 0 \qquad (3.34)$$

$n+1$ 时刻的 BTCS 格式：

$$\frac{u_i^{n+1} - u_i^n}{\Delta t} + \frac{f_{i+1}^{n+1} - f_{i-1}^{n+1}}{2\Delta x} = 0 \tag{3.35}$$

将上面的两个格式相加得两层隐式的 Crank – Nicolson 格式：

$$\frac{u^{n+1} - u^n}{\Delta t} + \frac{1}{2}\left(\frac{f_{i+1}^n - f_{i-1}^n}{2\Delta x} + \frac{f_{i+1}^{n+1} - f_{i-1}^{n+1}}{2\Delta x}\right) = 0 \tag{3.36}$$

3.1.2 相容性、收敛性和稳定性

1. 相容性

当差分方程中时间与空间步长均趋近于 0 时，差分方程的截断误差也趋近于 0，则称差分方程与原微分方程是相容的。如线性方程的 FTBS 格式：

$$\frac{u_i^{n+1} - u_i^n}{\Delta t} + a\frac{u_i^n - u_{i-1}^n}{\Delta x} = u_t + au_x + \frac{a\Delta x}{2}u_{xx} - \frac{a\Delta x^2}{6}u_{xxx} - \frac{\Delta t}{2}u_{tt} - \frac{\Delta x^2}{6}u_{ttt} + \cdots = 0$$

若 $\Delta x \to 0$，$\Delta t \to 0$，则差分方程等于微分方程，即

$$\frac{u_i^{n+1} - u_i^n}{\Delta t} + a\frac{u_i^n - u_{i-1}^n}{\Delta x} = u_t + au_x \tag{3.37}$$

2. 收敛性

当时间与空间步长均趋近于 0 时，差分方程的解趋近于微分方程的解，则称差分方程的解收敛于原微分方程的解。u_h，u 分别为差分方程和微分方程的解，即

$$\lim_{\substack{\Delta x \to 0 \\ \Delta t \to 0}} \|u_h - u\| = 0 \tag{3.38}$$

其中 $\|\ \|$ 表示模数，常用的有 L_2 模：

$$\|u(x)\| = \left[\int_{-\infty}^{+\infty} |u(x)|^2 dx\right]^{\frac{1}{2}}, \quad \|u_h(x)\| = \sqrt{\sum_i u_i^2 \Delta x}$$

和 L_∞ 模：

$$\|u(x)\| = \max_x |u(x)|, \quad \|u_h(x)\| = \max_i |u_i|$$

注意，差分方程和微分方程逼近并不等价于它们的解也逼近，这是因为解还存在多值性和奇异性问题。

3. 稳定性

定义：如果当 Δt 和 Δx 足够小时，存在与 Δt 和 Δx 无关的常数 c_1 和 c_2 使得

$$\| u_h(x,t_n) \| \leq c_1 \exp[c_2(t_n - t_0)] \| u_h(x,t_0) \| \tag{3.39}$$

则称差分方程的初值问题是稳定的。说明在差分方程的求解过程中，引入的误差随时间的增长有界。

差分格式的稳定性可以通过 Fourier 稳定性分析获得。它的基本思想是在初始时刻引入单波扰动，考虑扰动随时间的变化。基本原理：任何扰动都可认为是单波扰动的叠加；线性情况下不同波之间独立发展。引入单波扰动，代入差分方程，如果其振幅放大，则差分格式不稳定；否则稳定。这种方法通常称为 von Neumann 稳定性分析，只对线性微分方程有效。

考虑线性方程：

$$\frac{\partial u}{\partial t} + a \frac{\partial u}{\partial x} = 0, \quad a > 0$$

和差分格式 FTBS：

$$\frac{u_j^{n+1} - u_j^n}{\Delta t} + a \frac{u_{j+1}^n - u_j^n}{\Delta x} = 0$$

引入复数形式的单波扰动：

$$\begin{cases} u_j^n = A^n e^{ikx_j} \\ u_j^{n+1} = A^{n+1} e^{ikx_j} \\ u_{j+1}^n = A^n e^{ikx_{j+1}} \end{cases}$$

其中 $e^{ikx} = \cos kx + i\sin kx$，反映振幅及相位。代入下面的差分方程：

$$u_j^{n+1} = u_j^n - \lambda(u_j^n - u_{j-1}^n)$$

其中，$\lambda = a \dfrac{\Delta t}{\Delta x}$，可得

$$A^{n+1} e^{ikx_i} = A^n e^{ikx_i} - \lambda(A^n e^{ikx_i} - A^n e^{ikx_{i-1}}) \tag{3.40}$$

若格式满足稳定性要求，则放大因子 G 的模小于 1，即

$$|G| = \left| \frac{A^{n+1}}{A^n} \right| \leq 1 \tag{3.41}$$

放大因子 G:

$$|G| = |1 - \lambda + \lambda e^{-ik\Delta x}| = |1 - \lambda + \lambda(\cos k\Delta x - i\sin k\Delta x)| \\ = |1 - \lambda(1 - \cos k\Delta x) - i\lambda \sin k\Delta x| \qquad (3.42)$$

或者写为

$$|G|^2 = [1 - \lambda(1 - \cos k\Delta x)]^2 + \lambda^2 \sin^2 k\Delta x \\ = 1 - 4\lambda(1 - \lambda)\sin^2\left(\frac{k\Delta x}{2}\right) \qquad (3.43)$$

要满足 $|G| \leq 1$,需要 $\lambda \leq 1$,称为稳定性条件。常见的几种格式的稳定性条件如表 3.2 所示。

表 3.2 几种差分格式的精度和稳定性条件

格式	稳定性条件	精度
FTCS	无条件不稳定	$O(h^2 + \tau)$
FTBS	$\left\|a\dfrac{\Delta t}{\Delta x}\right\| \leq 1$	$O(h + \tau)$
BTCS	无条件稳定	$O(h^2 + \tau)$
Leap Frog	$\left\|a\dfrac{\Delta t}{\Delta x}\right\| \leq 1$	$O(h^2 + \tau^2)$
MacCormack	$\left\|a\dfrac{\Delta t}{\Delta x}\right\| \leq 1$	$O(h^2 + \tau^2)$

4. Lax 等价定理

如果微分方程的初边值问题是适定的,差分方程是相容的,则差分方程解的收敛性与稳定性是等价的。这意味着如果微分方程不出问题(适定),差分方程性质好(稳定),则方程逼近就可保证解逼近。如果方程逼近就可以导致解逼近,则差分方程的性质肯定是稳定的。

3.1.3 修正方程、耗散和色散

差分方程所精确逼近的微分方程称为修正方程。对于时间发展方程,利用展

开的方程逐步消去带时间的高阶导数，只留空间导数。修正方程是差分方程准确逼近（无误差逼近）的方程。

例如，对于模型方程：

$$\frac{\partial u}{\partial t} + a\frac{\partial u}{\partial x} = 0 \qquad (3.44)$$

它的一种差分方程 FTBS 为

$$\frac{u_i^{n+1} - u_i^n}{\Delta t} + a\frac{u_i^n - u_{i-1}^n}{\Delta t} = 0 \qquad (3.45)$$

先计算单个差分格式的截断误差，再计算差分方程的误差，即

$$\left(\frac{\partial u}{\partial x}\right)_i^n = \frac{u_i^n - u_{i-1}^n}{\Delta x} - \frac{\Delta x}{2}u_{xx} + \frac{\Delta x^2}{6}u_{xxx} + \cdots \qquad (3.46)$$

$$\left(\frac{\partial u}{\partial t}\right)_i^n = \frac{u_i^{n+1} - u_{i-1}^n}{\Delta t} + \frac{\Delta t}{2}u_{tt} + \frac{\Delta x^2}{6}u_{ttt} + \cdots \qquad (3.47)$$

再计算差分方程的误差：

$$\frac{u_i^{n+1} - u_i^n}{\Delta t} + a\frac{u_i^n - u_{i-1}^n}{\Delta x} = u_t + au_x + \frac{a\Delta x}{2}u_{xx} - \frac{a\Delta x^2}{6}u_{xxx} - \frac{\Delta t}{2}u_{tt} - \frac{\Delta x^2}{6}u_{ttt} + \cdots \qquad (3.48)$$

等式右侧的方程即为修正方程：

$$u_t + au_x + \frac{a\Delta x}{2}u_{xx} - \frac{a\Delta x^2}{6}u_{xxx} - \frac{\Delta t}{2}u_{tt} - \frac{\Delta x^2}{6}u_{ttt} + \cdots = 0 \qquad (3.49)$$

差分方程完全等价于修正方程，但是逼近原来的模型方程。因此微分方程 = 差分方程 + 截断误差，而差分方程 = 微分方程 - 截断误差 = 修正方程。

为了便于进行空间分析，通常要求修正方程（3.49）中不出现时间的高价导数项。为了消除二阶和三阶时间导数，对修正方程（3.49）进行循环求导并忽略四阶以及上导数，可得

$$\begin{cases} u_{tt} = -au_{xt} + \dfrac{a\Delta x}{2}u_{xxt} - \dfrac{\Delta t}{2}u_{ttt} + \cdots \\ u_{tx} = u_{xt} = -au_{xx} + \dfrac{a\Delta x}{2}u_{xxx} - \dfrac{\Delta t}{2}u_{ttx} \end{cases}$$

$$\begin{cases} u_{ttx} = -au_{xxt} + \cdots \\ u_{ttt} = -au_{xtt} + \cdots \\ u_{txx} = u_{xxt} = -au_{xxx} + \cdots \\ u_{ttx} = a^2 u_{xxx} + \cdots \\ u_{ttt} = -a^3 u_{xxx} + \cdots \end{cases}$$

$$\begin{cases} u_{tx} = -au_{xx} + \dfrac{a\Delta x}{2}u_{xxx} - \dfrac{\Delta t}{2}a^2 u_{xxx} + \cdots \\ u_{tt} = a^2 u_{xx} - a^2 \Delta x u_{xxx} + a^3 \Delta t u_{xxx} + \cdots \end{cases}$$

代入修正方程（3.49）消掉时间的高阶导数，可得

$$u_t + au_x = \frac{a\Delta x}{2}(1-\lambda)u_{xx} - \frac{a\Delta x^2}{6}(2\lambda^2 - 3\lambda + 1)u_{xxx} + O(\Delta^3) \quad (3.50)$$

其中，$\lambda = \dfrac{a\Delta t}{\Delta x}$。修正方程（3.50）右端项称为余项，二阶导数项是隐含的黏性项，起到耗散作用，所以称为数值耗散，区别于真正的物理耗散。数值耗散也称为人工黏性。修正方程余项的三阶导数项称为数值色散项，在间断处会产生虚假的振荡。因此修正方程常用来分析差分格式的性质。

1. 耗散误差和色散误差的 Fourier 分析

考虑线性对流方程

$$\frac{\partial u}{\partial t} + a\frac{\partial u}{\partial x} = 0 \quad (3.51)$$

初始条件为

$$u(x,0) = e^{ikx} = \cos(kx) + i\sin(kx), \quad x \in [0, 2\pi] \quad (3.52)$$

边界条件为周期性边界，初始值为复数形式的三角函数，并且 $i^2 = -1$，k 表示三角函数的周期数量，$2\pi/k$ 表示三角函数的波长。精确解为

$$u(x,t) = e^{ik(x-at)} = e^{-ikat}e^{ikx} \quad (3.53)$$

假定解为 $u(x_j, t) = \hat{u}(t)e^{ikx_j}$。半离散的差分方程为

$$\frac{d\hat{u}(t)}{dt}e^{ikx_j} + a\hat{u}(t)\frac{\tilde{k}}{\Delta x}e^{ikx_j} = 0 \quad (3.54)$$

两边消去自然指数项，可得

$$\frac{\mathrm{d}\hat{u}(t)}{\mathrm{d}t} = -a\frac{\tilde{k}}{\Delta x}\hat{u}(t) \tag{3.55}$$

积分后得

$$\hat{u}(t) = \hat{u}(0)e^{-\frac{\tilde{k}}{\Delta x}at} \tag{3.56}$$

则数值解可以表示为

$$u(x_j,t) = \hat{u}(t)e^{ikx_j} = \hat{u}(0)e^{ikx_j - \frac{\tilde{k}}{\Delta x}at} \tag{3.57}$$

解的误差由 $\tilde{k}$ 表示。若 $\tilde{k} = ik\Delta x = i\alpha$,则数值解写为

$$u(x_j,t) = \hat{u}(0)e^{ik(x_j - at)} \tag{3.58}$$

此时不存在误差。

若存在误差,即可以写为 $\tilde{k} = k_r + ik_i$,解可以写为

$$u(x_j,t) = \hat{u}(0)e^{-k_r\frac{at}{\Delta x}}e^{ik\left(x_j - at\frac{k_i}{k\Delta x}\right)} \tag{3.59}$$

理想情况: $k_r = 0$, $k_i = k\Delta x$。从解方程(3.59)可以看出,k_r 的误差导致解的幅值误差,即耗散误差; k_i 的误差导致解传播速度的误差,即色散误差。Fourier 分析的任务是计算出 $\tilde{k}$,并考察其与 $ik\Delta x$ 的逼近程度。$k\Delta x$ 为有效波数反映了一个波内的网格点数,定义 $a \equiv k\Delta x$,用于表征分辨率。

以一阶迎风格式为例:

$$\delta_x u_j = \frac{u_j - u_{j-1}}{\Delta x} = \frac{1}{\Delta x}(e^{ikx_j} - e^{ik(x_j - \Delta x)}) = \frac{e^{ikx_j}}{\Delta x}(1 - e^{-i\alpha}) = \frac{\tilde{k}}{\Delta x}e^{ikx_j} \tag{3.60}$$

使用 Fourier 分析可得

$$\begin{cases} \tilde{k} = 1 - e^{-ik\Delta x} = (1 - \cos k\Delta x) + i\sin k\Delta x \\ k_r = 1 - \cos k\Delta x \\ k_i = \sin k\Delta x \end{cases} \tag{3.61}$$

当 $k\Delta x$ 很小时,$\sin k\Delta x = k\Delta x$,此时 $k_r = 0$,$k_i = k\Delta x$,可见一阶迎风格式会产生耗散误差,不会产生色散误差。当 $k\Delta x$ 不是很小时,同时产生耗散误差和色散误差,这有悖于一阶迎风格式的设计初衷。这是因为只有在足够小的网格下,

格式的设计精度和特性才能够体现出来。

考虑二阶迎风格式：

$$\frac{3u_j - 4u_{j-1} + u_{j-2}}{2\Delta x} = \frac{e^{ikx_j}}{2\Delta x}(3 - 4e^{-i\alpha} + e^{-i2\alpha}) = \frac{\tilde{k}}{\Delta x}e^{ikx_j} \quad (3.62)$$

使用 Fourier 分析可得

$$\begin{cases} \tilde{k} = (3 - 4e^{-i\alpha} + e^{-i2\alpha})/2 \\ k_r = (3 - 4\cos\alpha + \cos 2\alpha)/2 \\ k_i = (4\sin\alpha - \sin 2\alpha)/2 \end{cases} \quad (3.63)$$

一阶迎风格式和二阶迎风格式的色散和耗散曲线如图 3.5 所示。可以看出：波数 $k\Delta x$ 越高，误差越严重，要求分辨率 α 相同的情况下，采用高阶格式可放宽空间网格步长，从而减少计算量。

2. 数值解的群速度

色散误差：数值解传播的速度与精确解不一致。

数值解传播偏快，快格式（FST）：

$$dk_i/d\alpha > 1$$

数值解传播偏慢，慢格式（SLW）：

$$dk_i/d\alpha < 1$$

从图 3.5 中可以看出，在 $\alpha < 2$ 时，一阶迎风格式是慢格式，二阶迎风格式是快格式，而且波数 $\alpha = k\Delta x$ 越高，误差越大。低波数成分误差不明显。

过激波数值振荡的根源 – 色散误差导致群速度不一致。任何波形都可以认为是由不同频率的波组合而成。例如矩形波可以由不同频率和振幅的三角函数波组合而成。对于快格式，高频振荡波速度更快，因此激波前出现振荡。对于慢格式，高频振荡波速度更慢，因此激波后出现振荡。

3.1.4 双曲型方程的弱解和熵条件

1. 弱解

对于双曲型方程，即使初值是连续的，随着时间的演化，方程的解也可能出

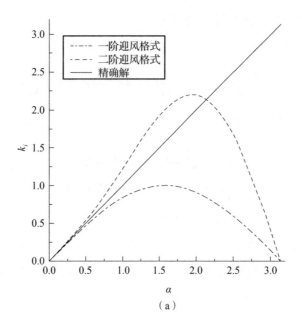

(a)

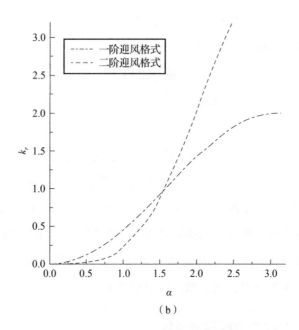

(b)

图 3.5 数值格式的色散特性和耗散特性

(a) 色散特性；(b) 耗散特性

现间断，包括激波或者接触间断。双曲型方程不存在古典解，因为古典解要求解是光滑的。因此需要拓展双曲型方程解的概念，即弱解。

对于双曲型方程：

$$\frac{\partial u}{\partial t} + \frac{\partial f}{\partial x} = 0, x \in [-\infty, \infty]$$

$$u(x, 0) = \phi(x)$$

(3.64)

若解 $u(x, t)$ 在除有限条间断外连续可微，满足方程（3.64），且在间断线 $x = \xi(t)$ 满足间断关系：

$$\frac{f^+ - f^-}{u^+ - u^-} = \frac{\mathrm{d}\xi}{\mathrm{d}t} = S$$

(3.65)

其中正负号表示间断左侧和右侧的物理量，$\frac{\mathrm{d}\xi}{\mathrm{d}t} = S$ 为间断的传播速度，则称 $u(x, t)$ 是方程（3.64）的弱解。注意，虽然间断处，微分方程不成立，但是积分方程总是满足，因为可以间断两侧进行分段积分。

注意，弱解的引入，拓展了解的范围，但是也造成了解的不确定性，因为弱解不唯一。但是对于有明确物理意义的守恒方程，必然只存在一个有物理意义的解，因此可以通过一个限定条件排除非物理的解，这个条件就是熵条件。

2. 熵条件

定理：若双曲型方程的弱解 $u(x, t)$ 在间断处满足：

$$\frac{f(u^-) - f(w)}{u^- - w} \leq \frac{f(u^+) - f(u^-)}{u^+ - u^-} \leq \frac{f(u^+) - f(w)}{u^+ - w}$$

(3.66)

其中 w 是介于 u^+ 及 u^- 之间的任意值，则 $u(x, t)$ 是唯一的物理解。事实上它是熵增条件：

$$\frac{\mathrm{d}f(u^-)}{\mathrm{d}t} \leq \frac{\mathrm{d}\xi}{\mathrm{d}t} \leq \frac{\mathrm{d}f(u^+)}{\mathrm{d}t}$$

(3.67)

的一种差分表示。$\frac{\mathrm{d}f(u^+)}{\mathrm{d}t} = a(u^+)$ 和 $\frac{\mathrm{d}f(u^-)}{\mathrm{d}t} = a(u^-)$ 分别表示间断左侧和右侧特征线的斜率，因此不等式（3.67）要求，间断左侧和右侧的特征线在间断线上汇聚，而不是发散，如图3.6所示。

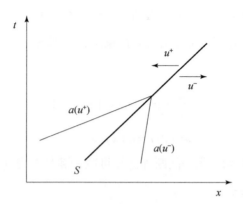

图 3.6 间断处左右特征线的汇聚

3.1.5 双曲型方程的经典差分格式

1. Lax – Friedrichs 格式

1) 标量守恒方程

考虑标量守恒方程:

$$\frac{\partial u}{\partial t} + \frac{\partial f}{\partial x} = 0$$

FTCS 格式:

$$u_j^{n+1} = u_j^n - \frac{\lambda}{2}(f(u_{j+1}^n) - f(u_{j-1}^n)), \quad \lambda = \frac{\Delta t}{\Delta x}$$

FTCS 无条件不稳定,如果将 u_j^n 替换为 $(u_{j+1}^n + u_{j-1}^n)/2$,则 FTCS 变为 Lax – Friedrichs 格式:

$$u_j^{n+1} = \frac{1}{2}(u_{j+1}^n + u_{j-1}^n) - \frac{\lambda}{2}(f(u_{j+1}^n) - f(u_{j-1}^n)) \tag{3.68}$$

守恒形式的 Lax – Friedrichs 格式:

$$u_j^{n+1} = u_j^n - \lambda(\hat{f}_{j+1/2}^n - \hat{f}_{j-1/2}^n) \tag{3.69}$$

其中数值通量

$$\hat{f}_{j+1/2}^n = \frac{1}{2}(f(u_{j+1}^n) - f(u_{j-1}^n)) - \frac{1}{2\lambda}(u_{j+1}^n - u_j^n) \tag{3.70}$$

Lax – Friedrichs 格式的节点值分布如图 3.7 所示,黑点为已知点,灰点为待求点。从图中可以看出,Lax – Friedrichs 格式为中心型格式。

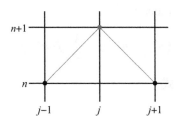

图 3.7 Lax–Friedrichs 格式的节点值分布

2) 截断误差和精度

如果通量 $f = au$,a 为常数,则 Lax–Friedrichs 格式简化为

$$u_j^{n+1} = \frac{1}{2}(u_{j+1}^n + u_{j-1}^n) - \frac{\lambda a}{2}(u_{j+1}^n - u_{j-1}^n) \tag{3.71}$$

截断误差为

$$R = -\frac{\Delta x}{2\lambda}\frac{\partial^2 u}{\partial x^2} + O(\Delta t + \Delta x^2) = O(\Delta t) + O(\Delta x) \tag{3.72}$$

可以看出 Lax–Friedrichs 格式空间是一阶精度。截断误差最低阶导数是二阶,因此 Lax–Friedrichs 格式会在间断附近产生耗散效应,本质上是因为格式采用中心差分离散导数。

3) von Neumann 稳定性分析

考虑通量 $f = au$,a 为常数。令 $u_i^n = v^n e^{ikjh}$,代入 Lax–Friedrichs 格式得

$$v^{n+1} = \left[\frac{1}{2}e^{ikh} + e^{-ikh} - \frac{a\lambda}{2}e^{ikh} - e^{-ikh}\right]v^n = (\cos kh - ia\lambda\sin kh)v^n$$

增长因子为

$$G(\lambda, k) = \cos kh - ia\lambda\sin kh$$

取模:

$$|G(\lambda, k)|^2 = 1 - (1 - a^2\lambda^2)\sin^2 kh$$

因此,当 $|a\lambda| \leq 1$ 时,格式稳定。

4) 矢量守恒方程

考虑矢量守恒方程:

$$\frac{\partial \boldsymbol{u}}{\partial t} + \frac{\partial \boldsymbol{f}(\boldsymbol{u})}{\partial x} = 0 \tag{3.73}$$

矢量形式的 Lax – Friedrichs 格式：

$$u_j^{n+1} = \frac{1}{2}(u_{j+1}^n + u_{j-1}^n) - \frac{\lambda}{2}(f(u_{j+1}^n) - f(u_{j-1}^n)) \tag{3.74}$$

2. Lax – Wendroff 格式

1）标量守恒方程

考虑标量守恒方程：

$$\frac{\partial u}{\partial t} + \frac{\partial f(u)}{\partial x} = 0$$

对时间项做泰勒展开：

$$u(x, t + \Delta t) = u(x, t) + \Delta t \frac{\partial u}{\partial t}(x, t) + \frac{\Delta t^2}{2} \frac{\partial^2 u}{\partial^2 t}(x, t) + O(\Delta t^3)$$

利用守恒方程，将对时间偏导数转换为对空间偏导数：

$$\begin{cases} \dfrac{\partial u}{\partial t} = -\dfrac{\partial f(u)}{\partial x} = -\dfrac{\partial f(u)}{\partial u}\dfrac{\partial u}{\partial x} = -a(u)\dfrac{\partial u}{\partial x} \\ \dfrac{\partial^2 u}{\partial t^2} = \dfrac{\partial}{\partial t}\left(\dfrac{\partial u}{\partial t}\right) = \dfrac{\partial}{\partial t}\left(-\dfrac{\partial f(u)}{\partial x}\right) = \dfrac{\partial}{\partial x}\left(-\dfrac{\partial f(u)}{\partial t}\right) \\ = \dfrac{\partial}{\partial x}\left(-\dfrac{\partial f(u)}{\partial u}\dfrac{\partial u}{\partial t}\right) = \dfrac{\partial}{\partial x}\left(-a(u)\dfrac{\partial u}{\partial t}\right) = \dfrac{\partial}{\partial x}\left(a(u)\dfrac{\partial f(u)}{\partial x}\right) \end{cases} \tag{3.75}$$

代入泰勒公式可得

$$u(x, t + \Delta t) = u(x, t) - \Delta t \frac{\partial f(u)}{\partial x}(x, t) + \frac{\Delta t^2}{2}\frac{\partial}{\partial x}\left(a(u)\frac{\partial f(u)}{\partial x}\right)(x, t) + O(\Delta t^3) \tag{3.76}$$

利用中心差分离散方程（3.76）中的一阶二阶偏导数项，可以得到 Lax – Wendroff 格式，即

$$\begin{aligned} u_i^{n+1} = u_i^n &- \Delta t \frac{f(u_{i+1}^n) - f(u_{i-1}^n)}{2\Delta x} \\ &+ \frac{\Delta t^2}{2}\frac{\left(a_{i+1/2}^n \dfrac{f(u_{i+1}^n) - f(u_i^n)}{\Delta x}\right) - \left(a_{i-1/2}^n \dfrac{f(u_i^n) - f(u_{i-1}^n)}{\Delta x}\right)}{\Delta x} \end{aligned} \tag{3.77}$$

或者写为

$$u_i^{n+1} = u_i^n - \frac{\lambda}{2}[f(u_{i+1}^n) - f(u_{i-1}^n)]$$
$$+ \frac{\lambda^2}{2}[a_{i+1/2}^n(f(u_{i+1}^n) - f(u_i^n)) - a_{i-1/2}^n(f(u_i^n) - f(u_{i-1}^n))], \lambda = \frac{\Delta t}{\Delta x}$$
(3.78)

其中波速 $a_{i+1/2}^n$ 可以用公式（3.79）计算：

$$a_{i+1/2}^n = \begin{cases} \dfrac{f(u_{i+1}^n) - f(u_i^n)}{u_{i+1}^n - u_i^n}, & u_{i+1}^n \neq u_i^n \\ a(u_i^n), & u_{i+1}^n = u_i^n \end{cases} \quad (3.79)$$

Lax – Wendroff 格式写成守恒形式为

$$u_i^{n+1} = u_i^n - \lambda(\hat{f}_{i+1/2}^n - \hat{f}_{i-1/2}^n) \tag{3.80}$$

其中数值通量：

$$\hat{f}_{i+1/2}^n = \frac{1}{2}(f(u_{i+1}^n) + f(u_i^n)) - \frac{\lambda}{2}a_{i+1/2}^n(f(u_{i+1}^n) - f(u_i^n))$$
$$= \frac{1}{2}(f(u_{i+1}^n) + f(u_i^n)) - \frac{\lambda}{2}(a_{i+1/2}^n)^2(u_{i+1}^n - u_i^n)$$
(3.81)

Lax – Wendroff 格式使用的节点值分布如图 3.8 所示，黑点为已知点，灰点为待求点。从图中可以看出，Lax – Wendroff 格式也为中心型格式。

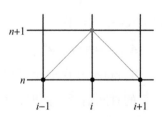

图 3.8　Lax – Wendroff 格式使用的节点值分布

2) 截断误差和精度

如果通量 $f = au$，a 为常数，则 Lax – Wendroff 格式：

$$u_i^{n+1} = u_i^n - \frac{a\lambda}{2}(u_{i+1}^n - u_{i-1}^n) + \frac{a^2\lambda^2}{2}(u_{i+1}^n - 2u_i^n + u_{i-1}^n) \tag{3.82}$$

截断误差为

$$R = \frac{\tau^2}{6} u_{tt}(x_i, t_n) - \frac{h^2}{6} a u_{xxx}(x_i, t_n) + O(\tau^3) + O(h^3) = O(\tau^2) + O(h^2)$$

$$= -\frac{ah^2}{6}(1-\lambda^2) u_{xxx} - \frac{a^2 \tau h^2}{8}(1-\lambda^2) u_{xxxx}, \quad \lambda = a\frac{\tau}{h}$$

(3.83)

可以看出 Lax – Wendroff 格式时间空间均为二阶格式。且截断误差最低阶导数为三阶，在间断附近产生色散效应。

von Neumann 稳定性条件

$$\left| a\frac{\tau}{h} \right| \leq 1 \quad (3.84)$$

3) 矢量守恒方程

矢量形式的 Lax – Wendroff 格式：

$$\begin{aligned} u_i^{n+1} = u_i^n &- \frac{\lambda}{2}(f(u_{i+1}^n) - f(u_{i-1}^n)) \\ &+ \frac{\lambda^2}{2}(A_{i+1/2}^n(f(u_{i+1}^n) - f(u_i^n))) - (A_{i-1/2}^n(f(u_i^n) - f(u_{i-1}^n))) \end{aligned}$$

(3.85)

其中 $A_{i+1/2}^n$ 的定义有很多种，最简单的一种是

$$A_{i+1/2}^n = A\left(\frac{u_{i+1}^n + u_i^n}{2}\right) \quad (3.86)$$

另一种常见的思路是使用 Roe 平均计算：

$$A_{i+1/2}^n = \bar{A}(u_i^n, u_{i+1}^n) \quad (3.87)$$

与标量守恒方程不同，一维 Euler 方程中雅可比矩阵 A 有 9 个分量，因此 $A_{i+1/2}^n$ 的选择将极大地影响计算的时间消耗。同时进行雅可比平均矩阵和通量矢量的计算 $A_{i+1/2}^n[f(u_{i+1}^n) - f(u_i^n)]$ 也是耗时的过程。

3. 迎风格式

构造格式选取模板的一般性原则：满足 CFL 条件和避免包含间断。满足 CFL 条件即数值依赖区域要包含在物理依赖区域内。避免包含间断即避免选取包含间断的模板，这里的间断包括激波和接触间断。这是因为间断处导数不连续，或者说无穷大，这会造成数值格式的剧烈振荡。在具体实践中，需要首先判断间断的位置，然后在间断前或者间断后选择相应的模板，模板不跨越间断。

对于一维标量对流方程，只存在一个风向（特征方向），向右 $a>0$ 或者向左 $a<0$。对于向左的风 $a<0$，右边是上风，左边是下风；对于向右的风 $a>0$，左边是上风，右边是下风。对于一种数值格式，必然包含多个模板。因此根据上风方向和下风方向模板点的数量可以分为三种类型的格式。

（1）迎风格式：在上风方向选择更多的模板，如：
$$u_i^{n+1}=u_i^n-a\lambda(u_i^n-u_{i-1}^n),a>0$$

（2）中心格式，在上风方向和下风方向选择相同数量的模板，如：
$$u_i^{n+1}=u_i^n-a\lambda(u_{i+1}^n-u_{i-1}^n),a>0$$

（3）下风格式：在下风方向选择更多的模板，如：
$$u_i^{n+1}=u_i^n-a\lambda(u_{i+1}^n-u_i^n),a>0$$

考虑线性对流方程：
$$\frac{\partial u}{\partial t}+a\frac{\partial u}{\partial x}=0$$

考虑风向，一阶迎风格式可以简单地写为
$$u_i^{n+1}=u_i^n-\begin{cases}a\lambda(u_i^n-u_{i-1}^n),&a>0\\a\lambda(u_{i+1}^n-u_i^n),&a<0\end{cases} \quad (3.88)$$

可以看出 $a>0$ 时，格式是 FTBS；$a<0$ 时，格式是 FTFS。可以统一写为
$$u_i^{n+1}=u_i^n-\lambda[\max(a,0)(u_i^n-u_{i-1}^n)-\min(a,0)(u_{i+1}^n-u_i^n)] \quad (3.89)$$

守恒型的一阶迎风格式：
$$u_i^{n+1}=u_i^n-\frac{1}{2}\lambda(\hat{f}_{i+1/2}^n-\hat{f}_{i-1/2}^n) \quad (3.90)$$

其中数值通量：
$$\hat{f}_{i+1/2}=\begin{cases}f(u_i^n),&a>0\\f(u_{i+1}^n),&a<0\end{cases} \quad (3.91)$$

或者写为
$$\begin{aligned}\hat{f}_{i+1/2}^n&=\frac{1}{2}(f_i^n+f_{i+1}^n)-\frac{1}{2}|a|(u_{i+1}^n-u_i^n)\\&=\frac{a}{2}(u_{i+1}^n+u_i^n)-\frac{1}{2}|a|(u_{i+1}^n-u_i^n)\end{aligned} \quad (3.92)$$

最终格式可以写为

$$u_i^{n+1} = u_i^n + \frac{a\lambda}{2}(u_{i+1}^n - u_{i-1}^n) - \frac{|a|\lambda}{2}(u_{i+1}^n - 2u_i^n + u_{i-1}^n) \quad (3.93)$$

可以看出一阶迎风格式包含中心差分项和人工黏性项，意味着一阶迎风格式存在很强的耗散性。利用泰勒展开可以构造更高阶精度的迎风格式，如本章开头推导的二阶格式：

$$u_i^{n+1} = u_i^n - \frac{a\lambda}{2}(u_{i-2} - 4u_{i-1} + 3u_i) \quad (3.94)$$

根据截断误差最低阶导数项是偶数阶还是奇数阶，格式会表现出耗散性和色散性。对于矢量守恒方程，判断风向要复杂很多。一维欧拉方程存在3个特征方向，因此最一般的想法是通过特征分裂，将欧拉方程解耦为3个线性独立的标量守恒方程，进而直接利用上述的格式构造迎风格式。但是特征分解耗时耗力，在实际问题中并不常用。

4. Beam-Warming 格式

一阶迎风格式捕捉激波间断很准确，格式也是稳定的，但是在光滑区域精度过低，只有一阶。那是否存在高阶的迎风格式，同时也是稳定的且能够准确捕捉激波？本节和后面的章节将讨论这一问题。Beam-Warming 格式是二阶迎风格式，它的推导过程类似 Lax-wendroff 格式。首先考虑泰勒多项式：

$$u(x, t + \Delta t) = u(x, t) + \Delta t \frac{\partial u}{\partial t}(x, t) + \frac{\Delta t^2}{2}\frac{\partial^2 u}{\partial t^2}(x, t) + O(\Delta t^3)$$

根据守恒方程，将时间导数转换成空间导数：

$$\frac{\partial u}{\partial t} = -\frac{\partial f(u)}{\partial x} = -\frac{\partial f(u)}{\partial u}\frac{\partial u}{\partial x} = -a(u)\frac{\partial u}{\partial x} \quad (3.95)$$

泰勒多项式转化为

$$u(x, t + \Delta t) = u(x, t) - \Delta t \frac{\partial f}{\partial x}(x, t) + \frac{\Delta t^2}{2}\frac{\partial}{\partial x}\left(a(u)\frac{\partial f}{\partial x}\right)(x, t) + O(\Delta t^3) \quad (3.96)$$

假设 $a(u) > 0$，二阶迎风格式：

$$\frac{\partial f}{\partial x}(x_i, t^n) = \frac{3f(u_i^n) - 4f(u_{i-1}^n) + f(u_{i-2}^n)}{2\Delta x} + O(\Delta x^2) \quad (3.97)$$

并且

$$\frac{\partial}{\partial x}\left(a(u)\frac{\partial f}{\partial x}\right)(x_i,t^n) = \frac{\partial}{\partial x}\left(a(u)\frac{\partial f}{\partial x}\right)(x_{i-1},t^n) + O(\Delta x) \qquad (3.98)$$

其中

$$\frac{\partial}{\partial x}\left(a(u)\frac{\partial f}{\partial x}\right)(x_{i-1},t^n) = \frac{a_{i-1/2}^n(f(u_i^n)-f(u_{i-1}^n)) - a_{i-3/2}^n(f(u_{i-1}^n)-f(u_{i-2}^n))}{\Delta x^2} + O(\Delta x^2)$$

$$(3.99)$$

Beam – Warming 二阶迎风格式 $a(u) > 0$：

$$u_i^{n+1} = u_i^n - \frac{\lambda}{2}(3f(u_i^n) - 4f(u_{i-1}^n) + f(u_{i-2}^n))$$
$$+ \frac{\lambda^2}{2}[a_{i-1/2}^n(f(u_i^n)-f(u_{i-1}^n)) - a_{i-3/2}^n(f(u_{i-1}^n)-f(u_{i-2}^n))] \qquad (3.100)$$

Beam – Warming 二阶迎风格式 $a(u) < 0$：

$$u_i^{n+1} = u_i^n + \frac{\lambda}{2}(3f(u_i^n) - 4f(u_{i+1}^n) + f(u_{i+2}^n))$$
$$+ \frac{\lambda^2}{2}[a_{i+3/2}^n(f(u_{i+2}^n)-f(u_{i+1}^n)) - a_{i+1/2}^n(f(u_{i+1}^n)-f(u_{i+2}^n))] \qquad (3.101)$$

注意，根据波速 $a_{i+1/2}^n$ 形式的不同，Beam – Warming 二阶迎风格式可以代表一类格式。该格式在光滑区域保持二阶精度，但是在声速点 $a(u)$ 变号，表现不佳。可以通过通量平均和通量分裂的方法解决这一问题。以通量分裂为例：

$$\begin{cases} f(u) = f^+(u) + f^-(u) \\ \dfrac{\mathrm{d}f^+}{\mathrm{d}u} \geq 0, \dfrac{\mathrm{d}f^-}{\mathrm{d}u} < 0 \end{cases} \qquad (3.102)$$

这样可以将通量分解为正负两部分：

$$\frac{\partial f}{\partial x} = \frac{\partial f^+}{\partial x} + \frac{\partial f^-}{\partial x} \qquad (3.103)$$

利用 $a(u) > 0$ 时的 Beam – Warming 二阶迎风格式离散 $\dfrac{\partial f^+}{\partial x}$，利用 $a(u) < 0$ 时 Beam – Warming 二阶迎风格式离散 $\dfrac{\partial f^-}{\partial x}$，即

$$u_i^{n+1} = u_i^n - \frac{\lambda}{2}(3f^+(u_i^n) - 4f^+(u_{i-1}^n) + f^+(u_{i-2}^n))$$

$$+ \frac{\lambda^2}{2}[a_{i-1/2}^+(f^+(u_i^n) - f^+(u_{i-1}^n)) - a_{i-3/2}^+(f^+(u_{i-1}^n) - f^+(u_{i-2}^n))]$$

$$+ \frac{\lambda}{2}(3f^-(u_i^n) - 4f^-(u_{i+1}^n) + f^-(u_{i+2}^n))$$

$$+ \frac{\lambda^2}{2}[a_{i+3/2}^-(f^-(u_{i+2}^n) - f^-(u_{i+1}^n)) - a_{i+1/2}^-(f^-(u_{i+1}^n) - f^-(u_{i+2}^n))]$$

$$(3f^-(u_i^n) - 4f^-(u_{i+1}^n) + f^-(u_{i+2}^n))$$

(3.104)

其中

$$a_{i+1/2}^{\pm} = \begin{cases} \dfrac{(f^{\pm})(u_{i+1}^n) - (f^{\pm})(u_i^n)}{u_{i+1}^n - u_i^n}, & u_{i+1}^n \neq u_i^n \\ (f^{\pm})'(u_i^n), & u_{i+1}^n = u_i^n \end{cases} \quad (3.105)$$

守恒形式的 Beam – Warming 二阶迎风格式：

$$u_i^{n+1} = u_i^n - \lambda(\hat{f}_{i+1/2}^n - \hat{f}_{i-1/2}^n) \quad (3.106)$$

其中

$$\hat{f}_{i+1/2}^n = \frac{1}{2}(3f(u_i^n) - f(u_{i-1}^n)) - \frac{\lambda}{2}a_{i-1/2}^n(f(u_i^n) - f(u_{i-1}^n))$$

$$= \frac{1}{2}(3f(u_i^n) - f(u_{i-1}^n)) - \frac{\lambda^2}{2}(a_{i-1/2}^n)^2(u_i^n - u_{i-1}^n)$$

(3.107)

截断误差和稳定性分析

考虑线性对流方程：

$$\frac{\partial u}{\partial t} + a\frac{\partial u}{\partial x} = 0, \quad a > 0$$

Beam – Warming 格式：

$$u_i^{n+1} = u_i^n - \frac{a\lambda}{2}(3u_i^n - 4u_{i-1}^n + u_{i-2}^n) + \frac{a^2\lambda^2}{2}(u_i^n - 2u_{i-1}^n + u_{i-2}^n) \quad (3.108)$$

通过泰勒展开并消去时间导数，可以得到 Beam – Warming 格式的截断误差：

$$R = \frac{a\Delta x^2}{6}(a\lambda - 2)(a\lambda - 1)u_{xxx} + O(\Delta x^3), \quad \lambda = \frac{\Delta t}{\Delta x} \quad (3.109)$$

可以看出，Beam – Warming 格式空间是二阶精度，而且是色散型格式。根据 CFL 条件：$|a(u)|\lambda \leq 2$。线性稳定性条件：$|a(u)|\lambda \leq 2$。Beam – Warming 格式的 CFL 条件比上面介绍的很多格式要宽很多，这是因为该格式使用了更宽的模板和更多的节点值。

与一阶迎风格式不同，高阶迎风方法可能在间断附近产生振荡。实际上，通过 Beam – Warming 二阶迎风方法与 Lax – Wendroff 方法进行比较，高阶迎风方法可能比中心差分格式产生更多的振荡。在 Warming 和 Beam 的原始论文中，他们也认识到了其二阶迎风方法的振荡性质。他们提出了一种在激波和声波点采用一阶迎风方法、在光滑区域采用二阶迎风方法的混合方法。这提供了一个激波捕捉格式的重要思想：根据解的光滑程度自适应地去选择合适的格式，这当然需要定义函数去度量解的光滑程度。

3.1.6 高精度的 ENO 格式和 WENO 格式

由于气相爆轰波属于非定常多尺度这类复杂的流动问题，对其进行数值模拟需要使用较高精度的数值计算格式才能捕捉流场中的瞬态细节。随着计算机技术的发展，爆炸力学所面对问题的深度和广度不断提高，数值格式也得到了不断的发展完善。如何提高对激波和非线性特性，以及多尺度复杂流场的分辨能力，如何有效地抑制非物理振荡是构造计算格式需要解决的重点问题[52-53]。20 世纪 80 年代以来，国内外提出了许多新的格式，其中 TVD（总变差不增）类格式能够很好地抑制非物理振荡，光滑地捕捉激波，在工程实际问题中得到了广泛的应用。然而也发现这类格式存在很多问题，如格式的耗散性比较强，在抑制非物理振荡时将极值点抹平，以及对于高雷诺数具有分离的复杂流动，需要足够多的网格才能分辨。

1987 年，Harten、Engquist、Osher 和 Chakavarthy[54] 通过降低总变差不增的苛刻要求，提出了具有总变差有界（TVB）性质的高精度、高分辨率的 ENO（本质无振荡）格式，开启了守恒律方程高精度、高分辨率格式新的发展方向。1996 年，Jiang 和 Shu[55] 推广了 ENO 格式，构造了多维空间上的三阶和五阶有限差分 WENO（加权本质无振荡）格式，并给出了平滑指标和非线性权重设计的一般框架。WENO方案中的一个关键思想是低阶通量或重构的线性组合,以获得更高阶的近似。ENO方案和WENO方案均使用自适应模板的思想,在不连续点附近自动实现高阶精度和非振荡特性。在双曲系统下,WENO方案基于局部特征分解和通量分裂来避免寄生振荡。ENO方案和WENO方案针对包含不连续性的分段光滑解的问题而设计。关键思想在于近似水平,其中使用非线性自适应过程来自动选择局部最平滑的模板,从而尽可能避免内插过程中的交叉不连续性。ENO方案和WENO方案在应用中相当成功,特别是对于包含激波和复杂平滑结构的问题。

1. 线性方程的ENO格式和WENO格式

以单波方程为例:为了简便,以非守恒型形式为例讲授其思路,实际使用时,请采用后文介绍的守恒形式:

$$\frac{\partial u}{\partial t} + \frac{\partial u}{\partial x} = 0 \tag{3.110}$$

计算

$$\left.\frac{\partial u}{\partial x}\right|_i = u' \tag{3.111}$$

(1) 确定网格基架:6个点 $i-3$, $i-2$, $i-1$, i, $i+1$, $i+2$ 构造出该基架点上的目标差分格式,这6个点可构造五阶迎风差分:该格式为WENO的目标格式,即光滑区WENO逼近于该格式:

$$u'_i = a_1 u_{i-3} + a_2 u_{i-2} + a_3 u_{i-1} + a_4 u_i + a_5 u_{i+1} + a_6 u_{i+2} \tag{3.112}$$

利用Taylor展开:

$$u_{i+n} = u_i + \frac{(nh)}{1!}\frac{\partial u}{\partial x} + \frac{(nh)^2}{2!}\frac{\partial^2 u}{\partial x^2} + \frac{(nh)^3}{3!}\frac{\partial^3 u}{\partial x^3} + \cdots + \frac{(nh)^n}{n!}\frac{\partial^n u}{\partial x^n} \tag{3.113}$$

可唯一确定系数:

$$u'_i = (-2u_{i-3} + 15u_{i-2} - 60u_{i-1} + 20u_i + 30u_{i+1} - 3u_{i+2})/(60\Delta x) \tag{3.114}$$

(2) 将这6个基架点分割成3个组(称为模板),每个组独立计算 u'_i 的差分逼近。

模板1: $i-3$, $i-2$, $i-1$

模板2: $i-2$, $i-1$, i

模板3: $i-1$, i, $i+1$

利用这 3 个模板的基架点，可构造出逼近 u_i' 的三阶精度差分格式：

$$u_i'^{(1)} = a_1^{(1)} u_{i-3} + a_2^{(1)} u_{i-2} + a_3^{(1)} u_{i-1} + a_4^{(1)} u_i$$
$$u_i'^{(2)} = a_1^{(2)} u_{i-2} + a_2^{(2)} u_{i-1} + a_3^{(2)} u_i + a_4^{(2)} u_{i+1} \quad (3.115)$$
$$u_i'^{(3)} = a_1^{(3)} u_{i-1} + a_2^{(3)} u_i + a_3^{(3)} u_{i+1} + a_4^{(3)} u_{i+2}$$

计算 i 点的导数 u_i' 竟然算出了 3 个不同的值，怎么办？ENO 方法：选择最优（最光滑）的，舍弃其余两个。WENO 的处理方法：3 个都要，加权平均它们。利用 Taylor 展开式，可唯一确定这些系数：

$$u_i'^{(1)} = (-2u_{i-3} + 9u_{i-2} - 18u_{i-1} + 11u_i)/(6\Delta x) \quad (3.116)$$

（3）对这 3 个差分值进行加权平均，得到总的差分值：

$$u_i' = \omega_1 u_i'^{(1)} + \omega_2 u_i'^{(2)} + \omega_3 u_i'^{(3)} \quad (3.117)$$

ENO 格式模板选取原则：①模板内函数越光滑，则权重越大；模板内有间断时，权重趋于 0；②3 个模拟内函数都光滑时，这 3 个三阶精度的逼近式可组合成一个五阶精度的逼近式。

确定理想权重：

$$u_i' = C_1 u_i'^{(1)} + C_2 u_i'^{(2)} + C_3 u_i'^{(3)} \quad (3.118)$$

代入大模板构成的方程

$$u_i' = a_1 u_{i-3} + a_2 u_{i-2} + a_3 u_{i-1} + a_4 u_i + a_5 u_{i+1} + a_6 u_{i+2} \quad (3.119)$$

和 3 个子模板构成的方程：

$$u_i'^{(1)} = a_1^{(1)} u_{i-3} + a_2^{(1)} u_{i-2} + a_3^{(1)} u_{i-1} + a_4^{(1)} u_i$$
$$u_i'^{(2)} = a_1^{(2)} u_{i-2} + a_2^{(2)} u_{i-1} + a_3^{(2)} u_i + a_4^{(2)} u_{i+1} \quad (3.120)$$
$$u_i'^{(3)} = a_1^{(3)} u_{i-1} + a_2^{(3)} u_i + a_3^{(3)} u_{i+1} + a_4^{(3)} u_{i+2}$$

可以求得理想权重系数：

$$C_1 = 1/10, \ C_2 = 6/10, \ C_3 = 3/10 \quad (3.121)$$

度量每个模板内函数的光滑程度

$$IS^{(k)} = f[(u_i)^{(k)}]$$

IS 越大，表示越不光滑。光滑区，不同模板上的 IS 趋近同一值。各阶导数的差分表达式都可作为光滑度量因子使用。给出实际权重，特点：间断区权重很小，光滑区，趋近于理想权重：

$$\omega_k = \frac{\alpha_k}{\alpha_1 + \alpha_2 + \alpha_3}, \quad \alpha_k = \frac{C_k}{(\varepsilon + IS_k)^p}, (k=1,2,3, p=2) \tag{3.122}$$

给出最终的差分逼近：

$$u_i' = \omega_1 u_i'^{(1)} + \omega_2 u_i'^{(2)} + \omega_3 u_i'^{(3)} \tag{3.123}$$

2. Euler 方程的 ENO 格式和 WENO 格式

下面以二维欧拉方程为例，给出五阶精度 WENO 格式的构造方法。对于二维欧拉方程

$$\frac{\partial \boldsymbol{u}}{\partial t} + \frac{\partial \boldsymbol{f}}{\partial x} + \frac{\partial \boldsymbol{g}}{\partial y} = \boldsymbol{s} \tag{3.124}$$

首先用通量分裂方法将 $\boldsymbol{f}$ 和 $\boldsymbol{g}$ 分解为正通量和负通量，即

$$\frac{\partial \boldsymbol{u}}{\partial t} + \frac{\partial \boldsymbol{f}^+}{\partial x} + \frac{\partial \boldsymbol{f}^-}{\partial x} + \frac{\partial \boldsymbol{g}^+}{\partial y} + \frac{\partial \boldsymbol{g}^-}{\partial y} = \boldsymbol{s} \tag{3.125}$$

对微分项进行半离散，式（3.125）可以写为

$$\left(\frac{\partial \boldsymbol{u}}{\partial t}\right)_{i,j} = -\frac{1}{\Delta x}(\hat{f}^+_{i+1/2,j} - \hat{f}^+_{i-1/2,j}) - \frac{1}{\Delta x}(\hat{f}^-_{i+1/2,j} - \hat{f}^-_{i-1/2,j})$$
$$-\frac{1}{\Delta y}(\hat{g}^+_{i,j+1/2} - \hat{g}^+_{i,j-1/2}) - \frac{1}{\Delta y}(\hat{g}^-_{i,j+1/2} - \hat{g}^-_{i,j-1/2}) + s_{i,j} \tag{3.126}$$

其中，$\hat{f}^\pm_{i\pm1/2,j}$，$\hat{g}^\pm_{i,j\pm1/2}$ 分别为网格节点边界处的数值通量。这些通量可以通过附近节点上已知道的物理通量 $f^\pm_{i,j}$ 和 $g^\pm_{i,j}$ 构造得到。下面以 $\hat{f}^\pm_{i\pm1/2,j}$ 为例，对构造过程进行说明。

五阶 WENO 格式使用五点模板，3 个子模板 $[S_0, S_1, S_2]$，每个子模板为三点模板，如图 3.9 所示。在子模板上进行重构，构造正通量 $\hat{f}^+_{i+1/2,j}$，可得，对于子模板 S_0：

$$\hat{f}^{+(0)}_{i+1/2,j} = \frac{1}{3}f^+_{i-2,j} - \frac{7}{6}f^+_{i-1,j} + \frac{11}{6}f^+_{i,j} \tag{3.127}$$

对于子模板 S_1：

$$\hat{f}^{+(1)}_{i+1/2,j} = -\frac{1}{6}f^+_{i-1,j} - \frac{5}{6}f^+_{i,j} + \frac{1}{3}f^+_{i+1,j} \tag{3.128}$$

对于子模板 S_2：

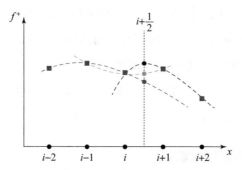

图 3.9　五阶 WENO 插值多项式构造示意

$$\hat{f}^{+(2)}_{i+1/2,j} = \frac{1}{3}f^+_{2,j} - \frac{7}{6}f^+_{i+1,j} + \frac{11}{6}f^+_{i+2,j} \quad (3.129)$$

子模板的权重因子 ω_l 定义为

$$\omega_l = \frac{\alpha_l}{\alpha_0 + \alpha_1 + \alpha_2} \quad (3.130)$$

其中 $\alpha_l = \dfrac{d_l}{(\varepsilon + \beta_l)^2}$，$l = 0, 1, 2$，理想权重因子 $d_0 = \dfrac{3}{10}$，$d_1 = \dfrac{3}{5}$，$d_2 = \dfrac{1}{10}$，而且 3 个光滑因子分别为

$$\begin{aligned}\beta_0 &= \frac{13}{12}(f^+_{i-2,j} - 2f^+_{i-1,j} + f^+_{i,j})^2 + \frac{1}{4}(3f^+_{i-2,j} - 4f^+_{i-1,j} + f^+_{i,j})^2 \\ \beta_1 &= \frac{13}{12}(f^+_{i-1,j} + 2f^+_{i,j} + f^+_{i+1,j})^2 + \frac{1}{4}(f^+_{i-1,j} - f^+_{i+1,j})^2 \\ \beta_2 &= \frac{13}{12}(f^+_{i,j} - 2f^+_{i+1,j} + f^+_{i+2,j})^2 + \frac{1}{4}(f^+_{i,j} - 4f^+_{i+1,j} + f^+_{i+2,j})^2\end{aligned} \quad (3.131)$$

WENO 可以很好地处理纯双曲型偏微分方程，但对于具有物理扩散的混合方程，WENO 格式会引入过多的数值耗散，趋向于从最高解析波数中人为去除能量。这种数值耗散来自迎风的最佳模板和光滑度测量。

3.2　时间离散格式

3.2.1　常微分方程求解器

大多数经典的求解常微分方程组的数值方法只能对非刚性的方程组有效。这样的数值方法包括经典的欧拉方法（一阶精度向前差分），应用最广的四阶精度的 Runge – Kutta method（RK4），时间步长自适应的 Runge – Kutta 方法和多步的 Adams 方法（预测 – 矫正方法）。处理刚性方程组的求解器一般需要计算 Jacobian 矩阵，这通常很耗计算时间。复杂的求解器通常会自动在刚性方法和非刚性方法之间切换，可以在这两种情况下获得良好的性能。

3.2.2　刚性常微分方程求解器

一些 ODE 问题具有较高的计算刚度或难度。术语"刚度"无法精确定义，但一般而言，当问题的某个位置存在尺度差异时，就会出现刚度。例如，如果 ODE 包含的两个解分量在时间尺度上差异极大，则该方程可能是刚性方程。如果非刚性求解器无法解算某个问题或解算速度极慢，则可以将该问题视为刚性问题。如果观察到非刚性求解器的速度很慢，可尝试改用时间步长自适应刚性求解器。在使用刚性求解器时，可以通过提供 Jacobian 矩阵或其稀疏模式来提高可靠性和效率。

热化学非平衡瞬态高超声速流动涉及激波相互作用和真实气体效应。除了黏度、热传导和扩散的影响之外，由于高气体温度和高速度，高超声速流动通常包含热激励和化学反应的非平衡过程。计算这种流动的主要困难之一是时间积分中控制方程的刚度。刚度主要由边界层中的黏性应力和热通量项以及建模有限速率热化学过程的源项引起。跨越边界层的黏性项是刚性的，因为在垂直于壁的方向上使用了网格间隔。用这些小尺寸的网格对黏性方程进行有限差分近似可以得到常微分方程组的刚性系统。源项是刚性的，因为化学过程和热非平衡过程具有广泛的时间尺度，其中一些比瞬态流动小得多。因此，如果使用显式方法来积分刚性控制方程，则计算将变得非常不方便，因为稳定性要求所规定的时间步长远小于准确性考虑所要求的时间步长。

为了消除显式方法的稳定性限制，需要使用隐式方法。对于计算多维反应流动，全局隐式方法很少使用，因为它需要大量的计算机时间和大量的内存来转换全隐式方程。多维反应流计算的实用隐式方法包括分步方法（或时间分裂方法）和附加半隐式方法。另外，附加半隐式方法将普通的微分方程加入式分解为刚性项和非刚性项，刚性项被隐式处理，而非刚性项被显式处理。在反应流计算中，半隐式方法比全隐式方法更有效，因为刚性项可以很容易地与其余方程分离。

使用 WENO 格式对偏微分方程的空间项进行离散，欧拉方程可以写成如下形式：

$$\left(\frac{\partial U}{\partial t}\right)_{i,j} = L(U_{i,j}) \tag{3.132}$$

时间项采用三阶 TVD Runge – Kutta 格式进行离散：

$$\begin{aligned}
U_{i,j}^{(1)} &= U_{i,j}^n + \Delta t(L(U_{i,j}^n)) \\
U_{i,j}^{(2)} &= \frac{3}{4}U_{i,j}^n + \frac{1}{4}U_{i,j}^{(1)} + \frac{1}{4}\Delta t(L(U_{i,j}^{(1)})) \\
U_{i,j}^n &= \frac{1}{3}U_{i,j}^n + \frac{2}{3}U_{i,j}^{(2)} + \frac{2}{3}\Delta t(L(U_{i,j}^{(2)}))
\end{aligned} \tag{3.133}$$

一般来说，五阶 WENO 格式和显式的三阶 TVD Runge – Kutta 格式的组合足以很好地处理欧拉方程。但是对于反应欧拉方程来说，由于其反应源项存在刚性（存在多个时间尺度），为了满足稳定性条件，使用显式方法需要在很小的时间步长上进行推进，大多数情况下也并不能对反应欧拉方程进行很好的处理。需要指出的是，对于简化模型的反应欧拉方程，由于反应源项的时间尺度差距不是很大，上述五阶 WENO 格式和显式的三阶 TVD Runge – Kutta 格式的组合仍然可以使用，并保持足够的计算精度和稳定性，但是对于基元反应模型，则不适用，需要对其进行特殊处理。一般来说，对反应源项进行处理的方法可以分为两类，一类是时间算子分裂算法（time operator splitting method），另一类为 Runge – kutta 隐式类算法。

3.2.3 时间算子分裂算法

时间算子分裂算法可以将反应欧拉方程

$$\frac{\partial U}{\partial t} + \frac{\partial F}{\partial x} + \frac{\partial G}{\partial y} = S \tag{3.134}$$

分裂为一个无反应源项的偏微分方程组：

$$\frac{\partial U}{\partial t} + \frac{\partial F}{\partial x} + \frac{\partial G}{\partial y} = 0 \tag{3.135}$$

和一个只有源项的常微分方程组：

$$\frac{\partial U}{\partial t} = S \tag{3.136}$$

在一个时间步 Δt 上，先后求解偏微分方程组和常微分方程组，前者的求解结果作为后者的初始条件。如果前者的结果表示为 $H^{\Delta t}$，后者的求解结果为 $S^{\Delta t}$，则前后两步的耦合结果可以表示为

$$U^{n+1} = H^{\Delta t} S^{\Delta t}(U^n) \tag{3.137}$$

上述方法称为 Godunov 分裂方法，时间精度为一阶。对上述过程进行改进可得

$$U^{n+1} = S^{\frac{1}{2}\Delta t} H^{\Delta t} S^{\frac{1}{2}\Delta t}(U^n) \tag{3.138}$$

称为 Strang 分裂方法，为两阶精度。对偏微分方程组进行求解仍然可以使用五阶 WENO 格式和显式的三阶 TVD Runge–Kutta 格式的组合，而对于反应源项常微分方程组的求解则可以使用各种刚性常微分方程求解器（Stiff ODE Solver），如 GRK4A、SAIM、LSODE 等。

3.2.4　Runge–Kutta 隐式类算法

在半离散化方法中，控制偏微分方程中的空间导数首先通过空间离散化方法来近似。空间离散产生一阶系统的一阶常微分方程组：

$$\frac{\mathrm{d}u}{\mathrm{d}t} = f(u) + g(u) \tag{3.139}$$

其中 u 是离散化流场变量的向量。上面的微分方程的右边分成两个通量项 g 和 f，其中 g 是由空间离散化得到的刚性项，而 f 是空间离散化产生的非刚性项。一般来说，f 和 g 项的分解不是唯一的。

1. Zhong 的附加半隐式 Runge–Kutta 方法[56]

Runge–Kutta 方法是包含中间步的一步法，可以实现高阶精度。一般的 r 阶精度附加半隐式 Runge–Kutta 方法通过同时显式地处理 f 和隐式地处理 g 来积分上述方程：

$$\begin{aligned} k_i &= h\left\{ f\left(u^n + \sum_{j=1}^{i-1} b_{ij} k_j\right) + g\left(u^n + \sum_{j=1}^{i-1} c_{ij} k_j + a_i k_i\right) \right\} \\ u^{n+1} &= u^n + \sum_{j=1}^{r} \omega_j k_j, \quad (i = 1, 2, \cdots, r) \end{aligned} \tag{3.140}$$

其中，h 为时间步长；a_i，b_{ij}，c_{ij}，w_j 为由精度和稳定性决定的参数。因为 g 用对角隐式的 Runge - Kutta 方法处理，如果 g 是 u 的非线性函数，第一个方程在隐式计算的每个阶段都是一个非线性方程。这种方法的计算相对来说是缺乏效率的，因为需要非线性求解器来求解这样的非线性方程。

一个计算更加有效的附加半隐式 Runge - Kutta 方法是 Rosenbrock 型 Runge - Kutta 方法的半隐式扩展[57]，即

$$\left[I - ha_i J\left(u^n + \sum_{j=1}^{i-1} d_{ij} k_j \right) \right] k_i = h \left\{ f\left(u^n + \sum_{j=1}^{i-1} b_{ij} k_j \right) + g\left(u^n + \sum_{j=1}^{i-1} c_{ij} k_j + a_i k_i \right) \right\}$$

$$u^{n+1} = u^n + \sum_{j=1}^{r} \omega_j k_j, \quad (i = 1, 2, \cdots, r)$$

(3.141)

其中，$J = \dfrac{\partial f}{\partial g}$ 为刚性项 g 的雅可比矩阵；d_{ij} 为一组附加参数。大多数类似于式（3.141）的 Rosenbrock 型方法使用单个 $a_i = a$ 和 $d_{ij} = 0$，以便在求解方程（3.141）所有中间阶段中使用单一的 LU 分解。然而，由于 LU 分解方法对计算机存储器和 CPU（中央处理器）时间的巨大需求，LU 分解通常不可能用于多维反应流动问题。因此，a_i 可以在不同的阶段不同，以获得更多在稳定性和准确性方面寻找最佳参数的灵活性。使用 $d_{ij} = 0$ 或 $d_{ij} = c_{ij}$，可以得到两种不同的计算雅可比矩阵的方法。

由方程（3.141）给出的 Rosenbrock 型附加半隐式 Runge - Kutta 方法与计算流体动力学中使用的隐式方法类似，并且比对角隐式方法更有效。但是，对于某些强非线性问题，传统的非线性对角半隐式方法是必要的，因为它比用于非线性问题的 Rosenbrock 附加半隐式 RungeKutta 方法更稳定。

2. Kennedy 和 Carpenter 的附加显隐式 Runge - Kutta 方法

附加显隐式 Runge - Kutta（ARK）方法[57-61]是一种显隐式算法，它将反应欧拉方程的源项分为刚性项和非刚性项：

$$\frac{\mathrm{d}U}{\mathrm{d}t} = L(U) + S(U),$$

(3.142)

其中，$L(U)$ 为对流项，为非刚性项；$S(U)$ 为刚性反应源项。显式 Runge – Kutta 方法（ERK）用于积分非刚性项，刚性对角显隐式 Runge – Kutta（Explicit Singly Diagonally Implicit Runge – Kutta（ESDIRK））方法用于对刚性源项进行积分。ESDIRK 方法具有 L – 稳定性，二阶精度，与传统的对角显隐式 Runge – Kutta 方法不同，它的第一步是显式的。

在每一个时间步，ARK 方法可以表示为

$$U^{(i)} = U^{(n)} + (\Delta t)\sum_{\nu=1}^{N}\sum_{j=1}^{s} a_{ij}^{[\nu]} F^{[\nu]}(U^{(j)})$$
$$U^{(n+1)} = U^{(n)} + (\Delta t)\sum_{\nu=1}^{N}\sum_{j=1}^{s} b_{i}^{[\nu]} F^{[\nu]}(U^{(j)})$$
(3.143)

其中，$a_{ij}^{[\nu]}$ 和 $b_{i}^{[\nu]}$，$\nu = 1, 2, 3, \cdots, N$ 为 Butcher 系数。

下面以 Kennedy 和 Carpenter[57] 的 6 步 – 四阶 ARK 方法为例，给出在知道 U^n 的前提下，如何得到 U^{n+1}。

$U^{(1)} = U^n$

$U^{(2)} = U^n + dt(a_{22}S(U^{(2)})) + dt(a_{21}S(U^{(1)})) + dt(\hat{a}_{21}L(U^{(1)}))$

$U^{(3)} = U^n + dt(a_{33}S(U^{(3)})) + dt(a_{31}S(U^{(1)}) + a_{32}S(U^{(2)}))$
$\qquad + dt(\hat{a}_{31}L(U^{(1)}) + \hat{a}_{32}L(U^{(2)}))$

$\vdots$

$U^{(6)} = U^n + dt(a_{66}S(U^{(6)})) + dt(a_{61}S(U^{(1)}) + a_{62}S(U^{(2)}) + \cdots + a_{63}S(U^{(3)}))$
$\qquad + dt(\hat{a}_{61}L(U^{(1)}) + \hat{a}_{62}L(U^{(2)}) + \cdots + \hat{a}_{65}L(U^{(5)}))$

$U^{n+1} = U^n + dt\left(\sum_{j=1}^{6} b_j S(U^{(j)})\right) + dt\left(\sum_{j=1}^{6} \hat{b}_j L(U^{(j)})\right)$

在每一个 i 步，源项 S 是 U 的隐式函数，$U^{(i)}$ 可以简单地使用 Newton 方法迭代求解[58-60]。上述方程组可以另写为

$$(I - \Delta t \hat{a}_{ii} J) U^{(i)} = U^n + \Delta t \sum_{j=1}^{i-1} a_{ij} L(U^{(j)}) + \Delta t \sum_{j=1}^{i-1} \hat{a}_{ij} S(U^{(j)})$$
(3.144)

其中，I 为单位矩阵；J 为 Jacobian 矩阵，并且 $J = \partial S(U)/\partial U$。对于多组分基元反应模型，我们定义矩阵 $M = I - \Delta t \lambda J$，得到

$$M = \begin{bmatrix} 1 & 0 & 0 & 0 & 0 & 0 & \cdots & 0 \\ 0 & 1 & 0 & 0 & 0 & 0 & \cdots & 0 \\ 0 & 0 & 1 & 0 & 0 & 0 & \cdots & 0 \\ 0 & 0 & 0 & 1 & 0 & 0 & \cdots & 0 \\ -\dfrac{\partial \omega_1}{\partial \rho} & -\dfrac{\partial \omega_1}{\partial \rho u} & -\dfrac{\partial \omega_1}{\partial \rho v} & -\dfrac{\partial \omega_1}{\partial E} & 1-\dfrac{\partial \omega_1}{\partial \rho Y_1} & -\dfrac{\partial \omega_1}{\partial \rho Y_2} & \cdots & -\dfrac{\partial \omega_1}{\partial \rho Y_N} \\ -\dfrac{\partial \omega_2}{\partial \rho} & -\dfrac{\partial \omega_2}{\partial \rho u} & -\dfrac{\partial \omega_2}{\partial \rho v} & -\dfrac{\partial \omega_2}{\partial E} & -\dfrac{\partial \omega_2}{\partial \rho Y_1} & 1-\dfrac{\partial \omega_2}{\partial \rho Y_2} & \cdots & -\dfrac{\partial \omega_2}{\partial \rho Y_N} \\ \vdots & \vdots & \vdots & \vdots & \vdots & \vdots & \ddots & \vdots \\ -\dfrac{\partial \omega_N}{\partial \rho} & -\dfrac{\partial \omega_N}{\partial \rho u} & -\dfrac{\partial \omega_N}{\partial \rho v} & -\dfrac{\partial \omega_N}{\partial E} & -\dfrac{\partial \omega_N}{\partial \rho Y_1} & -\dfrac{\partial \omega_N}{\partial \rho Y_2} & \cdots & 1-\dfrac{\partial \omega_N}{\partial \rho Y_N} \end{bmatrix}$$

对矩阵 M 进行元素变换可得

$$M = \begin{bmatrix} 1 & 0 & 0 & 0 & 0 & 0 & \cdots & 0 \\ 0 & 1 & 0 & 0 & 0 & 0 & \cdots & 0 \\ 0 & 0 & 1 & 0 & 0 & 0 & \cdots & 0 \\ 0 & 0 & 0 & 1 & 0 & 0 & \cdots & 0 \\ 0 & 0 & 0 & 0 & 1-\dfrac{\partial \omega_1}{\partial \rho Y_1} & -\dfrac{\partial \omega_1}{\partial \rho Y_2} & \cdots & -\dfrac{\partial \omega_1}{\partial \rho Y_N} \\ 0 & 0 & 0 & 0 & -\dfrac{\partial \omega_2}{\partial \rho Y_1} & 1-\dfrac{\partial \omega_2}{\partial \rho Y_2} & \cdots & -\dfrac{\partial \omega_2}{\partial \rho Y_N} \\ \vdots & \vdots & \vdots & \vdots & \vdots & \vdots & \ddots & \vdots \\ 0 & 0 & 0 & 0 & -\dfrac{\partial \omega_N}{\partial \rho Y_1} & -\dfrac{\partial \omega_N}{\partial \rho Y_2} & \cdots & 1-\dfrac{\partial \omega_N}{\partial \rho Y_N} \end{bmatrix}$$

其中，ω_i 为第 i 种组分的质量生成率，其是温度、密度和组分浓度的函数。在上述方程中，偏微分项 $\partial \omega_i / \partial \rho Y_j$ 可以通过数值方法求解，即

$$\frac{\partial \omega_1}{\partial Y_2} = \frac{\partial \omega_1}{\partial \rho Y_2} \frac{\partial \rho Y_2}{\partial Y_2} = \rho \frac{\partial \omega_1}{\partial \rho Y_2} \Rightarrow \frac{\partial \omega_1}{\partial \rho Y_2} = \frac{1}{\rho} \frac{\partial \omega_1}{\partial Y_2} \tag{3.145}$$

因为偏微分 $\partial \omega_i / \partial Y_j$ 不存在解析解，因此可以用有限差分得到数值解

$$\frac{\partial \omega_i}{\partial Y_j} = \frac{\omega_i(T, \rho, Y_1, Y_2, \cdots Y_j + \varepsilon Y_j, \cdots, Y_N) - \omega_i(T, \rho, Y_1, Y_2, \cdots Y_j + \varepsilon Y_j, \cdots, Y_N)}{\varepsilon}$$

其中，$\varepsilon = \sqrt{\alpha \times \max(\beta, Y_2)}$。$\alpha = 1.0 \times 10^{-16}$ 并且 $\beta = 1.0 \times 10^{-5}$。上述微分方程可以通过 Newton – Raphson 方法求解。

3.3 边界处理方法

高阶精度的格式通常用到很宽的模板，即多个节点值。这在计算域内部不会出现问题，但是在边界附近就需要用到边界外部的数值。在具体实践中，通常在边界外部也布置若干网格，称为虚网格。虚网格节点上的值可以根据物理边界条件的性质计算得到相应的物理量。如果不使用虚网格点，则需要构造单边的格式，即不需要利用边界之外的值构造格式。下面主要介绍固壁边界条件。

如果边界处于两个网格节点之间，如图 3.10（a）所示，则：

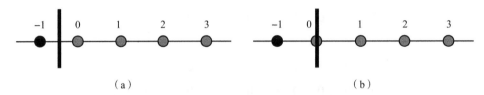

图 3.10　边界网格处理

（a）边界处在网格结点之间；（b）边界与网格点重合

绝热固壁边界条件：

$$u_{-1} = -u_0, \quad T_{-1} = T_0, \quad p_{-1} = p_0, \quad Y_{i,-1} = Y_{i,0}$$

对于二维的左边界，绝热、滑移边界条件：

$$u_{-1} = -u_0, \quad v_{-1} = v_0, \quad T_{-1} = T_0, \quad p_{-1} = p_0, \quad Y_{i,-1} = Y_{i,0}$$

绝热、无滑移边界条件：

$$u_{-1} = -u_0, \quad v_{-1} = 0, \quad T_{-1} = T_0, \quad p_{-1} = p_0, \quad Y_{i,-1} = Y_{i,0}$$

如果边界正好与网格点重合，如图 3.10（b）所示，则：

绝热固壁边界条件：

$$u_{-1} = -u_1, \quad T_{-1} = T_1, \quad p_{-1} = p_1, \quad Y_{i,-1} = Y_{i,1}$$
$$u_0 = 0, \quad T_0 = T_1, \quad p_0 = p_1, \quad Y_{i,0} = Y_{i,-1}$$

对于二维的左边界，绝热、滑移边界条件：

$$u_{-1} = -u_1, \ v_{-1} = v_1, \ T_{-1} = T_1, \ p_{-1} = p_1, \ Y_{i,-1} = Y_{i,1}$$

$$u_0 = 0, \ v_0 = v_1, \ T_0 = T_1, \ p_0 = p_1, \ Y_{i,0} = Y_{i,-1}$$

绝热、无滑移边界条件：

$$u_{-1} = -u_1, \ v_{-1} = -v_1, \ T_{-1} = T_1, \ p_{-1} = p_1, \ Y_{i,-1} = Y_{i,1}$$

$$u_0 = 0, \ v_0 = 0, \ T_0 = T_1, \ p_0 = p_1, \ Y_{i,0} = Y_{i,-1}$$

对于水平或者竖直的边界，处理起来相对容易。但是对于斜的直线边界或者更复杂的曲线边界，边界的处理将异常复杂。基本的处理思路还是利用上述的方法，使用虚网格，然后在垂直边界的方向上利用边界内部的点计算得到虚网格点上的值，如图 3.11 所示。困难在于：①边界的法线方向可能不是固定的，而是变化的，这就需要计算不同位置上边界的法线方向；②即使计算得到了边界上各点的法线方向，通过壁面反射关系，虚网格点对称的内部点很可能不与内部的节点重合，该对称点的值就需要通过其附近的节点值进行二维插值得到，大大增加了计算的复杂性。

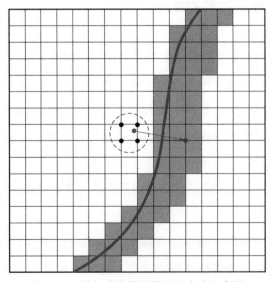

图 3.11 浸入式边界网格处理方法示意图

对于法线的问题，可以通过 level – set 方法[61]中的符号距离函数 φ 进行计算。φ 表示的是计算域内任何一点到边界的最短距离，且内部值为正，外部值为负，边界上为零。这样就可以计算得到边界的法线方向：

$$\vec{n} = \frac{\nabla \phi}{|\nabla \phi|}$$

假设虚网格点的坐标为 $\vec{x}$，则通过矢量相加，可以确定虚网格节点在流场中的对称节点：

$$\vec{x}' = \vec{x} + 2\phi \vec{n}$$

该节点的值又通过附近节点的值插值得到，然后虚网格节点的值通过镜面对称条件得到。

虚网格节点的速度矢量为

$$\vec{u}' = \vec{u} + 2((-\vec{u}) \cdot \vec{n})\vec{n}$$

如果复杂边界以一定的速度 $\vec{w}$ 移动，则将边界视为移动固定壁面。虚网格节点的速度矢量为

$$\vec{u}' = \vec{u} + 2((\vec{w} - \vec{u}) \cdot \vec{n})\vec{n}$$

3.4 MPI 并行计算方法

相对于串行计算，并行计算一般是指许多指令被同时执行的计算模式。并行计算技术是一种特别适合大规模数值计算的技术，广泛应用于航空航天、海洋、天体以及高能物理等领域。这种大规模计算技术充分利用现在计算机（群）多处理器、多核心、联网的特点，分工协作共同完成任务，大大提高计算的效率。爆炸力学问题是多尺度的问题，存在激波和接触间断，为了分辨物理细节，对其进行数值模拟需要进行大规模的计算，为了提高计算的效率，通常需要进行并行计算[62-65]。

本书的研究基于 MPI（Message Passing Interface）平台上进行信息传递的并行设计模式，对数值方法进行并行化改进。这种方法使用 MPI 的库函数进行开发，结构简单，无须对原有串行程序进行大的改动。MPI 是由全世界科研、工业及政府部门联合制定的一个消息传递编程标准，第一个版本发布于 1994 年 5 月。制定该标准的目的是为基于消息传递的并行程序设计提供一个高效、统一及可扩展的编程环境。MPI 吸取了众多消息传递系统的优点，它是分布式并行系统的主

要编程环境之一,也是目前最为通用的并行编程方式。MPI 标准中定义了一系列函数接口来完成进程间的消息传递,而这些函数的具体实现由各计算机厂商或科研部门来完成,其中比较著名的有 MPICH 和 LAMMPI。MPI 不是一门语言,而只是一个库。C、C++、Fortran77 和 Fortran90 调用 MPI 的库函数,与调用一般的函数或过程没有什么区别,遵守所有对库函数或过程的调用规则。

本书旨在简要介绍并行计算的基础知识,并不打算深入讨论并行编程。本书首先讨论并行计算:它是什么以及如何使用,然后讨论与并行计算相关的概念和术语。接下来针对爆轰数值模拟结算,结合数值算法,介绍并行编程的基本逻辑框架。

MPI 并行化计算的基本思想为:将计算区域分成若干子区域,每一个物理核心负责一个子区域内的计算,每个时间步子区域之间通过 MPI 的库函数进行通信,实现边界信息的共享。通信的数据量取决于采用的数值方法,以五阶 WENO 格式为例,需要对子区域边界处的三层网格上的所有数据进行通信。一般来说,子区域使用的数值格式阶数越高,需要通信的数据量就越大,通信的时间就越长,严重的情况下会大大降低并行计算的效率,甚至导致数据的阻塞,进而造成计算失败。因此数据通信模式的设计是进行程序并行化的关键。

3.4.1 并行机内存共享方式

1. 共享内存

共享内存,顾名思义就是允许多个不相关的进程访问同一个逻辑内存,共享内存是多个正在运行的进程之间共享和传递数据的一种有效的方式。不同进程之间共享的内存通常为同一段物理内存。进程可以将同一段物理内存连接到它们自己的地址空间中,所有的进程都可以访问共享内存中的地址。如果某个进程向共享内存写入数据,所做的改动将立即影响到可以访问同一段共享内存的任何其他进程,如图 3.12 所示。

共享内存方式的一般特征如下。

(1) 共享内存并行计算机差别很大,但通常所有处理器都能够以全局地址空间访问所有内存。

(2) 多个处理器可以独立运行,但共享相同的内存资源。

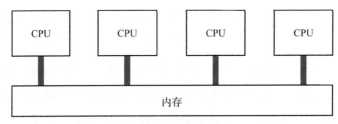

共享内存(UMA)

图 3.12　共享内存示意图

(3) 所有其他处理器都可以看到由一个处理器影响的内存位置变化。

(4) 历史上，共享内存机器根据内存访问时间被分类为 UMA（统一存储器存取）和 NUMA（非统一存储器存取）。

2. 分布式共享内存

分布式共享内存（distributed shared memory，DSM）是并行处理发展中出现的一种重要技术。提供给程序员一个逻辑上统一的地址空间（虽然这个统一的全局地址空间在现实中可能是不存在的，但是数据的访问是通过消息传递来进行的），任何一台处理机都可以对这一地址空间直接进行读写操作，如图 3.13 所示。其具有分布式内存结构可扩充性的优点，也具有共享内存结构通用性好、可移植性、编程容易的优点。热点技术包含复制问题、存储一致性模型等。实现方法包含硬件、软件、软硬件结合这三种实现方式。

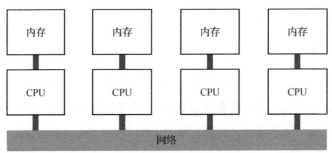

图 3.13　分布式共享内存示意图

分布式共享内存方式一般特征如下。

(1) 像共享内存系统一样，分布式共享内存系统差异很大，但都有一个共同特征，即分布式内存系统允许所有处理器通过通信网络按照全局地址来访问所有物理内存。

（2）处理器拥有自己的本地内存。一个处理器中的内存地址不映射到另一个处理器，所以在所有处理器中都没有全局地址空间的概念。

（3）由于每个处理器都有自己的本地内存，因此它独立运行。它对本地内存的改变对其他处理器的内存没有影响。因此，高速缓存一致性的概念不适用。

（4）当处理器需要访问另一个处理器中的数据时，程序员的任务通常是明确定义数据传输的方式和时间。任务之间的同步同样是程序员的责任。

（5）用于数据传输的网络"结构"差别很大，但它可以像以太网一样简单。

3. 混合分布式共享内存

混合分布式共享内存是一种统一考虑上述两种内存共享方式的并行处理技术，如图 3.14 所示。它是当今世界上规模最大、速度最快的计算机，采用共享和分布式内存架构。共享内存组件可以是共享内存机器/图形处理单元（GPU）。分布式内存组件是多个共享内存/GPU 机器的网络，它们只知道它们自己的内存，而不知道另一台机器上的内存。因此，需要网络通信将数据从一台机器移动到另一台机器。目前的趋势似乎表明，在可预见的未来，这种类型的内存架构将继续占上风。

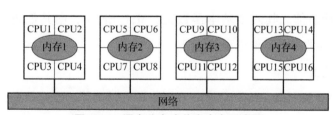

图 3.14 混合分布式共享内存示意图

3.4.2 MPI 并行计算基础函数

下面首先分析 MPI 6 个最基本的函数：MPI_INIT、MPI_FINALIZE、MPI_COMM_RANK 和 MPI_COMM_SIZE 等。

1. MPI 初始化函数

MPI_INIT(ierr)

MPI_Init 用来初始化 MPI 执行环境，建立多个 MPI 进程之间的联系，为后续通信做准备。

2. MPI 结束函数

MPI_FINALIZE(ierr)

MPI_Finalize 用来结束 MPI 执行环境。

3. MPI 进程标识获取函数

MPI_COMM_RANK(MPI_COMM_WORLD,my_id,ierr)

MPI_Comm_rank 用来标识各个 MPI 进程，标识号为 my_id。

4. MPI 通信包含的进程总数获取函数

MPI_COMM_SIZE(MPI_COMM_WORLD,num_procs,ierr)

MPI_COMM_SIZE 用来标识相应进程组中有多少个进程，num_procs 为进程总数。

5. 基本的 MPI 通信函数

MPI_SEND MPI_RECV

在分布式内存的情况下，进程之间不共享内存变量。每个进程似乎都使用相同的变量，但它们实际上使用的是程序中定义的变量的一份拷贝。结果是，这些程序不能通过在存储器中交换变量信息来彼此通信。因此它们需要使用大量 MPI 通信函数进行通信。其两个基本函数是：MPI_SEND，向其他进程发送消息；MPI_RECV，接收来自其他进程的消息。

6. 聚合通信

MPI_SEND 和 MPI_RECV 具有"点对点"通信功能。也就是说，通信过程涉及一个发送者和一个接收者。MPI 包括大量用于执行"聚合"操作的函数。聚合操作由 MPI 例程执行，这些例程由通信器中的一组进程的每个成员调用。聚合通信（collective communications）函数可以指定一对多、多对一或多对多进行消息传输。MPI 支持三类聚合操作：障碍同步、聚合数据移动和聚合计算。在一对多或者多对一操作中，有一个扮演特殊角色的进程，为根进程，进程号一般为 0。

1) 障碍同步

函数用于同步一组进程。要同步一组进程，每个进程必须调用 MPI_BARRIER（障碍同步），一旦一个进程调用了 MPI_BARRIER，它将被阻塞，直到该通信组中的所有进程都调用了该函数才返回。

2）聚合数据移动

广播　　　　　　MPI_BCAST
数据收集　　　　MPI_GATHER，MPI_GATHERV
数据分发　　　　MPI_SCATTER，MPI_SCATTERV
全收集　　　　　MPI_ALLGATHER，MPI_ALLGATHERV
全收集/分发　　 MPI_ALLTOALL，MPI_ALLTOALLV

"ALL"表明向所有参与的进程分发数据，为多对多通信；"V"表明移动的数组片段可以有不同的长度，不加"V"表明移动的数组片段都有相同的长度。

3）聚合计算

聚合计算类似于聚合数据移动，其附加特征是数据可以在移动时进行修改。

归约　　　　　　MPI_REDUCE
全进程全规约　　MPI_ALLREDUCE
归约分发　　　　MPI_REDUCE_SCATTER
前缀归约　　　　MPI_SCAN

MPI 预定义的其他归约操作如下。

MPI_MAX 最大值

MPI_MIN 最小值

MPI_PROD 求积

MPI_SUM 求和

MPI_LAN 逻辑与

MPI_LOR 逻辑或

MPI_LXOR 逻辑异或

MPI_BAND 按位与

MPI_BOR 按位或

MPI_BXOR 按位异或

MPI_MAXLOC 最大值和位置

MPI_MINLOC 最小值和位置

3.4.3 并行程序设计关键问题

传统上,并行程序的直接编写或者将原有的串行程序改造为并行程序,是一个耗时,复杂,易于出错的手动过程,非常依赖程序员的经验。为了提高并行程序编制的效率和准确性,近年来,很多自动化工具被开发出来,用以协助程序员将串行程序转化为并行程序,而最常见的工具包括可以自动并行化串行程序的并行编译器(parallelizing compiler)或者预处理器(pre-processor)。但是这些自动化并行工具还不是很完善。

1. 理解问题和程序

毫无疑问,开发并行程序的第一步就是理解将要通过并行化来解决的问题。如果是从一个已有的串行程序开始的,那么需要首先理解这个串行程序。在开始尝试开发并行程序之前,需要确定该问题是否真正可以被并行化。

(1) 选择数值稳定、高效的算法。对低效和不可靠的代码进行并行化是没有意义的。

(2) 确定程序的热点。

(3) 确定程序中并行化的瓶颈。

(4) 确定热点是否可以并行化。

识别程序的热点(hotspots):了解哪个部分完成了程序的大多数工作。大多数的科学和技术程序中的大多数的工作都是在某些小片段中完成的。可以通过剖析器或者性能分析工具来帮助分析。专注于程序中这些热点,忽略那些占用少量 CPU 的其余部分。

识别程序中的瓶颈(bottlenecks):了解有没有导致程序不成比例地变慢的,或者导致并行程序停止或者延迟的部分。例如有时候输入输出操作会导致程序变慢。有时候也可能通过重构程序,或者采用不同的算法来减小或者消除这些执行很慢的区域。

2. 程序分割

设计并行程序的第一步就是将程序分解(decomposition)成为可以分配到不同任务中去的"块",称为程序的分解或者分割(partitioning)。通常有两种基本方法可以将并行任务进行分解：域分解和功能分解。

域分解：将与问题相关的数据分解，然后每个并行任务在一部分数据上工作。可采取不同的方法来分割数据。例如，数组矩阵可以分布在4个进程上，如图3.15所示。一种常用的二维域分解示意图如图3.16所示。

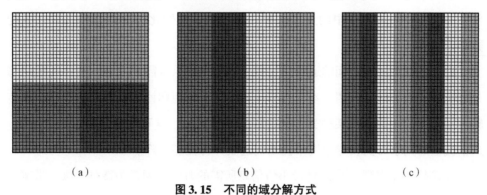

图 3.15　不同的域分解方式

(a) 2×2 分解；(b) 1×4 分解；(c) 1×8 分解

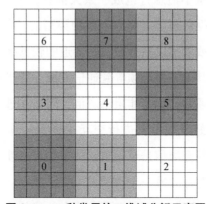

图 3.16　一种常用的二维域分解示意图

功能分解：根据要做的工作分解成若干子任务，然后每个子任务执行整个工作的一部分。在这种方法中，重点在于要执行的计算，而不是计算所操纵的数据。

在实践中将这两种分解方式结合起来是很自然的，也是很常见的。

3. 通信设计

任务之间的通信需求取决于问题本身。不需要通信的情况：一些程序可以被分解成为并发执行的任务，而这些任务之间不需要共享数据。这类问题往往被称为"尴尬并行",即任务之间不需要数据通信。例如如果我们将数组矩阵 A、B、C 以同样的方式分解到不同的处理器,那么数组的加法 $C_{i,j} = A_{i,j} + B_{i,j}$ 是尴尬并行,不需要进行处理器之间的通信。需要通信的情况:大多数并行程序并不像上一问题这么简单,任务之间确实需要共享数据。例如热扩散需要一个任务知道其他任务在它的邻居方格中的计算结果。邻居数据的变化将直接影响到该任务的数据。

在设计程序进程之间的通信时,有很多的重要因素需要考虑。进程间通信总是意味着时间的额外开销,本来用于计算的机器周期和计算资源则用于打包和传输数据。通信经常需要某种类型的进程之间的同步,这可能导致时间上的等待。通信流量的竞争可能会导致网络拥堵而造成并行性能下降。

延迟是从 A 点到 B 点发送最小值信息所需的时间,通常为微秒量级。带宽是每单位时间传送的数据量,常表示为 MB/s。发送许多小消息可能会导致延迟,会主导通信开销。将大量小消息打包成一条大信息,可更有效地进行信息传递。同步通信需要在共享数据的进程之间进行某种类型的"握手"。这可以由程序员在代码中明确地构造,或者可以在程序员不知道的较低级别发生。同步通信通常被称为阻塞通信,因为其他工作必须等到通信完成。异步通信允许进程彼此独立地传输数据。异步通信通常被称为非阻塞通信,因为在进行通信时可以完成其他工作。使用异步通信的好处是可以进行交互式交织计算。在并行代码的设计阶段,了解哪些任务必须相互通信是至关重要的。点对点涉及两个进程,一个进程充当数据的发送者/生成者,另一个充当接收者。集体通信涉及所有任务之间(或作为指定组成员的若干进程之间)的数据共享。点对点和集体通信可以同步或异步实现。图 3.17 给出了一个数据交换的例子。

通过 CFL 条件可以得到时间步长,在各个进程中时间步长 Δt 通常不相等,通常取最小的一个时间步长作为各个进程统一的时间步长 Δt。在实践中,通常采用归约和广播函数实现这个目的。在二维爆轰波数值模拟中,化学反应各组分的密度通常存储在一个数组中,即 $u(m, i, j)$,在各个进程的数据交换中,交换区的 $u(m, i, j)$ 在内存中也不是连续存储,因此需要进行特殊处理,将交换区不连续的数据重新存储到一段连续的内存中,然后使用通信函数进行通信。

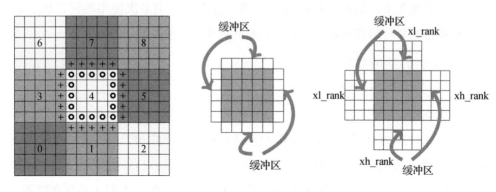

图 3.17 数据交换示意图

4. 同步设计

管理工作的顺序和执行它的进程是大多数并行程序设计的关键，这也可能是提升程序性能的关键，通常也需要对某些程序进行"串行化"。实现同步功能主要有三种方式：通过障碍同步；通过锁/信号量进行同步；通过通信操作进行同步。

通过障碍同步：通常涉及所有进程。每个进程执行其工作直到它到达障碍。然后停止或"阻止"。当最后一个进程到达障碍时，所有进程都会同步。通常，从这里发生的事情各不相同，必须完成一系列工作。在其他情况下，进程会自动释放以继续工作。

通过锁/信号量进行同步：可以涉及任意数量的进程，通常用于序列化（保护）对全局数据或代码段的访问。一次只有一个进程可以使用（拥有）锁/信号量。获取锁的第一个进程是"设置"它。然后，此进程可以安全地（串行地）访问受保护的数据或代码。其他进程可以尝试获取锁，但必须等到拥有锁的进程释放它。

通过通信操作进行同步：仅涉及执行通信操作的那些进程。当进程执行通信操作时，与参与通信的其他进程需要某种形式的协调。在进程可以执行发送操作之前，它必须首先从接收进程接收可以发送的确认。

5. 数据依赖性

数据依赖性是指当语句的执行顺序影响程序的运行结果时，我们称程序语句之间存在依赖关系。数据依赖性是由不同任务在存储中多次使用相同位置引起的。依赖性对并行编程很重要，因为它是并行性能的主要抑制因素之一。

```
DO j = my start,my end
  a(j) = a(j-1)*2.0
END DO
```

必须在计算 $a(j)$ 的值之前计算 $a(j-1)$ 的值，因此 $a(j)$ 对 $a(j-1)$ 存在数据依赖性，并行性能受到抑制。如果进程 2 拥有 $a(j)$ 并且进程 1 拥有 $a(j-1)$，则计算 $a(j)$ 的正确值需要：①分布式内存架构：进程 2 必须在进程 1 完成其计算后从进程 1 获取 $a(j-1)$ 的值；②共享内存架构：进程 2 必须在进程 1 更新后读取 $a(j-1)$。

数据依赖是并行化中一个重要的抑制因素，因此它是并行程序设计的一个关键。尽管在并行程序设计中，对所有数据依赖的识别都很重要，但循环相关的数据依赖尤其重要，因为循环往往是最常见的可并行化部分。处理方法主要有使用分布式内存架构、在同步点传输所需数据，或者共享式内存结构中在任务之间进行同步读写操作。

6. 负载平衡设计

负载均衡是指在进程之间分配大约相等数量的工作的做法，以便所有进程在所有时间保持繁忙，使进程空闲时间最小化。出于性能方面的考虑，负载均衡对并行程序很重要。例如，如果所有进程都受到障碍同步点的影响，那么最慢的进程将决定整体性能。

实现负载均衡一般有两种思路：平均分配工作量和动态工作分配方法。对于数组/矩阵而言，如果每个进程都执行相同或者类似的工作，那么可以在进程之间平均分配数据集；对于循环迭代而言，如果每个迭代完成的工作量大小类似，则在每个进程中分配相同或者类似的迭代次数；如果硬件架构是由具有不同性能特征的机器异构组合而成，那么需确保使用某种性能分析工具来检测所有的负载不平衡，并相应调整工作量。

即使数据在进程之间被平均分配，某些特定类型的问题也会导致负载不平衡。以圆形冲击波的传播为例，假如进程是根据计算域均匀分区，那么在计算域中心附近的进程计算量大，而冲击波之外未扰动区的进程不需要进行或者只进行很小的计算量，这时均匀分区各个进程的计算量存在很大的差距，这就造成了负载的不平衡，影响了计算的效率。这时可以采用动态工作分配方法实现，即动态调整各个进程分区的大小，但是这种方法相对于平均分配工作量，程序设计要复杂很多。

7. 粒度

在并行计算中，特别是分布式内存的并行模式中，通信时间是制约并行效率的重要因素，因此需要重点分析通信的问题。在并行计算中，用粒度（granularity）这一概念定性度量计算与通信的比例，如图 3.18 所示。计算周期通常通过同步与通信周期分离。

细粒度并行化（fine‐grain parallelism）是指在通信事件之外进行相对较少的计算工作，计算通信率较低，方便负载均衡，意味着较高的通信开销以及较少的性能提升机会。如果粒度过细，任务之间的通信和同步的开销可能需要比计算更长的时间。

粗粒度并行化（coarse‐grain parallelism）

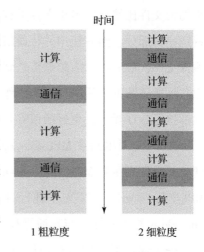

图 3.18 粒度示意图

是指在通信/同步事件之外需要较大量的计算工作，这样具有较高的计算/通信比，意味着较多的性能提升机会，但是一般难以进行较好的负载均衡。最有效的粒度取决于具体算法及其所运行的硬件环境。在大多数情况下，与通信/同步相关的开销相对于执行速度来说很高，因此粗粒度是相对有利的。而从另外一方面来讲，细粒度则可以减少由负载不均衡所造成的开销。

8. 输入输出（I/O）设计

一般来说 I/O 操作是并行化的抑制因素，这是因为 I/O 操作在硬盘进行，需要的时间比内存操作多几个数量级。而且在所有进程均可以看到相同文件空间的环境中，写操作可能导致文件被覆盖。读操作可能受到文件服务器同时处理多个读取请求的能力影响。必须通过网络进行的 I/O 操作可能导致严重的性能瓶颈，甚至导致文件服务器崩溃。MPI-1对文件的操作是使用绑定语言的函数调用来进行的，通常采用的是串行 I/O 的读写方式，一般情况下是用一个主进程打开文件和读取数据，然后分发给其他进程来处理，这种串行 I/O 数据的通信量很大、效率较低。MPI-2 实现了并行 I/O，允许多个进程同时对文件进行操作，从而避免了文件数据在不同进程间的传送，提高了读写的效率。

因此在并行程序设计时，尽可能地减少整体的 I/O 操作。在大块数据上执行少量写操作往往比在小块数据上进行大量写操作有着更明显的效率提升。使用较少的大文件比使用许多小文件更有利于 I/O 操作。或者将 I/O 操作限制在作业的特定串行部分，然后使用并行通信将数据分发到并行进程中。例如进程 1 可以读输入文件，然后将所需数据传送到其他进程。同样，进程 2 可以再从所有其他进程收到所需数据之后执行写入操作。尽量使用跨进程的 I/O 整合而不是让很多进程都执行 I/O 操作，更好的策略是只让一部分进程执行 I/O 操作。

MPI-2 调用函数 MPI_File_open 打开或创建文件并得到用于文件访问的句柄，然后调用函数 MPI_File_set_view 设定文件视窗，调用函数 MPI_File_ * read * MPI_File_ * write * 对文件进行读或写操作，所有操作完成后调用函数 MPI_File_close 关闭文件。与普通操作系统不同的是，MPI-2 打开、关闭文件时必须使一个通信器中的所有进程同时打开和关闭同一个文件。此外，普通操作系统只有一个文件指针，而 MPI-2 有两个文件指针，即独立文件指针和共享文件指针。

3.4.4 动态并行计算技术

欧拉方法的数值模拟，对整个计算域计算，在扰动未到达区域的计算是没有效果的。若采用固定分区的静态并行策略，会出现负载不均衡的情况，为提高计算效率，各个进程尽量采用动态分区[25]。

3.4.5 并行程序基本结构

一个并行版本的程序，通过其各个进程计算各自的任务，并调用 MPI 库函数（子程序）进行通信，协同完成一项完整的计算任务。MPI 的 FORTRAN 版本的子程序均以 MPI_Xxxx 的形式存在，以便与程序本身的子程序区分。

用 Fortran 语言编写的 MPI 程序框架如图 3.19 所示，程序源文件必须包含 MPI 的 Fortran 语言头文件 mpi.f，以便得到 MPI 子程序的原型说明及 MPI 预定义的常量和类型。MPI_Init 子程序用于初始化 MPI 系统，必须先调用该子程序才能调用其他 MPI 子程序。在许多 MPI 系统中，第一个进程通过 MPI_Init 来启动其他进程。注意要将命令行参数的地址（指针）传递给 MPI_Init，因为 MPI 程序启动时一些初始参数是通过命令行传递给进程的，这些参数被添加在命令行参数表中，MPI_Init 通过它们得到 MPI 程序运行的相关信息，如需要启动的进程数、使用哪些结点以及进程间的通信端口等，返回时会将这些附加参数从参数表中去掉。因此一个 MPI 程序如果需要处理命令行参数，最好在调用 MPI_Init 之后再进行处理，这样可以避免遇到 MPI 系统附加的额外参数。函数 MPI_Comm_size 与 MPI_Comm_rank 分别返回指定通信器（这里是 MPI_COMM_WORLD，它包含了所有进程）中进程的数目以及本进程的进程号。MPI_Finalize 函数用于退出 MPI 系统。调用 MPI_Finalize 之后不能再调用任何其他 MPI 函数。

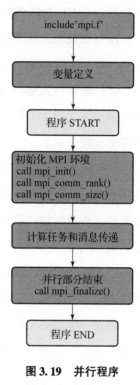

图 3.19 并行程序逻辑结构

MPI 并行程序从程序结构上可以分成三种编程模式，包括主从模式（Master-slave）、单程序多数据（single program multiple data，SPMD）模式和多程序多数据模式（multiple programs multiple data，MPMD）。这些编程模式既可以以源代码的组织形式来划分，也可以以实际程序所执行的代码来划分，它们之间并没有非常明确的界线。

如果以源代码的组织形式来划分，master/slave 模式的 MPI 程序包含两套源代码，主进程运行其中一套代码，而从进程运行另一套代码，主进程具有控制和协调功能，从进程主要完成计算功能。主从模式便于处理某些动态负载平衡的问题，特别是在异构并行中各处理机的容量和速度不同时的负载平衡问题。但在大规模并行程序中，主进程需要管理大量从进程，容易成为性能瓶颈，影响并行可扩展性。SPMD 模式的 MPI 程序中只有一套源代码，所有进程运行的都是该代码，没有明显的主从关系。但是实际过程中总是需要由一个进程承担一定的控制任务。这种模式由于没有明显的性能瓶颈并且便于有效利用 MPI 的聚合通信函数，往往能够达到理想的并行可扩展性，非常适合于大规模并行。MPMD 模式则包含多套源代码，不同进程分别执行其中的一套代码，这种模式在实际并行应用程序中比较少见。

如果以实际程序所执行的代码来划分，一个并行程序属于哪种编程模式，取决于程序中各进程实际执行的代码是否相同，以及是否具有 client/server 的特征。如果各进程执行的代码大体是一样的则可以看 SPMD 模式，具有 client/server 特征则被认为是 master/slave 模式，否则为 MPMD 模式。在这种编程模式划分中，master/slave 和 MPMD 模式也可以只用一套源码，不同进程执行的代码通过在程序中对进程号的条件判断来实现。实际编程时，相对于使用多套不同的源码而言，使用一套源码更便于代码的维护，并且 MPI 并行程序的启动也更方便，因为不需要分别指定哪个进程运行哪个可执行文件。

3.4.6　二维并行爆轰程序

如图 3.20 和图 3.21 所示，二维并行爆轰程序编程框架一般包含以下几个模块。

1. 参数的初始化

其包括一些控制性的参数，如计算的时间、数据输出的频率、数据格式和文件名等，如图 3.22 所示；除此之外还包括网格参数和化学反应模型参数。对于简单的笛卡儿网格，通常只需要给出网格的数量 nx、ny 和步长 dx、dy；对于复杂的网格，特别是三角形有限体积网格，需要给出具体的网格节点坐标和连接关系。简化的化学反应模型参数主要有活化能、反应热和指前因子等，对于基元反应模型，需要提供反应机理文件 chem.bin 和热力学数据库文件 thermo.dat。

2. 初边界条件

定解问题必须给定完整的初始条件和边界条件。初始条件一方面可以通过子

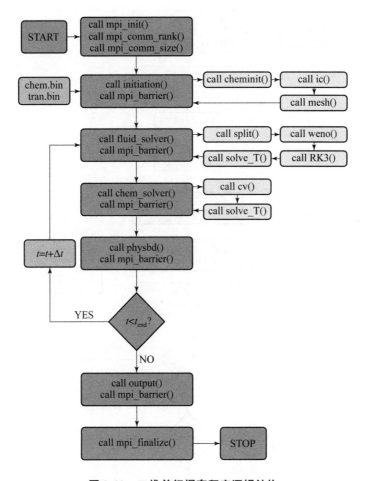

图 3.20　二维并行爆轰程序逻辑结构

程序计算出来，另一方面也可以载入提前计算好的数据文件作为初始条件。这在胞格爆轰波的数值模拟中特别有用，因为胞格爆轰波不能直接通过模型方程计算出来，而只能通过稳态 ZND 爆轰波演化发展而来。所以提前计算好胞格爆轰波的数据文件，然后载入新的算例可以大大地减少计算时间。边界条件的子程序在计算过程中会不断地调用，用于封闭计算域。如果边界比较复杂，需要利用 level – set 方法计算符号距离函数，因此调用边界条件的子程序会消耗大量的计算时间。而且如果边界处理不好，格式通常会降低精度，计算稳定性也会降低，极端情况下密度和温度等非负物理量会出现负值，导致计算终止。

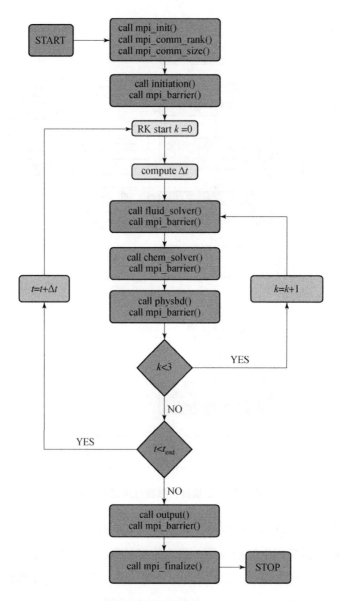

图 3.21 二维并行爆轰程序逻辑结构（涉 Runge – Kutta 方法）

3. 时间步长计算

时间步长通常利用 CFL 条件计算得到。但是如果控制方程包含扩散项，为了捕捉更小的扩散尺度，时间步长需要相应地减小。对于化学反应，如果使用简化化学反应模型，化学反应的时间尺度一般可以与流动的时间尺度相同，不需要再

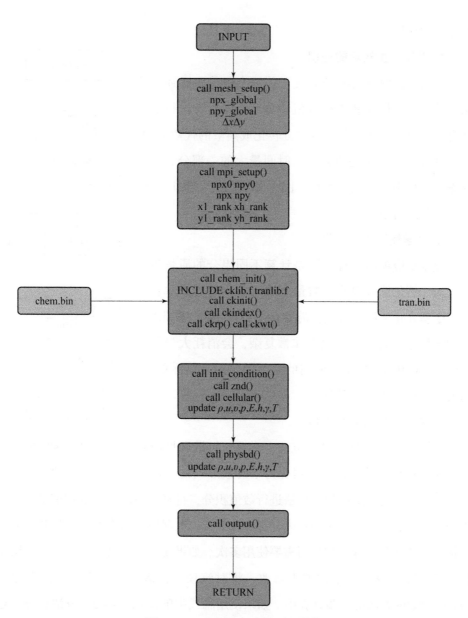

图 3.22 subroutine initiation 结构

改变时间步长。对于基元反应模型，时间步长的选择取决于计算方法，如果使用算子分裂，化学反应可以在流动尺度内积分获得；如果不使用算子分裂，直接积分对流、扩散和反应项，需要选择更小的时间步长，或者自适应的时间步长，除非使用隐式类格式。图 3.21 给出了使用多步 Runge – Kutta 方法的二维并行爆轰程序编程框架。

4. 对流、扩散项的处理

对流、扩散项的处理取决于使用有限体积法还是有限差分法，使用前者进行数值积分，使用后者进行数值微分。本质上是将积分或者微分转化成离散的代数方程。这一部分通常来说是消耗计算时间最大的一部分，因此在编程过程中需要注意优化。图 3.23 给出了子程序流体求解器的逻辑框架。

5. 化学反应项的处理

化学反应项的处理主要是计算不同组分的质量生成率。对于简化反应模型，质量生成率的计算很简单；但是对于基元化学反应模型，需要通过 CHEMKIN 库调用相关的子程序进行计算，过程非常复杂，会消耗大量的计算时间。CHEMKIN 库里使用的量纲单位不是国际单位，需要注意单位的转换问题。

6. 常微分方程积分求解

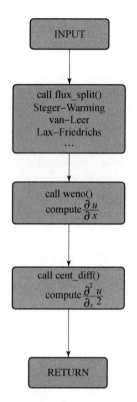

图 3.23 subroutine fluid_slover 结构

不管是否使用算子分裂方法，对流、扩散和反应项经过离散和计算后，控制方程变为半离散形式的常微分方程，需要使用合适的积分方法进行数值积分，得到下一时间步的物理量。使用算子分裂，需要在一个时间步内分别积分对流扩散项组成的常微分方程和反应源项构成的常微分方程，积分器需要使用多次。如果使用 3 步 Runge - Kutta 方法积分，则需要对编程框架做重大修改，将对流项、扩散项和反应项的处理嵌入 Runge - Kutta 方法的三步计算中。如果使用隐式类的 Runge - Kutta 方法积分，还要迭代求解大型常微分方程组，非常复杂。

7. 数据输出模块

数据输出一般不需要在每一个计算步都进行，通常是间隔地进行，输出的密度可以控制。输入输出在数值计算中是必需的，但也是非常消耗机时的部分，因此需要合理选择输出的频率和文件的大小。一般二进制的文件相比 ascii 格式的文件尺寸要小，在计算过程中可以优先选择。

3.5 自适应网格和 AMROC

多维爆轰波的数值计算通常具有多尺度的问题，需要很高的网格分辨率，这导致使用传统的规则网格需要大量的计算时间和空间。而网格自适应技术可以很好地解决这个问题。在关心的位置（压力、密度或者化学反应变化剧烈的地方）使用很精细的网格，而在其他位置使用较粗的网格，这可以节省大量的计算时间和存储空间。相比较于并行计算技术，网格自适应方法不仅可以节省计算时间，还可以节省网格数量，因此更有效率。网格自适应方法有很多种，包括非结构网格自适应、结构网格自适应和块结构自适应网格。图 3.24 为三种不同的网格自适应技术的区别。此外，近年来宁建国等人将伪弧长算法应用于求解爆炸与冲击问题中，并且发展出局部伪弧长算法与全局伪弧长算法（伪弧长自适应网格算法）[50,66]，通过伪弧长变换来捕捉爆炸与冲击波阵面，建立了爆炸与冲击问题伪弧长算法的基础理论体系。

双曲偏微分方程的结构网格自适应方法（AMR 或者 SAMR）最早由 Berger 和 Colella[67] 提出并对其使用策略进行了不断的改进。Berger–Colella 的 AMR 方法利用基于补丁的策略。首先在规则的粗网格上进行计算，然后根据网格重分规则标记需要进行网格细分的区域，将需要进行网格细分的区域根据一定的规则分为不同大小的矩形块（块结构由多个网格组成）。接下来对这些这些选定的矩形块结构里面的粗网格全部进行细分。这种网格细分过程不断地重复直到最大的细分等级，这个过程中会产生属于不同等级的块结构，如图 3.25 所示。每一个块结构本身都是一个规则的矩形网格区域，因此很容易使用有限差分或者有限体积方法在上面单独进行计算。在细网格上得到的精确的解要同步到上一级的粗网格上。每一个时间步都要经历上述的网格的动态自适应重分过程。

关于 SAMR 的更多的细节可以查阅 Deiterding 的论文[44]，这里将不再进行更深入的讲述。本书的部分研究内容是基于块结构自适应网格的并行开源程序 AMROC，并对其进行修改使之能够耦合不同的爆轰反应模型。

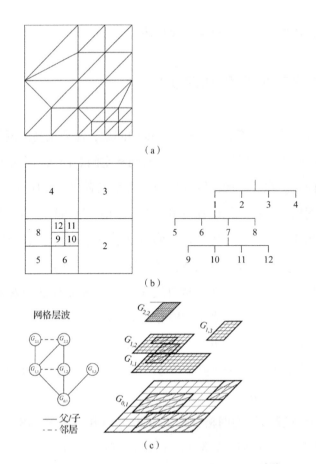

图 3.24 三种不同的网格自适应技术的区别[44]

(a) 非结构自适应网格；(b) 结构自适应网格；(c) 块结构化自适应网格

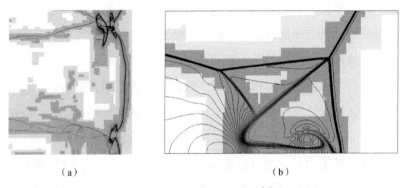

图 3.25 网格自适应实例[7]

(a) 爆轰波波阵面；(b) 激波马赫反射

3.6 程序的验证

1. 对流反应方程

本算例将验证 ARK 方法的时间精度以及与其他方法进行对比。测试的 ARK 方法包括三阶精度的 ARK3（2）4L [2] SA，四阶精度的 ARK4（3）6L [2] SA 和五阶精度的 ARK5（4）8L [2] SA[57]。对流-反应方程为

$$u_t + u_x = \varepsilon u, \quad 0 \leq x \leq 1$$

其中，εu 为刚性源项；ε 为刚性系数，表征刚性的大小。在 ARK 方法中，对刚性源项 εu 进行隐式处理，而对非刚性源项 u_x 进行显式处理。上述方程初边值问题的精确解为

$$u(t,x) = e^{\varepsilon t}\sin(2\pi(x-t))$$

时间精度由下述方程给出：

$$e_h = |u_0 - u_h|, \quad R_p = 2^p = \sqrt{e_h/e_{h/2}}$$

其中，p 为时间精度；e_h 为数值误差；u_0 和 u_h 分别为精确值和数值结果；h 为时间步长。时间精度测试结果如表 3.3 所示。

表 3.3 时间精度测试结果（$x=0.5$, $t=0.2$, $\Delta x=0.01$, $\varepsilon=0.1$）

步长	err-1	R_p	p	err-1	R_p	p	err-1	R_p	p
$h=0.04$	1.82d-3	7.2	2.85	3.21d-4	13	3.7	5.57d-5	26	4.7
$h/2$	2.53d-4	7.7	2.94	2.47d-5	15.1	3.92	2.14d-6	28.8	4.85
$h/4$	3.29d-5	7.9	2.98	1.63d-6	15.9	3.99	7.43d-8	29.9	4.9
$h/8$	4.16d-6	8.0	3	1.03d-7	16.1	4.01	2.49d-9	32.7	5.03
$h/16$	5.21d-7	8.2	3.04	6.37d-9	16.6	4.05	7.62d-11	33.1	5.05
$h/32$	6.43d-8			3.85d-10			2.30d-12		

在图 3.26 中将 ARK3（2）4L［2］SA 与三阶精度的 TVD Runge-Kutta（Shu）、SSPRK-3（Ruuth）和 SSPRK-8（Ruuth）[57]进行了比较。可以观察到，当刚性不大时，四种三阶精度格式的误差差距不大，但是当刚性逐渐增大时，ARK3（2）4L［2］SA 要明显优于另外三种方法，这也显示了该格式有很好的处理偏微分方程源项刚性的能力。

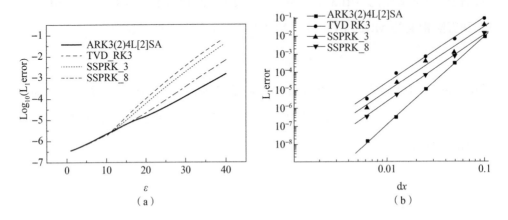

图 3.26　误差分析

(a) 误差随刚性系数 ε 的变化曲线；(b) 网格收敛性曲线（$\varepsilon=0.1$）

2. 激波管问题

激波管问题是测试激波捕捉格式常用的算例。这里使用两种激波管：Sod 激波管和 Lax 激波管进行测试。计算区域为均匀网格，网格数为 200。需要指出的是激波管问题的控制方程是欧拉方程，不存在刚性问题。计算结果如图 3.27 所示。

Sod 激波管问题：

$$\begin{cases} \rho=1.000, & u=0, & p=1.0, & 0 \leqslant x<0.5 \\ \rho=0.125, & u=0, & p=0.1, & 0.5 \leqslant x<1 \end{cases}$$

Lax 激波管问题：

$$\begin{cases} \rho=0.445, & u=0.7, & p=3.52773, & 0 \leqslant x<0.5 \\ \rho=0.500, & u=0.0, & p=0.57100, & 0.5 \leqslant x<1 \end{cases}$$

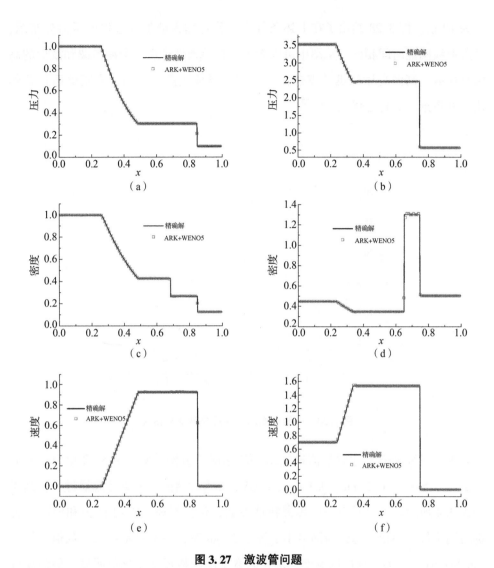

图 3.27 激波管问题

(a) Sod, 压力; (b) Lax, 压力; (c) Sod, 密度;
(d) Lax, 密度; (e) Sod, 速度; (f) Lax, 速度

3. 一维平面爆轰波（基元反应模型）

预混气体为化学当量比的 H_2 和 O_2，并用 70% 的 Ar 稀释，初始压力和温度分别为 6 670 Pa 和 298 K。在左侧封闭端设置有一段高温高压区域，迅速引爆混合气体，最终达到稳定爆轰并以稳定的爆速传播。点火区密度为初压的 5 倍，温

度为10倍。图3.28给出了在上述条件下,稳定爆轰波形成过程的压力分布图,每条曲线间隔时间相同。从图中可以看出,初始条件产生一个冲击波和波后的高温高压区,高温高压区迅速点燃混合气体,形成更高的压力,克服壁面稀疏作用,并逐渐形成稳定爆轰波[60,68]。

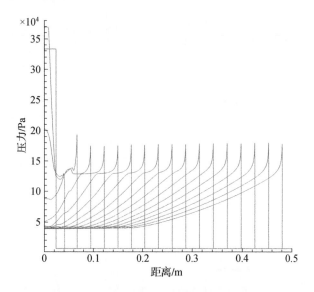

图3.28 一维非稳态气相爆轰波形成曲线

为了研究网格尺寸对数值模拟结果的影响,分别计算了网格尺寸为2 mm、1 mm、0.5 mm、0.2 mm、0.1 mm、0.05 mm六种情况下的直接起爆过程,结果如表3.4所示。可以看出一些爆轰特征参数,包括爆速、C-J压力和壁面压力都对网格尺寸不很敏感,当网格小于等于2 mm时,基本稳定在某一数值。但是von Neumann压力、反应区宽度、诱导区宽度随网格尺寸变化很明显,最终反应区宽度稳定在10 mm,诱导区宽度稳定在1.0 mm。根据表3.4中的数据,拟合得到了压力比p/p_{cj}、反应区宽度L_{rea}随网格尺寸的变化曲线:

$$p/p_{cj} = 0.591\ 58 e^{\frac{-x}{1.732\ 6}} + 1.254\ 63$$

$$L_{rea} = 282.632 e^{\frac{-x}{32.115\ 9}} - 272.603$$

当$x \to 0$时,p/p_{cj}和反应区宽度L_{rea}分别收敛于1.85 mm和1 mm。

表 3.4　不同网格尺寸下的爆轰参数计算结果

网格尺寸 /mm	爆速 /(m·s^{-1})	C-J 压力 /Pa	壁面压力 /Pa	V-N 压力 /Pa	反应区宽度 /mm	诱导区宽度 /mm
2	1 620	93 600	35 830	135 000	28	
1	1620	93 600	35 830	149 000	18	
0.5	1 620	93 600	35 830	159 000	15	
0.2	1 620	93 600	35 830	166 000	12	1.6
0.1	1 620	93 600	35 830	169 000	10	1.1
0.05	1 620	93 600	35 830	178 000	10	1.0

4. 二维平面爆轰波（基元反应）

爆轰波波阵面附近的复杂的三波点波系结构如图 3.29～图 3.32 所示。一个典型的三波点波系结构包括马赫杆、入射激波和横波，三者交汇于一点，即三波点。三波点附近出现压力和密度峰值，入射激波要比马赫杆平整得多，然而强度却低于马赫杆，其后的密度梯度和温度梯度也比马赫杆后小很多，这种情况说明入射激波后的化学反应要比马赫杆后的延迟，相应的反应阵面滞后。同时根据马赫杆阵面的压力分布可以发现，马赫杆中心的压力最低，在两侧方向的压力逐渐升高并在三波点附近达到峰值，相对而言入射激波波阵面的压力分布要均匀很多。一个典型的三波结构本质上属于马赫反射的范畴，运用马赫反射的经典理论，有助于理解爆轰波的三波结构。马赫反射中，马赫杆后的压力密度均要高于入射激波后的压力和密度；马赫杆后压力是连续的，但是存在接触间断，即密度存在间断；马赫反射中横波的强度随着不同种类的马赫反射，如单马赫反射和双马赫反射，在强度和形状上也不同，在双马赫反射中，横波与三波点接触段强度很高，曲率小，越往后发展横波强度越低、曲率越大。上述的马赫反射的现象与爆轰波三波结构的分析是吻合的，从图 3.29～图 3.32 中也可以看出马赫杆后的密度间断（滑移线）。滑移线附近存在复杂的涡系结构，但是在网格尺寸足够小的情况下才能够准确捕捉到。

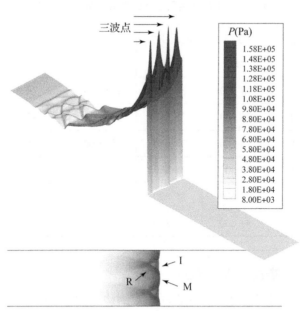

图 3.29 二维爆轰波波阵面结构（M 为马赫杆，I 为入射激波，R 为反射波）

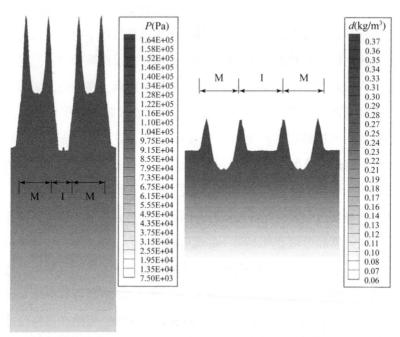

图 3.30 二维爆轰波波阵面压力、密度分布（M 为马赫杆，I 为入射激波，R 为反射波）

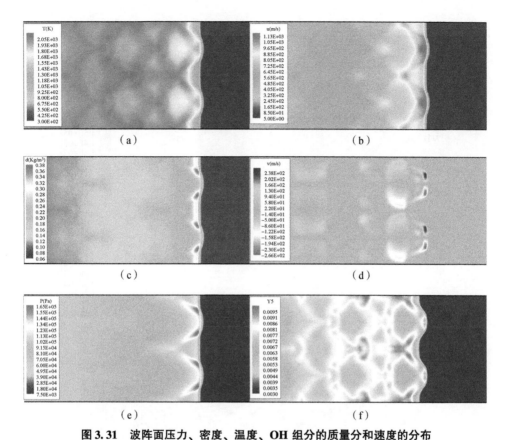

图 3.31 波阵面压力、密度、温度、OH 组分的质量分和速度的分布
(a) 温度；(b) x 方向速度；(c) 密度；(d) y 方向速度；(e) 压力；(f) 组分 Y5

烟迹技术广泛应用于记录爆轰波的胞格结构。通过烟熏玻璃板或者金属板，做成烟熏片，使得片上均匀覆盖一层烟迹，然后将烟熏片放入管道内壁，用于记录爆轰波在管道中三波点的运动轨迹，所得到运动轨迹呈鱼鳞状，即爆轰胞格。在数值计算中，通过记录整个计算时间内爆轰波的最大压力历史从而得到数值胞格，计算得到的规则的胞格结构如图 3.33～图 3.34 所示，这一结果表明本书计算的爆轰波以规则的胞格结构传播，与实验中得到的胞格结构比较，数值胞格的结构与尺寸都与之接近。图 3.35 给出了胞格结构的若干特征参数的几何关系，包括出射角 α、胞格宽长比 λ/l、入射角 β 和横波轨迹角 ω。将计算得到的胞格结构的几何参数与前人的实验结果进行了比较，如表 3.5 所示，结果吻合得比较好。

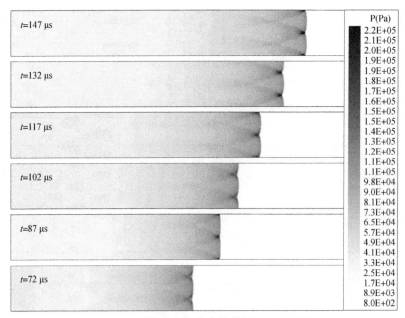

图 3.32　爆轰波在直管内的传播（不同时刻）

图 3.33　实验得到的爆轰波胞格（稳定气体）[4]

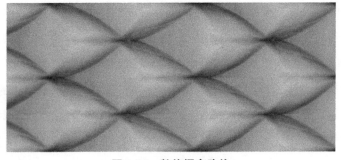

图 3.34　数值爆轰胞格

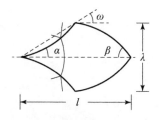

图 3.35　规则胞格结构几何参数

表 3.5　规则胞格结构几何参数

结构参数	计算值	实验值
λ/l	0.6	0.5~0.6
$\alpha/(°)$	10	5~10
$\beta/(°)$	35~42	32~40
$\omega/(°)$	32	30

5. 激波和爆轰波的马赫反射（基元反应模型）

图 3.36 中显示了激波（$M=5$）在楔面上的马赫反射和规则反射。激波的马赫反射过程是自相似的，其三波点的轨迹线是直线，因此我们可以得到三波点轨迹线与楔面的夹角，即三波点轨迹角 χ。不同楔面角度下的三波点轨迹角 χ 与两激波理论和三激波理论得到的解析解的对比结果如图 3.37 所示。我们可以看到数值结果非常接近理论值。数值实验中得到的马赫反射转变为规则反射的极限楔角为 50°。这个值也很接近两激波理论的理论值 50.3°。

爆轰波在楔面上的马赫反射如图 3.38 所示。在这个例子中，爆轰波的马赫反射包括入射爆轰波、反射激波和马赫杆。入射激波和马赫杆均为反应激波，其中，前者是 C-J 爆轰波，后者是过驱爆轰波，其横波的距离较入射爆轰波的横波距离要小。反射波是无反应的激波。过驱动的马赫杆后面的胞格尺寸要比在入射爆轰波后的胞格尺寸小，如图 3.39 所示。与实验结果比较，数值结果也比较符合，特别是胞格的形状和三波点轨迹线的变化。在数值实验中，马赫反射变为规则反射的临界楔角大约是 46°，这个结果接近文献中的数值。

6. 二维爆轰波波阵面精细结构

在该算例中，使用两步反应模型对二维爆轰波在直管道中的传播进行了数值模拟，数值格式为三阶精度的 TVD Runge-Kutta 格式和五阶精度的 WENO 格式，网格分辨率为 50 pts/Δ_I。在图 3.40 中可以观察到爆轰波波阵面的精细结构，包括诱导区、反应区和三波结构。

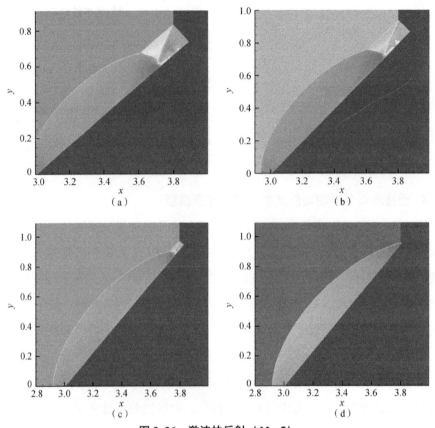

图 3.36 激波的反射（$M=5$）

(a) 20°；(b) 30°；(c) 40°；(d) 50°

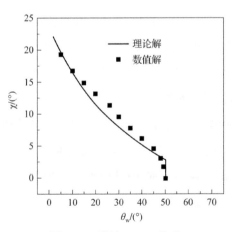

图 3.37 激波 $\chi - \theta_w$ 关系

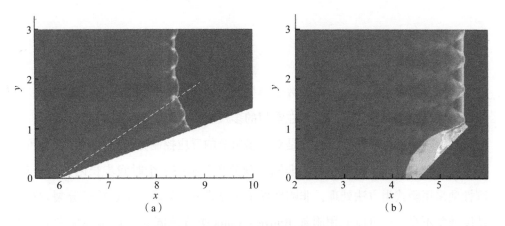

图 3.38 爆轰波马赫反射波阵面结构

(a) 20°；(b) 45°

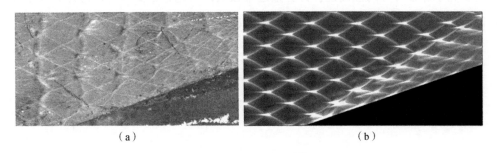

图 3.39 爆轰波马赫反射的胞格模式

(a) 实验结果[43]；(b) 数值结果

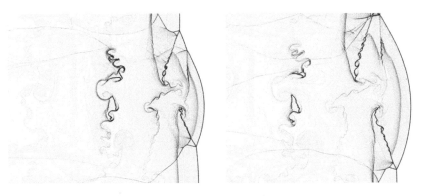

图 3.40 爆轰波波阵面精细结构

3.7 本章总结

本章主要介绍了气相爆轰波数值模拟相关的数值方法和和并行计算技术。气相爆轰波存在多尺度问题，既存在空间的多尺度，也存在时间的多尺度问题，因此方程源项通常存在刚性，特别是对于多组分的反应控制方程来说。传统上可以采用算子分裂方法，将刚性项和非刚性项分离开来在一个时间步长内先后处理，刚性项采用隐式类方法处理，非刚性项采用显式方法处理，不过算子分裂方法的精度通常不高。也可以采用附加 Runge–Kutta 类方法同时处理刚性项和非刚性项，这样可以达到更高的计算精度。多维气相爆轰，特别是使用基元反应模型时，为了保证计算的准确性，计算量通常很大，因此有必要采用并行计算技术和网格自适应技术来提高计算的效率，同时减少内存的消耗。

第 4 章

ZND 爆轰波的马赫反射

4.1 引言

在绪论中讨论了爆轰波马赫反射研究的现状和问题，本章将在一个较大的空间尺度上研究爆轰波的自相似性问题，描绘在特征尺度存在的前提下爆轰波马赫反射的三波点轨迹线，并与理论进行对比。同时本章也将研究气相爆轰波在楔面上马赫反射转变为规则反射的临界条件。

4.2 数值方法和计算设置

ZND 爆轰波楔面反射数值模拟的控制方程为二维反应欧拉方程，空间项上采用五阶精度的 WENO 有限差分格式离散，时间项上使用三阶精度的 TVD Runge–Kutta 方法进行求解。同时为了提高计算效率，使用 MPI 对程序进行了并行化处理。楔面边界为滑移固壁条件，采用 embedded boundary 方法进行处理。这种方法将边界定义为一个 level–set 方程，并且可以应用于笛卡儿直角网格。计算区域的上下边界均为滑移固壁条件，左侧边界为入口条件，右侧边界为出口条件。

化学反应模型采用两阶段反应模型。因为本章重点研究稳定 ZND 爆轰波的马赫反射，为了实现这个目的，二阶段反应模型使用了很小的活化能（$\varepsilon_I = 0.1$，$\varepsilon_R = 1.0$），这样可以抑制爆轰波的胞格不稳定性。布置具有不同反应区宽度

(从 $1.5\Delta_I$ 到 $20\Delta_I$)的二维 ZND 爆轰波于楔面上游,作为初始条件,使之向右传播并在楔面上发生反射。在本章的研究中,比热比 $\gamma = 1.44$,入射 C–J 爆轰波的马赫数 $M = 6.5$。楔面的长度根据算例的不同有所区别。为了得到一个无反应的爆轰波(激波),在二阶段反应模型框架内一个最简单的办法就是使用一个很小的反应区速率参数 k_R,从而得到一个非常长的诱导区。由于诱导区不存在化学反应,这样情况下的 ZND 爆轰波本质上就是一个激波。因此激波和 ZND 爆轰波存在相同的比热比和马赫数,这样处理的好处是可以对两者的楔面反射过程进行精确的比较。

下面对数值算法和模型的收敛性进行测试。数值模拟所需要的网格分辨率不仅取决于所采用的数值计算方法和反应模型,也跟所研究的具体问题有关。一般来说至少需要 20 网格点(半反应区)才能够分辨爆轰波的结构,但是这也只是一个特定的经验值,并不一定适用于所有的情况,因此需要对每一个研究的问题进行网格收敛性测试。图 4.1 为不同网格分辨率下($20\ \text{pts}/\Delta_I$, $10\ \text{pts}/\Delta_I$, $5\ \text{pts}/\Delta_I$, $2\ \text{pts}/\Delta_I$)ZND 爆轰波马赫反射结构的密度梯度图。可以清楚地观察到,随着网格分辨率的提高,马赫反射的结构更加清晰,逐渐收敛。图 4.2 中显示了不同网格分辨率下的马赫反射三波点轨迹线的网格收敛特性。在 $10\ \text{pts}/\Delta_I$ 的网格分辨率下,三波点的轨迹线与在 $20\ \text{pts}/\Delta_I$ 的网格分辨率下的三波点轨迹线基本一致,说明网格分辨率基本收敛。因此考虑到我们的数值模拟采用高精度数值格式(五阶 WENO 格式)和稳定的 ZND 爆轰波,采用的固定网格分辨率为 $10\ \text{pts}/\Delta_I$。

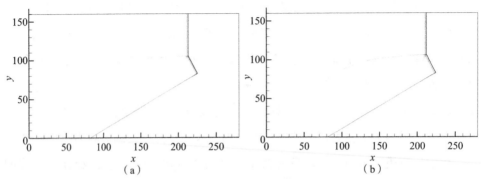

图 4.1 不同网格分辨率下 ZND 爆轰波马赫反射结构的密度梯度图

(a) $2\ \text{pts}/\Delta_I$; (b) $5\ \text{pts}/\Delta_I$;

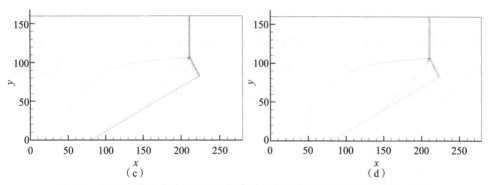

图 4.1 不同网格分辨率下 ZND 爆轰波马赫反射结构的密度梯度图（续）

(c) 10 pts/Δ_I；(d) 20 pts/Δ_I

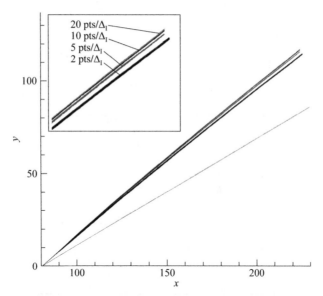

图 4.2 不同网格分辨率下的马赫反射三波点轨迹线

4.3 激波的楔面反射

首先考虑激波的马赫反射过程[35]，这可以为研究爆轰波马赫反射提供一个参考，同时也可以验证当前数值模拟结果的准确性。图 4.3 显示了 4 个不同位置下激波马赫反射的波系密度梯度以及马赫杆压力历史（$\theta_w = 30°$，$M = 5.6$）。从图中可以看出，马赫杆不是直的，而是微凸的，这是由于"壁面射流"的活塞效应造成的。同时也可以发现,马赫反射三波点轨迹线是一条直线,这说明激波的马赫反射是自相似的,与理论分析的结果相符,也说明数值模拟的结果是可信的。需要指出的是,任何数值计算格式都会使得激波的间断存在一个数值厚度,但是只要保证足够的分辨率,这个数值厚度可以忽略不计。

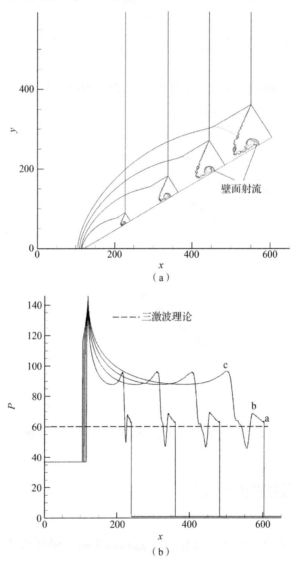

图 4.3　激波马赫反射不同时刻的波系密度梯度以及马赫杆压力曲线（$\theta_w = 30°$, $M = 5.6$）

(a) 波系密度梯度;(b) 马赫杆压力曲线

激波在 30°楔面上马赫反射的三波点轨迹角 $\chi = 9.8°$，这个值比通过三激波理论得出的结果大 2°。这是由于在三激波理论中，假设马赫杆是直的，并且垂直于楔面，但是数值模拟和实验结果均显示马赫杆是微凸的。Ben-Dor[22]分析了马赫杆的曲率对三波点轨迹角的影响，发现三激波理论预测的结果比凸的马赫杆（强激波）要小 1°~3°，比凹的马赫杆（弱激波）要大一些。

图 4.3（b）显示了不同时刻马赫杆后沿着楔面的压力分布。从图中可以看出，沿着楔面压力从 a 到 b 逐渐增大。在"壁面射流"的涡结构里，压力下降，密度增大（从点 b 到点 c）。在壁面射流后面的点 c，存在一个压力峰值。如果继续观察复杂的的涡结构后的流场，压力逐渐增加并在楔面顶点处达到局部峰值。相关的密度和压力等值线如图 4.4 所示。Hornung[23]指出如果滑移线左侧的压力大于右侧的压力，滑移线将会向马赫杆方向弯曲。在图 4.3（b）中，在马赫杆沿着楔面向前传播的过程中，它的强度维持不变。在数值实验中 $p_1/p_0 = 63$，这个压力比值要稍大于通过 von Neumann 三激波理论得到的理论解（$p_1/p_0 = 60$）。

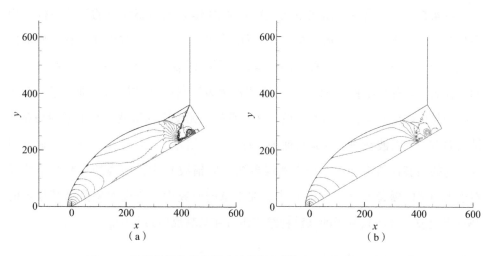

图 4.4 马赫反射的密度压力等值线云图（$\theta_W = 30°$，$M = 5.6$）
(a) 密度等值线；(b) 压力等值线

4.4 ZND 爆轰波楔面反射

4.4.1 反应的马赫杆

图 4.5 中显示了平面 ZND 爆轰波（$\Delta = 7.96$）在 30°楔面上的马赫反射[35]。与相同强度激波马赫反射的马赫杆结构相比，可以看出，反应的马赫杆（ZND 爆轰波马赫反射）是凹的，而无反应马赫杆（激波马赫反射）是凸的。除此之外，在 ZND 爆轰波马赫反射中，滑移线并不像在激波马赫反射中弯向马赫杆，而是向远离马赫杆的方向延伸。因此，在 ZND 爆轰波的马赫中不存在"壁面射流"。但是在 ZND 爆轰波早期的马赫反射形态中（楔面顶点附近），滑移线是弯向马赫杆并存在"壁面射流"，这与激波马赫反射类似。图 4.6 显示了反应马赫杆的精细结构（在这个例子中使用了更高的网格分辨率，50 pts/Δ）。这说明 ZND 爆轰波的马赫反射是一个不断发展的非稳态过程，是不存在自相似性的，与自相似的、拟稳态的激波马赫反射截然不同。

图 4.5 显示了沿着楔面在不同位置处 ZND 爆轰波马赫反射的三波结构（由马赫杆、入射激波和反射激波构成）。可以看出，这些三波结构并没有本质上的变化。爆轰波波阵面存在两种不同的爆轰波马赫杆结构，即一种强的马赫杆结构和一种弱的马赫杆结构（图 4.7）。这两种爆轰波马赫杆结构的区别在于：对于弱的马赫杆结构而言，反射波在诱导区是直的、无反应的激波；对于强的马赫杆结构而言，反射波在诱导区是弯曲的，存在一个结并形成第二个三波点。通常而言，弱的马赫杆结构存在于稳定的爆轰波（弱横波）中，而强的马赫杆结构存在于不稳定的爆轰波（强横波）中。在本章的研究中，研究对象是极其稳定的 ZND 爆轰波，因此只有弱的马赫杆结构出现在马赫反射过程中。

4.4.2 马赫反射三波点轨迹线

图 4.8 为 ZND 爆轰波马赫反射的三波点轨迹线。由于马赫杆本身是弯曲的，它的高度被定义为从三波点到楔面的垂直距离。马赫杆的行程定义为从楔面顶点

第 4 章　ZND 爆轰波的马赫反射　　145

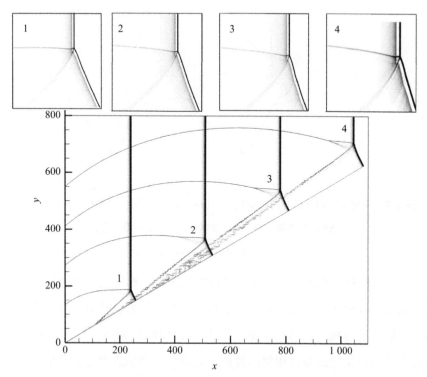

图 4.5　ZND 爆轰波的马赫反射（方框 1−4 为局部放大图）

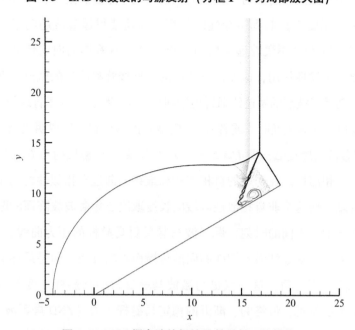

图 4.6　ZND 爆轰波的初始马赫反射三波结构

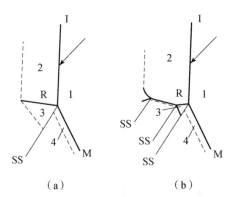

图4.7 两种不同的反应马赫杆结构[69]（I—入射波；M—马赫杆；R—反射波；
SS—剪切层；1—未反应区；2，3，4—诱导区）

(a) 弱三波结构；(b) 强三波结构

沿着楔面到马赫杆的直线距离。为了进行相互比较，相同强度的激波马赫反射三波点的轨迹线也出现在图4.8中。可以看出，ZND爆轰波马赫反射三波点的轨迹整体上不是一条直线，而是弯曲的。这与自相似的激波马赫反射不同，也说明ZND爆轰波马赫反射是非自相似的过程。但是在楔面顶点附近，其早期的三波点轨迹线看起来与激波马赫反射三波点的轨迹线基本重合，这是由于在早期，爆轰波的诱导区（无反应）起到主导性的作用，而这使得爆轰波趋向于一个无反应的激波。但是当ZND爆轰波远离楔面顶点、继续沿着楔面向前传播时，化学反应区的变化开始发挥作用，这使得三波点的轨迹线背离原先的轨迹，开始向楔面方向弯曲。随后三波点的轨迹线渐近地趋向于一条直线，而这条直线的斜率对应于反应三激波理论（爆轰间断，或者C-J模型）的理论解。这说明当马赫杆的行程L远大于爆轰波的厚度Δ，即$L \gg \Delta$时，ZND爆轰波马赫反射重新获得了自相似性，即渐近自相似性。在初始的自相似性和最终的渐近自相似性之间是一个非自相似性的区域。而这个非自相似性区域的长度取决于爆轰波波阵面的厚度Δ。

图4.9显示了不同的时刻，爆轰波马赫反射马赫杆的压力曲线。可以看出，马赫杆的强度随着爆轰波沿着楔面的向前传播而不断衰减，但是最终会缓慢地衰减至一个稳定的压力值，这一点也与激波马赫反射的马赫杆强度随时间不变不同。同时也可以发现，最终的、渐近的稳定马赫杆压力（ZND爆轰波马赫反射）仍然大于入射C-J爆轰波的V-N压力，这意味着最终稳定的马赫杆仍然是过

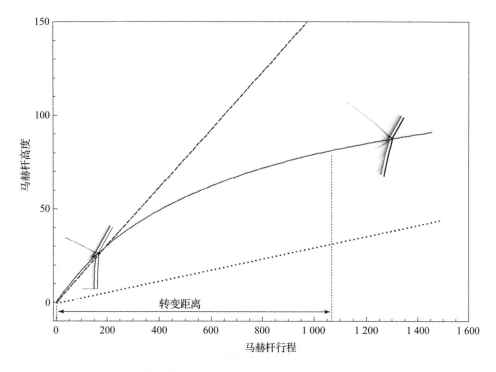

图 4.8 ZND 爆轰波马赫反射的三波点轨迹线（短划线为激波马赫反射的三波点轨迹线；虚线为爆轰间断马赫反射的三波点轨迹线；实线为 ZND 爆轰波的三波点轨迹线）

驱动的，只不过相比早期的马赫杆过驱度要弱一些。

这里反应马赫杆的过驱度定义为 $f = \dfrac{M_S}{M_I}$，其中 M_S 和 M_I 分别表示爆轰波马赫反射入射爆轰波和马赫杆的马赫数。反应的三激波理论预测马赫杆的过驱度为 $f=1.2$ ($\gamma=1.44$, $M=5.6$, $\theta_w=30°$)，无反应的三激波理论预测马赫杆的过驱度为 $f=1.28$ ($\gamma=1.44$, $M=5.6$, $\theta_w=30°$)。在本章的数值计算中，反应马赫杆的强度可以表述为：在近场，$f=1.3$，在远场的渐近状态时，$f=1.19$。这说明数值模拟的结果非常接近反应和无反应的三激波理论，可以认为是两个极限状态，这也与 Shepherd 等[29] 和 Akbar[24] 提到的爆轰波马赫反射冻结极限和平衡极限是一致的。

图 4.10 显示了三种不同厚度 ZND 爆轰波马赫反射马赫杆的高度与马赫杆形程的关系曲线。在这里，马赫杆的高度和行程均用爆轰波的厚度 Δ 进行了无量纲化。同时在图中将三波点轨迹线与自相似的激波马赫反射三波点轨迹线以及爆轰

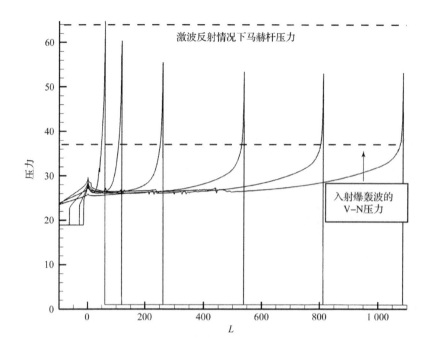

图 4.9　马赫杆沿楔面的压力变化曲线

间断（C-J 模型）马赫反射三波点轨迹线进行了对比。依然可以观察到当马赫杆行程远大于爆轰波厚度 Δ 时，ZND 爆轰波马赫反射三波点轨迹线渐近地趋向于一条直线，这说明了马赫反射获得了渐近自相似性，这一点已经在上述段落里多次说明。这里将从楔面顶点到马赫反射获得渐近自相似性的直线距离定义为转变距离（L_{tr}）。图 4.11 为转变距离 L_{tr} 与爆轰波厚度 Δ 的关系。可以观察到，转变距离 L_{tr} 随爆轰波厚度 Δ 的增加而增长。这说明对于具有较大特征长度（厚度）的爆轰波而言，需要更长的距离来使得这个特征长度变得足够小。但是无量纲的转变距离（L_{tr}/Δ）却是随着爆轰波厚度 Δ 增大而减小，这是一个有趣的现象，下面对这一问题进行解释。在本章节的数值模拟中，不同的爆轰波厚度 $\Delta = \Delta_I + \Delta_R$ 是这样得到的，即保持诱导区的宽度 Δ_I 不变，而通过改变化学反应的速率而改变化学放热区的宽度 Δ_R。ZND 爆轰波本质上存在两个特征长度，即诱导区长度 Δ_I 和反应区宽度 Δ_R。用爆轰区宽度 Δ 来无量纲化转变距离 L_{tr} 等同于消除掉特征尺度 Δ 对马赫反射过程的影响，但是另外一个特征长度 Δ_I 仍然在影响马赫反射过程。这时，无量纲的转变距离 L_{tr}/Δ 应该随着 Δ_I 的增大而增加、减小而减小。而无量纲

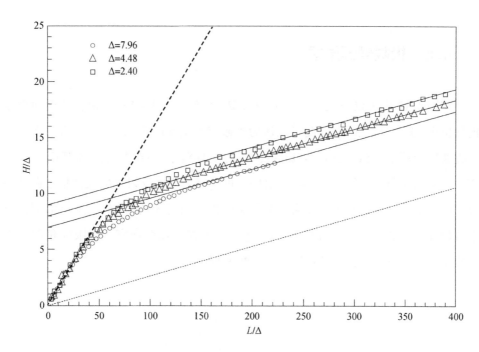

图 4.10 不同反应区宽度 Δ 下的 ZND 爆轰波的三波点轨迹线

(短划线为激波马赫反射的三波点轨迹线；虚线为爆轰间断马赫反射的三波点轨迹线)

化的过程中，原先具有最大的特征尺度 Δ 的爆轰波则具有最小的 Δ_I，这就是为什么无量纲的转变距离 L_{tr}/Δ 却是随着爆轰波厚度 Δ 增大而减小。这些问题本质上都是特征尺度在起作用，只不过两个不同的特征尺度的存在使得问题复杂化。

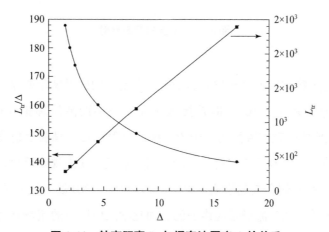

图 4.11 转变距离 L_{tr} 与爆轰波厚度 Δ 的关系

4.5 极限楔面角度

在图 4.12 中可以看到,对于激波($M=6.5$,$\gamma=1.44$)来说,其楔面极限楔角位于 50°~51°之间。因此可以认为极限楔角为 $50°\mp0.5°$,这个值与无反应两激波理论基本一致。在图 4.13 中,我们发现对于 ZND 爆轰波的楔面反射而言,其极限楔角也是位于 50°~51°之间,即与激波楔面反射的极限楔角也保持一致。但是根据反应的两激波理论,爆轰波的极限角度大约为 35°,这个值则远小于数值计算的结果。这说明对于 ZND 爆轰波的楔面反射而言,极限楔角取决于无反应的两激波理论,而不是反应的两激波理论。

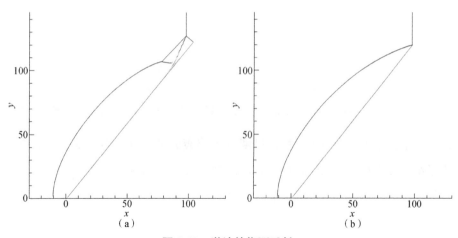

图 4.12 激波的楔面反射

(a) $\theta_W=50°$;(b) $\theta_W=51°$

在以前的实验结果中也有类似的结论,即实验的极限楔角要比反应三激波理论得到的理论值大 6°~10°,但是接近于无反应的两激波理论(frozen limit)。Hornung[23]在他的研究中曾指出对于激波楔面反射而言,马赫反射马赫杆后的流场是亚声速的,如果流场变成超声速的,则反射模式变为规则反射。这个声速理论可以应用到 ZND 爆轰波的楔面反射中。因为对于 ZND 爆轰波的规则反射而言,在反射波后的诱导区,流场是超声速的,而化学反应区后的流场状态不能够影响诱导区域以及反射模式的转变(从规则反射到马赫反射)。

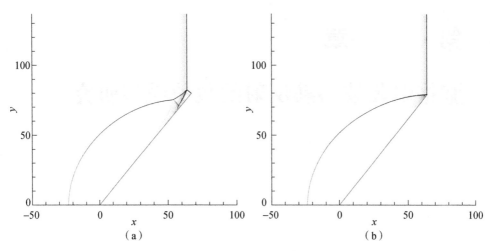

图 4.13 ZND 爆轰波的楔面反射

(a) $\theta_W = 50°$; (b) $\theta_W = 51°$

4.6 本章总结

在这一章中,应用两步化学反应模型对 ZND 爆轰波的楔面马赫反射进行了数值模拟研究。结果表明,由于存在特征尺度,整体上 ZND 爆轰波的马赫反射过程不是自相似的。但是,从三波点轨迹线来看,早期在楔面顶点附近,爆轰波马赫反射过程近似于激波的马赫反射。在远场,马赫反射过程渐近地趋向于自相似,这符合化学平衡极限。马赫杆过驱度的变化也从另外一个方面印证了上述结论和两个极限。ZND 爆轰波楔面反射的极限楔角与激波楔面反射的极限楔角一致,都可以用两激波理论来预测,而反应的两激波理论(把爆轰波简化为带反应的强间断)则过低地预测了 ZND 爆轰波楔面反射的极限楔角。这个结论与前人的一些实验结论类似。这很可能是由于极限楔角只依赖于波阵面后的无反应的诱导区,这个诱导区本质上就是一个无反应的激波波阵面。本章的研究侧重于平面 ZND 爆轰波。事实上,在爆轰波波阵面上的胞格结构使得这个问题更为复杂,这个问题将在下一章进行研究和阐述。

第5章

胞格爆轰波马赫反射的数值模拟研究

5.1 引言

如果不考虑激波波阵面自身的厚度（即不存在一个特征尺度），激波的马赫反射过程是自相似的。在这种情况下，传统的 von Neumann 三激波理论可以用于描述激波的马赫反射过程，并能够准确地预测激波马赫反射转变为规则反射的极限楔面角度。根据 von Neumann 三激波理论，激波马赫反射的三波点轨迹线是一条直线，其与楔面的夹角定义为三波点轨迹角。如果爆轰波可以近似为一个忽略其自身厚度的强间断（C-J 模型），那么由于自身波阵面不存在特征尺度，爆轰波的楔面马赫反射也是一个自相似的过程。但是如果考虑激波或者爆轰波本身的厚度（强激波由于解离自身波阵面的厚度可以达到毫米量级），其马赫反射过程将不再是一个自相似的过程，即三波点的轨迹线不再是直线而是曲线。在第4章中已经对具有一定厚度的稳定 ZND 爆轰波的马赫反射过程进行了研究。结果表明在楔面顶点附近的近场，马赫反射是自相似的，并且其行为接近具有相同强度（马赫数 M，比热比 γ）的激波。在这一阶段，马赫反射三波点的轨迹是一条直线。但是，随着 ZND 爆轰波沿着楔面向前传播，马赫反射三波点的轨迹线偏离原有的直线并向楔面弯曲。当 ZND 爆轰波沿着楔面传播足够长的距离后，即马赫杆的行程远大于 ZND 爆轰波自身的厚度时，马赫反射过程发展为渐近自相似。其具体表现为马赫反射的三波点轨迹线重新渐近地转变为一条直线，并且直线与楔面的夹角与通过反应三激波理论得到的结果近似一致[35]。

从一般意义上来说，自维持胞格爆轰波波阵面是不稳定的，存在三维的、非稳态的多波结构。这个非稳态的波阵面由一系列的三波结构（入射波、马赫杆和横波）构成。由于真实的胞格爆轰波存在上述这种复杂的波阵面结构，其马赫反射过程与平面 ZND 爆轰波的马赫反射过程有很大的区别。如果胞格爆轰波胞格的尺寸很小并且横波很弱，其马赫反射过程将近似于 ZND 爆轰波的马赫反射过程。在这种情况下，横波可以认为是作用在 ZND 爆轰波马赫反射上的小挠动。这种小挠动对马赫反射整体的行为影响有限，可以忽略。但是如果胞格爆轰波胞格的尺寸与马赫杆相比很大并且横波很强，其马赫反射过程将变得极其复杂。这时楔面的存在可以认为是作用在爆轰波的特征强胞格不稳定性（characteristic strong cellular instability）上的一种扰动。在上述的两种极限情况之间，胞格爆轰波的马赫反射过程存在与上述现象不同的行为模式，这也是这一章的研究重点。

在过去的研究中，一些关于复杂的胞格爆轰波马赫反射的问题仍然不是很清楚，存在很多前后矛盾的结论。本章中，将对这一现象进行一系列的数值研究，试图阐明该现象的一些特定的方面，特别是爆轰波的稳定性对马赫反射过程的影响、远场的渐近相似性对反应区宽度的依赖性、胞格结构（横波）对马赫反射三波点轨迹线的影响以及马赫反射的马赫杆在楔面顶点近场的初期发展模式。在本章的研究中，为了能够得到爆轰波在远场的渐近相似性过程，楔面的长度相对于爆轰波的宽度被设定为足够长。

5.2 数值模拟设置

为了分辨胞格爆轰波马赫反射的精细结构，特别是具有更窄反应区宽度的马赫杆，爆轰波马赫反射的数值模拟需要比在一般直管道中更高的网格分辨率。为了达到这个目的，本章应用了并行自适应网格程序 AMROC 对这个问题进行数值计算，同时对该程序进行了修改，使之能够耦合两阶段化学反应模型（与第 2 章中的反应模型一致），无量纲活化能 $\varepsilon_\mathrm{I} = 4.8$，$\varepsilon_\mathrm{R} = 1.0$。初始条件为布置具有不同稳定性的胞格爆轰波于楔面前，使之向右传播并在楔面上发生反射。在本研究中，比热比 $\gamma = 1.44$，初始 C-J 爆轰波的马赫数 $M = 5.6$。在整个计算区域，使用粗网格；在流场剧烈变化的区域使用细网格，使之具有更高的网格分辨率。在本章的研究中，对于楔面角度小于 30°的算例，网格分辨率为 32 pts/Δ_I，采用 4 级自适应（2，2，2，4）；对于楔面角度大于 30°的算例，为了分辨强过驱的马赫杆精细结构，网格分辨率则为 64 pts/Δ_I，采用 5 级自适应（2，2，2，2，4）。计算区域的边界条件设置为：左侧边界为入流条件，右侧边界为出流条件，上下壁面和楔面均为固壁条件。楔面固壁采用 ghost + level - set 的方法进行处理。

5.3 胞格结构和三波点轨迹线

在第 4 章中，对 ZND 爆轰波的楔面反射进行了研究。为了便于解释胞格爆轰波的楔面反射现象并且与第 4 章的研究内容进行比较，首先在楔面上游布置了平面 ZND 爆轰波而不是胞格爆轰波。由于爆轰波自身的不稳定性，ZND 爆轰波在向下游传播的过程中不能够长时间维持一维 ZND 结构，横波会在 ZND 爆轰波的波阵面上出现并逐渐生长发展，最终 ZND 爆轰波会完全转变成二维胞格爆轰波。在这种情况下，在楔面上的马赫反射模式会从开始的 ZND 爆轰波的马赫反射逐渐转变为完全胞格爆轰波的马赫反射，如图 5.1 所示。这种设计可以使 ZND 爆轰波和胞格爆轰波马赫反射的研究统一起来，同时也可以观察不同强度胞格结构（或者说横波）对 ZND 爆轰波马赫反射三波点轨迹线的影响，便于研究和解释。在图 5.1（a）中可以观察到，胞格结构的出现和发展发生在爆轰波向下游传播一定距离后，也就是说初始的马赫反射是 ZND 爆轰波的马赫反射而不是胞格爆轰波的马赫反射。值得注意的是，胞格结构加于 ZND 爆轰波马赫反射三波点的轨迹之上只是造成了其轻微的振荡，总的趋势并没有大的变化。在图 5.1（b）中，胞格结构出现的位置相比在图 5.1（a）中要提前，位于楔面顶点的前方。在这个算例中［图 5.1（b）］，在近场，早期的马赫反射对应于具有弱横波结构的胞格爆轰波。这再一次表明，相比图 5.1（a）中的 ZND 爆轰波马赫反射三波点的轨迹线，图 5.1（b）中的三波点的轨迹线并没有很大的差别，除了振荡发生的位置有所提前（从楔面顶点开始）。这同时也说明，马赫反射在楔面顶点处的

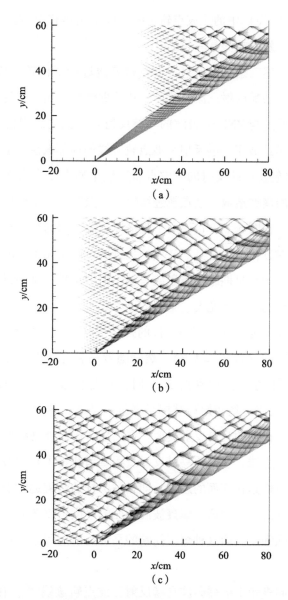

图 5.1 不同起始位置胞格爆轰波马赫反射胞格模式（Δ = 15 mm）

(a) 波振面起始位置 $x = 0$；(b) 波振面起始位置 $x = -25$ cm；(c) 波振面起始位置 $x = -50$ cm

初始过程对下游远场处的马赫反射过程并没有显著的影响。在图 5.1（c）中，ZND 爆轰波已经在与楔面碰撞之前充分发展为稳态的胞格爆轰波。在这个算例中，马赫反射对应于一个完全的胞格爆轰波的马赫反射过程。与图 5.1（a）、

(b) 相比，图 5.1 (c) 中的三波点轨迹线，除了由胞格结构造成的振荡出现的位置有所不同外，发展趋势是一致的。

图 5.2 中对上述三条马赫反射三波点轨迹线进行了比较。从图中可以看出，上述三个例子中的马赫反射三波点轨迹线几乎重叠在一起。这说明规则胞格爆轰波的马赫反射本质上与 ZND 爆轰波的马赫反射是一致的。胞格不稳定性（或者横波的作用）只是造成了马赫反射三波点轨迹线的局部振荡，但是平均的三波点轨迹线与 ZND 爆轰波马赫反射的三波点轨迹线本质上没有太大的区别。同时也可以看出，较强的横波造成三波点轨迹线较大的振荡，较弱的横波造成三波点轨迹线轻微的振荡。在图 5.2 中也说明了胞格爆轰波早期的行为对应于自相似的平面激波的马赫反射过程，并且其三波点的轨迹线可以用无反应的三激波理论来描述。这种现象是由于在早期胞格爆轰波马赫反射的马赫杆是强过驱的，而强过驱的爆轰波具有更小的反应区宽度、更弱的胞格结构（或者横波），本质上接近无反应的激波。图 5.3 为沿着楔面马赫杆的强度变化曲线。初始在楔面顶点附近，马赫杆是强过驱动的（$V/V_{CJ}=1.3$），然后随着马赫杆向下游传播，其强度缓慢地衰减。当马赫杆的行程达到约 30Δ 时，马赫杆衰减为弱过驱动的爆轰波（$V/V_{CJ}=1.13$）。由于近场初始马赫杆是强过驱动的，这时的爆轰波的马赫反射本质上与激波的自相似的马赫反射类似。在远场，爆轰波马赫反射三波点轨迹线渐近地趋向于一条直线，这说明马赫反射过程重新获得了自相似性，即渐近自相似性。渐近自相似性是在楔面的远场，即当马赫杆的行程远大于爆轰波波阵面自身的厚度时才实现的。因为这时爆轰波波阵面的厚度可以忽略，爆轰波可以认为是带化学反应的强间断，而这种爆轰间断的马赫反射过程是自相似的，对应于反应的三激波理论。

图 5.4 为不同楔角下的爆轰波马赫反射三波点轨迹线[36]。在楔面顶点附近，可以观察到在不同的楔角下，三波点轨迹线大体上均是直线，这意味着马赫反射过程是自相似的，并且对应于激波（具有相同强度）的马赫反射的三波点轨迹线。在远场，所有的爆轰波马赫反射的三波点轨迹线均渐近地趋向于直线，这说明它们在远场都获得了渐近自相似性。通过测量这些渐近三波点轨迹线的斜率，

第 5 章　胞格爆轰波马赫反射的数值模拟研究

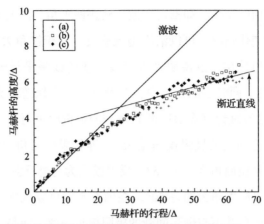

图 5.2　不同起始位置胞格爆轰波马赫反射三波点轨迹线（$\Delta = 15$ mm）

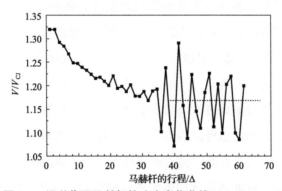

图 5.3　沿着楔面马赫杆的速度变化曲线（$\Delta = 15$ mm）

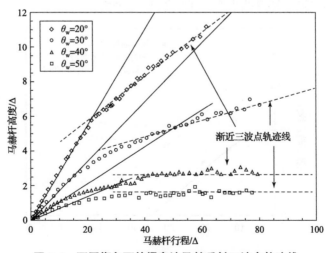

图 5.4　不同楔角下的爆轰波马赫反射三波点轨迹线

可以得到它们与楔面的夹角，即渐近三波点轨迹线夹角。图5.5为渐近三波点轨迹线夹角随楔角的变化情况。可以清晰地观察到，对于楔角大于40°的算例，渐近三波点轨迹线夹角是0°，这说明渐近三波点轨迹线是平行于楔面的（但与楔面存在一定的距离）。同时在图5.5中，对渐近三波点轨迹线夹角与三激波理论（激波）和反应三激波理论（爆轰间断）得到的解析解进行了对比。对于爆轰间断，反应三激波理论预测的极限楔角是35°，即如果楔面角度大于35°，反射模式为规则反射；如果楔面角度小于35°，反射模式为马赫反射。而对于激波来说，三激波理论预测的极限楔角大约是50°。在图5.5中可以观察到，对于胞格爆轰波来说，它的极限楔角并不与爆轰间断的极限楔角一致，而是与激波楔面反射的极限楔角一致。另外，胞格爆轰波的三波点轨迹线夹角，在近场与激波的一致，在远场则与爆轰间断一致。这种不同是由于胞格爆轰波存在特征尺度（反应区厚度Δ），而这使得它的马赫反射过程整体上不存在自相似性，但是当马赫杆的行程远大于其自身波阵面厚度时，马赫反射过程获得了渐近自相似性。这个结论可以帮助我们更深入地理解爆轰波马赫反射现象的物理机制，解释前人研究中存在的相互矛盾的地方。同时也可以得到另外一个结论，即胞格结构对规则爆轰波马赫反射的影响有限，只是在其三波点轨迹线上产生规则的振荡，对其平均走势并不产生显著的影响。这就使得规则爆轰波马赫反射的三波点轨迹线与ZND爆轰波马赫反射的三波点轨迹线本质上是一致的。

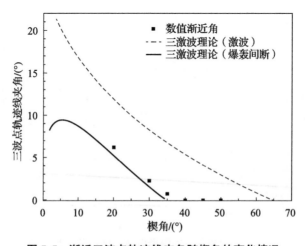

图5.5 渐近三波点轨迹线夹角随楔角的变化情况

5.4 尺度效应

对于平面 ZND 爆轰波而言，第 4 章的研究表明马赫反射获得渐近自相似性的距离（沿着楔面）与爆轰波波阵面的厚度 Δ 有关。同等比例的减小 k_I 和 k_R，可以得到不同波阵面厚度的爆轰波。图 5.6（a）显示了在胞格爆轰波的算例中，马赫反射获得渐近自相似性的距离 L（沿着楔面而非水平面）与不同的爆轰波波阵面厚度 Δ 的关系。可以看出，该渐近距离 L 与爆轰波波阵面厚度 Δ 成正比，即对于波阵面厚度 Δ 更大的爆轰波而言，其马赫反射获得渐近自相似性的距离 L 更长，反之亦然。但是无量纲距离 L/Δ 与爆轰波波阵面厚度 Δ 却没有关系，这一点从图 5.6（b）中可以看出，三条马赫反射三波点轨迹线完全重合在一起。需要注意的是，在图 5.6 中的 3 个算例中，3 个不同的爆轰波具有不同的波阵面厚度 Δ，却具有相同的稳定性，即波阵面中诱导区宽度与化学放热区宽度的比例 Δ_I/Δ_R 是相同的。

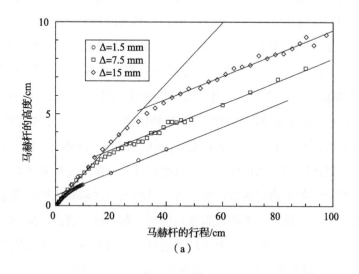

(a)

图 5.6 不同反应区宽度下爆轰波马赫反射三波点轨迹线

(a) 有量纲值

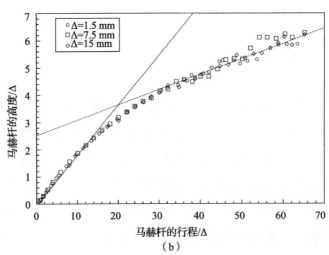

图 5.6 不同反应区宽度下爆轰波马赫反射三波点轨迹线（续）

(b) 无量纲值

5.5 爆轰不稳定性的影响

图 5.7 为不同稳定度下爆轰波马赫反射三波点轨迹线[70]。通过观察可以发现，对于不稳定的爆轰波而言，横波很强，其马赫反射的三波点轨迹线有很强的振荡性，几乎不能确认其发展趋势；对于稳定的爆轰波而言，横波的强度较弱（接近声速），其马赫反射的三波点轨迹线只有很小的振荡性，其发展趋势很清晰，接近于 ZND 爆轰波的马赫反射三波点轨迹线。图 5.8 和图 5.9 中显示了与图 5.7 中对应的不稳定爆轰波的马赫反射的胞格结构。unstable-1 对应图 5.8（a），unstable-2 对应图 5.8（b），very unstable 对应图 5.9。同样对于稳定的爆轰波来说，其马赫反射的胞格结构很规则，可以很容易地分辨马赫反射区域和入射爆轰波区域。但是对于很不稳定的爆轰波而言，马赫反射区域和入射爆轰波区域的分界线并不是很清晰，这是由于强的胞格结构与马赫反射三波点之间不规律的相互作用造成的，这种作用模糊了两个区域的边界线（马赫反射三波点轨迹线）。

相对于 C-J 爆轰波而言，过驱爆轰波的波阵面更稳定一些。这是由于当爆轰波从 C-J 爆轰波变为过驱爆轰波时，诱导区宽度 Δ_I 和反应区宽度 Δ_R 都减小，但是诱导区宽度 Δ_I 减小得更快，从而使得反应区宽度与诱导区宽度之比 Δ_I/Δ_R

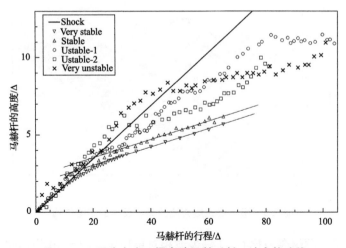

图 5.7　不同稳定度下爆轰波马赫反射三波点轨迹线

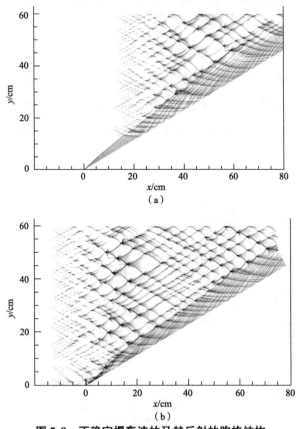

图 5.8　不稳定爆轰波的马赫反射的胞格结构

（a）波振面初始位置 $x=0$；（b）波振面初始位置 $x=-25$ cm

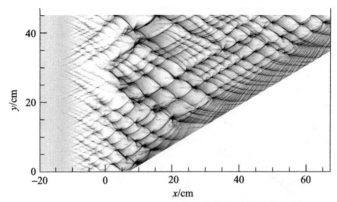

图 5.9 极不稳定爆轰波的马赫反射的胞格结构

变大,导致了过驱爆轰波比 C-J 爆轰波相对更稳定。图 5.10 为不同过驱程度下爆轰波马赫反射三波点轨迹线。可以观察到,随着过驱度的提高,三波点轨迹线的振荡幅度大大减小,同时减小的还有马赫反射获得渐近自相似性的距离 L。当过驱度为 $f=1.414$ 时,爆轰波马赫反射三波点轨迹线与激波马赫反射的三波点轨迹线几乎没有区别,这也说明强过驱的爆轰波本质上接近无反应的激波。图 5.11 为渐近距离 L 与爆轰波波阵面厚度 Δ 以及过驱度 f 的关系。可以看出减小爆轰波波阵面的厚度 Δ 可以大大地减小马赫反射获得渐近自相似性的渐近距离 L。

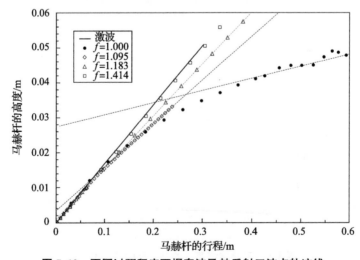

图 5.10 不同过驱程度下爆轰波马赫反射三波点轨迹线

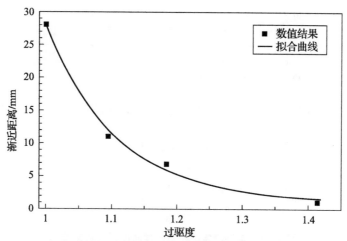

图 5.11　渐近距离 L 与爆轰波波阵面厚度 Δ 以及过驱度 f 的关系

5.6　横波结构的相互作用

在上述的研究中，为了阐述爆轰波马赫反射三波点轨迹线在足够长的马赫杆行程上的行为模式，使用了足够大的楔面尺度。另外一个有意义的研究方向是使用一个较小的楔面尺度来放大马赫反射在楔面顶点处的初始行为，这个小尺度大约在一个胞格的量级上。在一个胞格的范围内，爆轰波前导激波的曲率和强度根据位置的不同而变化。在图 5.12 和图 5.13 的算例中，首先出现在楔面上的反射类型是马赫反射，然后可以看到马赫杆在楔面上持续地发展。在图 5.14 和图 5.15 中，首先出现在楔面上的是规则反射，其在楔面上传播了一定的距离后，规则反射转变为马赫反射，这种转变几乎是在一个胞格的尺度上完成的。这两种情况是由爆轰波波阵面局部斜率的变化以及波阵面与楔面的倾角共同造成的。

在图 5.16 中，我们同时也可以观察到马赫反射的三波点与胞格结构的三波点的相互碰撞作用，以及其产生的相关后果。两种不同的碰撞模式存在其中，其一为马赫反射的反射波与胞格结构三波点"头碰头"模式；其二为两者之间追赶碰撞并融合在一起。图 5.17 和图 5.18 以密度梯度分别显示这两种模式的细节。

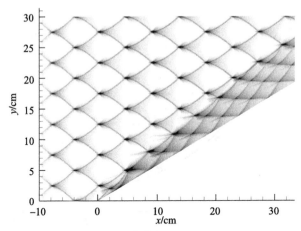

图 5.12 胞格爆轰波初始的楔面反射的胞格结构
（马赫反射发生在前，规则反射发生在后）

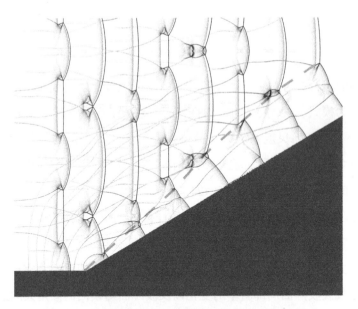

图 5.13 胞格爆轰波初始的楔面反射波阵面演化过程
（马赫反射发生在前，规则反射发生在后）

在第一种模式中，经过马赫反射的三波点与胞格结构三波点的碰撞后，马赫反射三波点轨迹线在局部上顺时针偏斜。与其不同的是，在第二种模式中，经过胞格结构三波点与马赫反射三波点碰撞后，两者融合在一起，其导致的结果是马赫反射三波点轨迹线在局部上是逆时针偏斜。因此马赫反射三波点轨迹线在局部上逆时针还是顺时针偏斜取决于上述两种模式中哪一种会发生。这两种碰撞模式会导致马赫反射三波点轨迹线交替地顺时针偏斜和逆时针偏斜。这就造成了马赫反射三波点轨迹线有规律地波动（图 5.2、图 5.4、图 5.6）。这种波动的振幅取决于参与碰撞的三波点的相对强度。

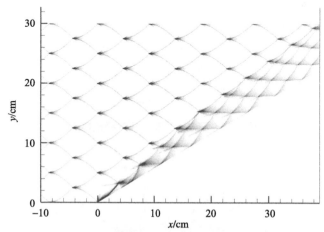

图 5.14 胞格爆轰波初始的楔面反射的胞格结构
（规则反射发生在前，马赫反射发生在后）

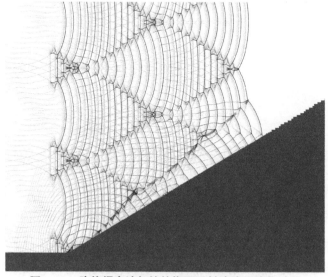

图 5.15 胞格爆轰波初始的楔面反射波阵面演化过程
（规则反射发生在前，马赫反射发生在后）

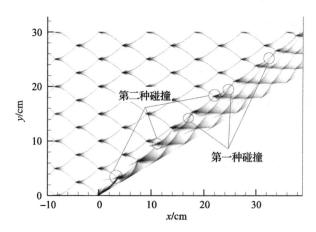

图 5.16　三波点两种不同的碰撞模式

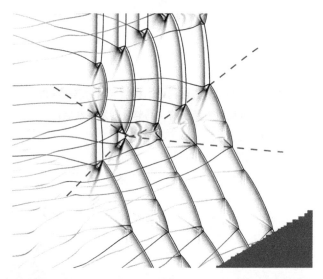

图 5.17　马赫反射三波点与胞格结构三波点的相对碰撞过程

胞格结构三波点的强度相对于马赫反射的三波点是较弱的，胞格爆轰波马赫反射三波点的轨迹线本质上是一种受到胞格不稳定性小扰动影响的 ZND 爆轰波马赫反射三波点的轨迹线。但是如果胞格结构三波点的强度在马赫反射三波点的量级上，胞格爆轰波马赫反射三波点轨迹线将会受到显著的、强烈的扰动，并且在极限的情况下，它在本质上将变成胞格爆轰波的三波点轨迹线（无楔面）。

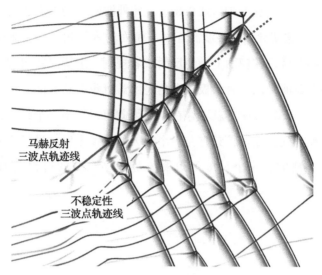

图 5.18　胞格结构三波点与马赫反射三波点的追赶碰撞过程

5.7　本章总结

在前面的章节中提到前人在爆轰波马赫反射的研究中存在很多前后矛盾的地方，这可能源自以前的学者没有对研究对象的尺度效应有足够的认识。在以前的研究中，马赫反射现象被限定在一个较小的空间尺度内（几个胞格的范围内），而在这个较小的空间尺度内，马赫杆是强过驱的，并且还没有衰减到稳态。本章的研究说明：由于在楔面顶点附近马赫杆的初始强过驱特性，它本质上类似于自身没有厚度的激波，并且胞格不稳定性受到过驱特性的抑制。这就导致了初始的三波点轨迹线趋向于直线，表现为马赫反射存在自相似性且符合三激波理论（激波）。这就是为什么在以前的很多研究中，当在较小的尺度上进行研究时，计算结果或者实验结果接近于激波的马赫反射（三激波理论），而对于爆轰波马赫反射整体上的非自相似性以及在远场上的渐近自相似性则没有报道（除了在 Trotsyuk[30] 的研究中有所涉及）。

当只在一个胞格的尺度上对爆轰波的马赫反射进行研究时，这个问题是不确定的或者不清晰的。在一个胞格的长度范围内，爆轰波前导激波的强度是变化的，典型的变化范围是从 $1.3V_{CJ}$ 到 $0.8V_{CJ}$。此外波阵面的曲率也是随之不断变化的（由小变大）。这就导致爆轰波波阵面与楔面的入射角在一个胞格的范围内是不断变化的，结果就是在楔面上马赫反射或者规则反射皆可能出现。在这种情况下，定义胞格爆轰波楔面反射的极限楔角是困难且没有意义的。当然在一个比胞格大得多的尺度上，这种困难就不存在了。因此可以得出一个结论，即对于胞格爆轰波的马赫反射现象而言，只有在一个很大的尺度上对其进行研究才是有意义的。根据本章的研究，这个尺度可以概括为：马赫杆的行程在 100 倍 λ 的量级上。

第6章
爆轰波楔面反射实验研究

6.1 引言

上一章胞格爆轰波楔面反射的研究表明：在远场，当反应区的宽度远小于马赫杆的厚度时，爆轰波的马赫反射过程渐近地趋近于当地的自相似性（三波点的轨迹趋近于一条直线），其原因是马赫杆（本质上是过驱动的爆轰波）的衰减。这里存在两个空间尺度使得爆轰波的马赫反射能够维持近场的自相似性，也能够在远场恢复当地的自相似性。如图 6.1 所示，在惰性激波的马赫反射中，存在分隔入射激波、反射激波和垂直于楔面的马赫杆的三波点。对于 ZND 爆轰波的马赫反射，在入射波和马赫杆后面发生化学反应，这产生更复杂的三波结构。尽管如此，如在惰性激波的情况下所观察到的那样，ZND 爆轰波马赫反射的三波点仍然是清晰可见的。然而，对于胞格爆轰的马赫反射，反射波受到周期性上下移动的横波的干扰。因此，区分入射爆轰波与马赫杆变得极为困难，不容易获得马赫反射清晰的三波点及其轨迹。相反，在两者接壤区域宽度大小为胞格尺寸的范围可用于展示胞格爆轰的马赫反射的瞬态过程。通常，自维持爆轰波是不稳定的，并且具有由横波系统和前导激波交叉形成的三维波阵面结构。因此，胞格爆轰波的马赫反射不同于没有胞格不稳定性的平面 ZND 爆轰的马赫反射。如果胞格尺寸小或横波弱，则胞格爆轰的马赫反射的三波点轨迹类似于平面 ZND 爆轰波的三波点轨迹。胞格不稳定性可以认为是 ZND 爆轰波马赫反射中的小扰动。相反，如果胞格尺寸与马赫杆高度相比较大，或者横波强，则马赫反射变得相当复杂。因此，楔面的影响可以被认为是对胞格爆轰波特征性的胞格不稳定性的一种扰动。

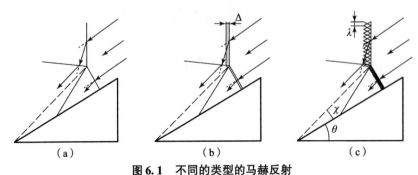

图6.1 不同的类型的马赫反射
(a) 惰性激波；(b) ZND 爆轰波；(c) 胞格爆轰波

为了理解胞格爆轰波马赫反射的物理特性，必须确定一个特征长度尺度来表征自相似性。对于胞格爆轰波，存在三个固有的长度尺度：①基于稳定 ZND 结构的反应长度 Δ（或诱导长度 Δ_I）；②由流动－反应之间的非线性耦合产生的胞格尺寸 λ；③基于非定常湍流爆轰波平均量的流体动力学厚度 L。这里需要特别注意的是，流体动力学厚度可能是表征湍流爆轰波的最合适的长度尺度。此外，爆轰波还具有与 C－J 面膨胀波（泰勒波）相关的长度尺度，它的值大约是距爆轰波的原点传播距离的一半。在这一章中，主要进行了胞格爆轰的马赫反应的实验研究，试图定量描述马赫反射的瞬态结构和非自相似过程。

6.2 实验设置

实验在矩形截面爆轰管道中进行，管道长度1.5 m，截面长10 cm、宽1 cm，如图6.2所示[71]。楔面角度有10°、20°、30°、40°、45°和50°。主实验管道垂直连接一个圆形预爆轰管（0.5 m长），爆轰波通过电容高压放电产生的电火花起爆。预爆轰波中放入一段螺旋，便于爆轰波的快速形成。当使用低活性的混合气体时，将少量的活性气体（$C_2H_2+2.5O_2$）注入预爆轰管以利于起爆。实验中使用预混的氢气氧气混合物和乙炔氧气混合物，并用不同浓度的氩气稀释。氩气稀释通常能够使得爆轰波具有更为规则的结构，同时也增大胞格尺寸。初始压力在 5~40 kPa 之间变化，以产生具有不同胞格尺寸的爆轰波。预混气体配气后需静止至少 12 h 使之充分混合。烟膜技术也用于本实验，以记录马赫反射中的胞格变化。预混气体组分和其他相应参数如表 6.1 所示。热化学平衡参数（M_{CJ}，γ）通过 Detonation Toolbox 计算获得，化学反应使用 GRI30 机理。诱导区长度为 Δ_I，反应区长度为 Δ_R，无量纲活化能 $\theta = E_a/RT$，爆轰不稳定参数 $\chi = \theta \dfrac{\Delta_I}{\Delta_R}$ 通过 Ng[9] 的模型计算得到。实验中的各种胞格尺寸如图 6.3 所示。

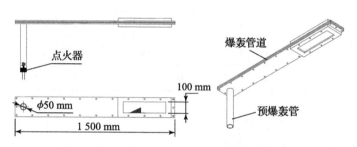

图 6.2　实验装置示意图

表 6.1　预混气体组分和其他相应参数

预混气体	T_0/K	P_0/kPa	M_{CJ}	γ_0	γ_f	γ_{CJ}	$\dfrac{E_a}{RT}$	Δ_I	Δ_R	$\theta\dfrac{\Delta_I}{\Delta_R}$
H_2+O_2	298	10	5.043	1.402	1.321	1.226	5.521	0.614	1.539	2.203
		15	5.083	1.402	1.320	1.224	5.659	0.383	0.822	2.634
		20	5.112	1.402	1.319	1.223	5.631	0.276	0.575	2.708
		30	5.153	1.402	1.318	1.220	5.694	0.176	0.331	3.024
		40	5.182	1.402	1.318	1.219	5.807	0.128	0.217	3.437
H_2+O_2+2Ar	298	10	4.917	1.478	1.397	1.314	5.198	0.557	3.194	0.906
		15	4.957	1.478	1.396	1.312	5.101	0.350	1.722	1.037
		20	4.986	1.478	1.396	1.311	5.040	0.251	1.113	1.137
		30	5.027	1.478	1.395	1.309	5.019	0.159	0.608	1.31
		40	5.056	1.478	1.394	1.307	5.012	0.114	0.399	1.428

续表

预混气体	T_0/K	P_0/kPa	M_{CJ}	γ_0	γ_f	γ_{CJ}	$\dfrac{E_a}{RT}$	Δ_I	Δ_R	$\theta\dfrac{\Delta_I}{\Delta_R}$
$H_2+O_2+4.5Ar$	298	10	4.778	1.527	1.456	1.383	5.076	0.721	7.526	0.486
		15	4.815	1.527	1.456	1.381	5.121	0.457	4.025	0.581
		20	4.841	1.527	1.455	1.380	4.990	0.330	2.565	0.643
		30	4.879	1.527	1.454	1.378	4.901	0.209	1.361	0.753
		40	4.905	1.527	1.454	1.377	4.863	0.152	0.872	0.846
$C_2H_2+2.5O_2+8.16Ar$	298	10	5.477	1.510	1.387	1.432	5.468	0.783	1.027	4.532
		15	5.526	1.510	1.386	1.431	5.445	0.482	0.604	4.344
		20	5.560	1.510	1.386	1.428	5.400	0.348	0.446	4.204

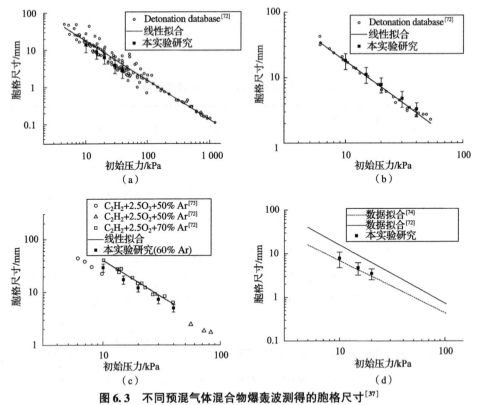

图 6.3 不同预混气体混合物爆轰波测得的胞格尺寸[37]

(a) $2H_2+O_2$；(b) $2H_2+O_2+2Ar$；(c) $H_2+O_2+4.5Ar$；(d) $C_2H_2+2.5O_2+8.16Ar$

6.3 马赫反射的胞格结构变化

6.3.1 三波点轨迹线

图 6.4～图 6.8 展示了一系列在不同楔面角度下典型的爆轰波马赫反射的烟膜胞格记录。从烟膜中获得的相应的三波点轨迹如图 6.9 和图 6.10 所示。通常，通过检查胞格尺寸的变化和横波轨迹的弯曲程度可以辨别出马赫反射三波点的轨迹。因为马赫杆基本上是一个过驱动的爆轰波，所以胞格尺寸小于入射爆轰波后面的胞格尺寸。此外，胞格的形状也会发生变化，从较为规则的菱形变为较为扭曲的形状。因此，通过比较胞格的尺寸和形状，可以相应地获得马赫反射三波点的轨迹。当下行的自然横波进入马赫杆区时，其轨迹将逆时针弯曲一个角度。通过简单的几何形状变化可以清楚地看到偏转角度随着楔角的增加而增加。因此，通过连接这些轨迹偏转点，也可以获得马赫杆区域的边界。该边界也可能与马赫反射的三波点轨迹没有直接关系，因为如前所述，并不总是存在一个清晰的三波

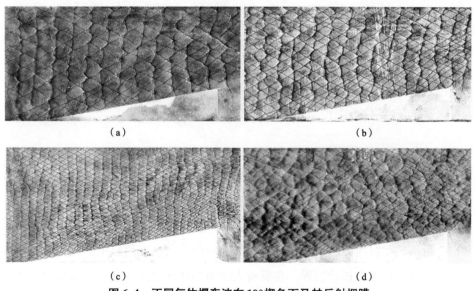

图 6.4 不同气体爆轰波在 10°楔角下马赫反射烟膜
(a) $H_2 + O_2 + 2Ar$, 10 kPa; (b) $H_2 + O_2 + 2Ar$, 20 kPa;
(c) $H_2 + O_2 + 2Ar$, 30 kPa; (d) $H_2 + O_2$, 20 kPa

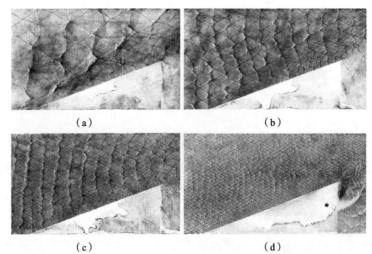

图6.5 $2H_2 + O_2 + 2Ar$ 气体爆轰波在20°楔角马赫反射烟膜（带手描痕迹）

(a) 5 kPa；(b) 15 kPa；(c) 20 kPa；(d) 40 kPa

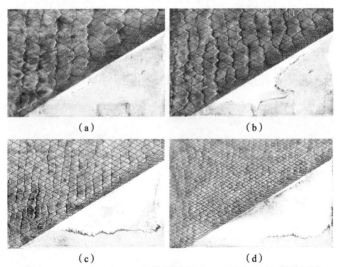

图6.6 $2H_2 + O_2 + 2Ar$ 气体爆轰波在30°楔角马赫反射烟膜

(a) 10 kPa；(b) 15 kPa；(c) 20 kPa；(d) 40 kPa

点来分隔入射爆轰波、反射波和马赫杆。这里提出的这个方法可能是一种定义具有小楔角马赫反射边界的较好的方法。为简单起见，在本研究中，我们使用马赫反射的三波点轨迹来指示边界。在具有大楔角马赫反射的情况下，因为跨越边界的胞格尺寸和横波轨迹的变化是明显的，可以通过追踪楔面顶点附近最初的反射起点直接获得三波点轨迹，然而，对于具有小楔角的情况，定义三波点轨迹是困难的，因为三波点附近的马赫杆的斜率是光滑过渡的，如图 6.4 所示。因此，本研究没有涉及楔角小于 10°情况下的马赫反射。

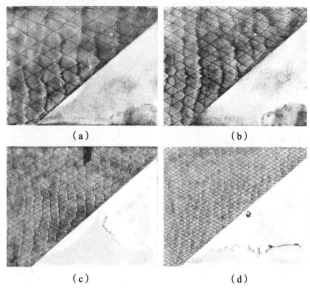

图 6.7　$2H_2 + O_2 + 2Ar$ 气体爆轰波在 40°楔角下马赫反射烟膜

(a) 10 kPa; (b) 15 kPa; (c) 20 kPa; (d) 40 kPa

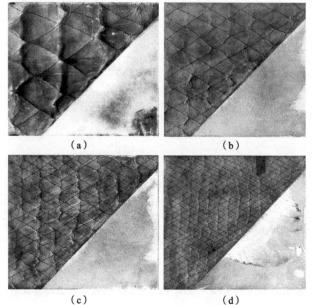

图 6.8　$2H_2 + O_2 + 2Ar$ 气体爆轰波在 45°楔角下马赫反射烟膜

(a) 10 kPa; (b) 15 kPa; (c) 20 kPa; (d) 40 kPa

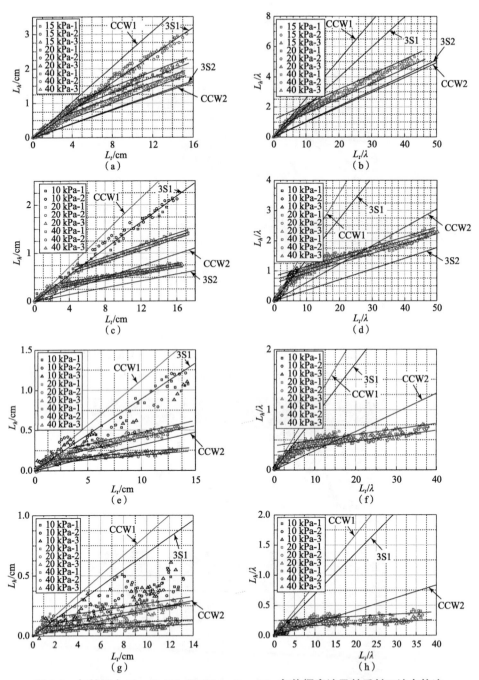

图 6.9 初始压力 10~40 kPa 下 $2H_2+O_2+2Ar$ 气体爆轰波马赫反射三波点轨迹

(a) 有量纲,$\theta_w=20°$;(b) 无量纲,$\theta_w=20°$;(c) 有量纲,$\theta_w=30°$;(d) 无量纲,$\theta_w=30°$;
(e) 有量纲,$\theta_w=40°$;(f) 无量纲,$\theta_w=40°$;(g) 有量纲,$\theta_w=45°$;(h) 无量纲,$\theta_w=45°$

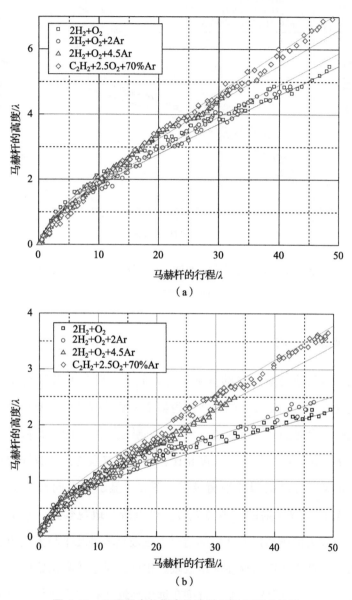

图 6.10 不同混合物爆轰波马赫反射三波点轨迹

(a) 楔角为 20°；(b) 楔角为 30°

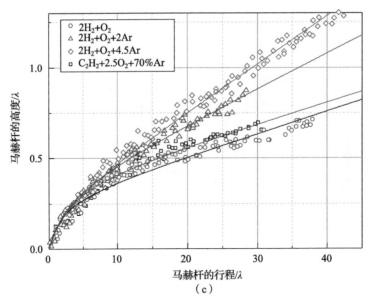

图 6.10 不同混合物爆轰波马赫反射三波点轨迹（续）

（c）楔角为 40°

6.3.2 局部自相似性

解释胞格爆轰波马赫反射的基础是自相似性。现在可以普遍被接受的观点是，爆轰波固有特征长度尺度的存在使得整个马赫反射过程是非自相似的，具体表现为存在一个弯曲的三波点轨迹。然而，马赫反射局部的自相似性可能发生在近场或远场中。这是因为与特征尺度相比，在近场或远场，马赫杆的行程很小或很大，这也定义了冻结极限或平衡极限。图 6.9 显示了不同初始压力和楔角下 $2H_2+O_2+2Ar$ 的马赫反射的三波点轨迹。可以清楚地观察到，对于初始压力相对较低（对应较大的胞格尺寸 λ）的情况，三波点轨迹几乎与无反应三激波理论的预测值相同，表明在近场存在冻结极限。相反，对于较高初始压力（对应较小的 λ）的情况，马赫反射的三波点轨迹在远场渐近地趋向于直线，对应于反应三激波理论。这些发现清楚地描述了两个极限不同的性质，即近场中的冻结极限和远场中的平衡极限。在中间场中，存在着弯曲的三波点轨迹，标志着从冻结极限到平衡极限的过渡过程。上述结果表明，需要与胞格尺寸 λ 相比较大的马赫杆行程才能确保得到完全发展的马赫反射三波点轨迹[37]。

无量纲的马赫反射三波点轨迹 L/λ 如图 6.10 所示。可以观察到不同初始压力情况下的三波点轨迹，通过无量纲化消除尺度效应，几乎重叠在一起。图 6.10 展示了在不同初始压力和楔角下四种不同反应活性预混气体的马赫反射的无量纲三波点轨迹 L/λ。对于所有预混气体，可以观察到当 L/λ 变大时，存在渐近自相似性。然而，在平衡极限中最终的三波点轨迹角根据预混气体组成的不同而变化。根据三激波理论或 CCW 理论，三波点轨迹角主要由比热比 γ 决定。图 6.10 所示的结果清楚地表明，最终的三波点轨迹角随着 γ 的增加而增加，这点与理论预测一致。本研究的重点是测量冻结极限和平衡极限存在的长度尺度。根据图 6.10，无论混合物组成如何，自相似性基本上在 (6~10) λ 的范围内恢复。同时也发现近场中的冻结极限存在于 (3~5) λ 的范围。(6~10) λ 的长度远远超过反应区长度 Δ 或横波间距 λ 的尺寸，但是与 Edwards 等人[75]确定的长度为 (4~10) λ 的流体动力学厚度基本一致。Soloukhin[11]确定的流体动力学厚度大约为 4λ。然而，Weber 和 Olivier[76]报道的流体动力学厚度仅为 $(0.3~3)\lambda$，不过该值仅是真实 C-J 面位置的下限估计。如 Lee 和 Radulescu[10]所讨论的，流体动力学厚度相当难以测量，并且没有相对准确的数据库。然而，我们提出用流体动力学厚度来表征马赫反射自相似过程的尺度效应仍然是合理的，因为胞格尺寸或反应区宽度太小，与泰勒稀疏波相关的特征长度又太大，此外此问题中不再包含其他的长度尺度。据我们所知，这是第一次通过实验测量得到自相似性的定量转换长度，并且发现了流体动力学厚度是关联自相似性的转变长度的特征尺度。

通过测量远场中三波点直线轨迹的斜率，可以得到平衡极限中最终的三波点轨迹角。图 6.11 中显示了上述三波点轨迹的渐近角，惰性激波和爆轰间断的三激波理论以及 CCW 理论也在图中展示。在本研究中，在理论模型中采用了跨越爆轰波波阵面不同的 γ 值，即 1γ、2γ 和 3γ。使用 1γ 意味着 γ 在整个计算过程中是恒定的；2γ 表示两个不同的 γ 值分别用于波阵面上游和下游的流场（包括入射波和马赫杆）；3γ 表示未扰动预混气体中，入射波后和马赫后流场的 γ 都是不同的。相关的激波理论见附录 A。

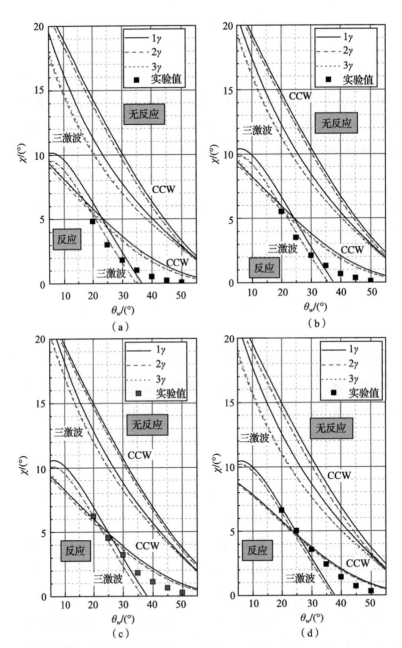

图 6.11 在不同楔角和不同初始压力下爆轰波在远场平衡极限中马赫反射渐近三波点轨迹角
(a) $2H_2+O_2$; (b) $2H_2+O_2+2Ar$; (c) $2H_2+O_2+4.5Ar$; (d) $C_2H_2+2.5O_2+8.16Ar$

从图 6.11 中可以看出，一般来说，最终的渐近三波点轨迹角与理论结果并不一致，也表明这些基于简化假设的理论的局限性。尽管与理论结果存在分歧，但当楔角小于 30°时，最终的渐近轨迹角与三激波理论一致。然而，随着大楔角的增加（超过 40°），最终的轨迹角渐近地趋近零。可以看出，反应三激波理论低估了临界楔角（约为 50°），而其他三激波和 CCW 理论则高估了临界楔角。该发现与 Li 等[35]报道的数值结果不一致。他们发现当楔角大于 35°时，远场中的渐近三波点轨迹角为零，尽管事实上马赫杆高度在楔角增加到大约 50°之前没有减小到零。这些结果可能是因为计算域（即楔形长度）不够大，或者轨迹角太小。在本研究中，临界楔角与 Li 等[35]的数值结果一致，但略大于 Meltzer 等[26]报道的结果（40°~45°）。Gavrilenko 等[77]的结果为 40°，Edwards 等人[78]的结果为 48°。作为楔角和 γ_{CJ} 的函数的渐近三波点轨迹角分别在图 6.12（a）、（b）中展示。可以观察到，随着 γ_{CJ} 的增加，平衡极限中的渐近三波点轨迹角相应增加。在活化能和稳定性参数中并没有发现类似的关系，见表 6.1。

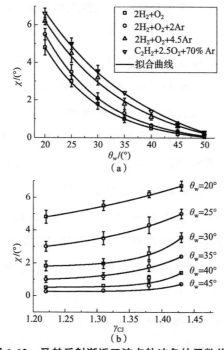

图 6.12　马赫反射渐近三波点轨迹角的函数关系

(a) 楔角；(b) γ_{CJ}

6.3.3　三维效应

上述结果主要对应于二维胞格爆轰波马赫反射相关的胞格模式。然而，胞格爆轰波事实上是三维的，并且应该考虑沿着爆轰管道厚度方向上的横波效应。在矩形管道中，存在表征胞格爆轰的两种基本传播模式，即矩形模式和对角线模式[8]。矩形模式中的三波点轨迹平行于壁面并且显示为高压力的横向线，称为拍波，对应烟膜中的周期性间隔的垂直条纹。没有拍波的对角线模式中，三波点线在管中对角地传播。矩形模式实际上是两个二维正交结构的叠加，是最常见的爆轰结构，尤其是在具有大纵横比的矩形通道中。为避免误解，矩形通道的厚度方向设定为 z 方向，而另外两个设定为 x 方向（爆轰波传播方向）和 y 方向（高度方向）。

如图 6.13 所示，在有限厚度（10 mm）的矩形管道中，如果 z 方向中的胞格尺寸大于管道厚度，则可以得到单头模式的爆轰传播。在图 6.13（a）中还可以观察到，拍波间隔大于在二维正交结构中观察到的间隔。然而，随着初始压力增加或等效的胞格尺寸减小，拍波的空间间隔（即跨越 z 方向的胞格长度）的值与二维正交结构的胞格长度接近。图 6.13（b）展示了在原始条纹之间的楔形表面产生的新的拍波条纹。与图 6.13（a）所示的情况对比发现，图 6.13（a）中没有产生新的条纹。这一发现表明，在马赫杆表面产生新的拍波（或相当于 z 方向的新胞格）需要条纹间隔小于某个临界值。或者如果楔角增加到 20°，如图 6.13（c）、（d）所示，可以观察到新胞格的产生，表明过驱因子也是有影响的。然而，随着楔角增加到 40°，沿着楔面没有发现新的胞格。这意味着新的胞格不能在高驱动的马赫杆中形成，并且只有来自入射爆轰波的横波可以进入并被压缩。此外，这一观察结果也表明存在一个临界的过驱因子。超过该因子，胞格不稳定性就会被冻结，并且新的爆轰胞格不会在马赫杆中产生。这种现象与爆燃到爆轰转变过程（DDT）相似，最初观察到在高度过驱的爆轰波中没有胞格出现，随着过驱爆轰波的衰减，新的、很小的胞格才出现直到最终达到稳态，胞格尺寸也松弛到特定数值。这些结果与 Meltzer 等人[26]的结果不一致，他们发现胞格大小比 λ_M/λ_{CJ} 随着楔角（或过驱动因子）的增加而不断增加。

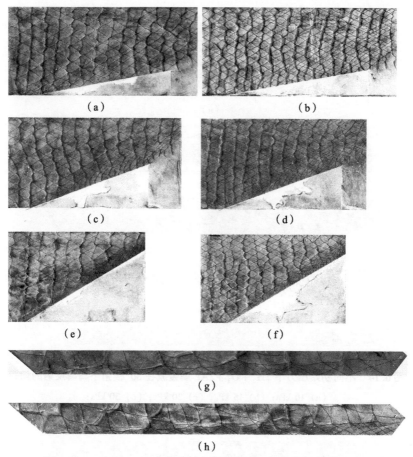

图 6.13 $2H_2 + O_2 + 2Ar$ 爆轰波在爆轰管道厚度方向的胞格长度
(a) 10°, 15 kPa; (b) 10°, 20 kPa; (c) 20°, 15 kPa; (d) 20°, 20 kPa;
(e) 30°, 15 kPa; (f) 30°, 20 kPa; (g) 40°, 15 kPa; (h) 40°, 20 kPa

沿着楔面厚度方向胞格长度（拍波间距）的变化也可以帮助理解远场中马赫反射渐近自相似的过渡过程。图 6.14 为不同初始压力下 $2H_2 + O_2 + 2Ar$ 爆轰波在 30°楔角下马赫反射的烟膜（为了方便而沿顺时针旋转 30°）。图 6.15 为楔角为 10°和 20°时的烟膜，初始压力均为 30 kPa，图底部的线条用于表示沿楔面的胞格长度。如图 6.14（a）所示，在初始压力为 10 kPa 的情况下，沿表面形成的唯一新胞格是由入射波产生的。随着初始压力的增加，发现沿楔面在楔顶下游一定距离处产生具有几乎相同尺寸的新胞格，表明马赫杆已经达到了稳态。因此，可以提出一种替代三波点轨迹的新方法来测量实现渐近自相似性所需的过渡距离。

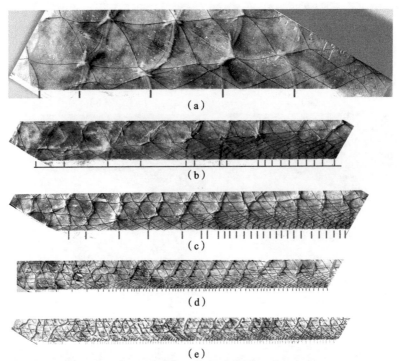

图 6.14 不同初始压力下 $2H_2 + O_2 + 2Ar$ 爆轰波在 30°楔角下马赫反射的烟膜

(a) 10 kPa；(b) 15 kPa；(c) 20 kPa；(d) 30 kPa；
(e) 40 kPa（底部条纹用于指示楔面上的胞格长度，下同）

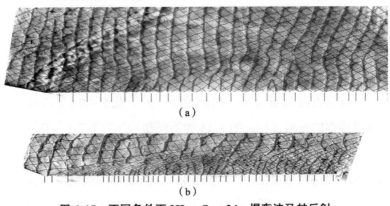

图 6.15 不同条件下 $2H_2 + O_2 + 2Ar$ 爆轰波马赫反射

(a) 20°, 30 kPa；(b) 10°, 30 kPa

图 6.16 显示了楔角分别为 10°、20°和 30°时，沿着表面的胞格长度与马赫杆行程的关系。发现与平衡极限相关的过渡长度（transition length）约为 $(5\sim6)L$

或 (7~9)λ，这与通过三波点轨迹测量观察到的结果一致（图 6.9 和图 6.10）。注意，这里 L 为 CJ 爆轰波胞格的长度。然而，在楔角相对较小的情况下，沿楔形表面的胞格长度变化不明显，如图 6.16（a）和图 6.4 中的烟膜所示，这限制了测量与平衡极限相关的过渡长度。在小楔角以及惰性激波的情况下，胞格爆轰的马赫反射仍然是一个复杂的问题。请注意，这种方法似乎只适用于具有常规胞格模式的稳定预混气体。不稳定的爆轰波通常具有较高的活化能并产生极不规则的三维胞格结构。因此，在不稳定的爆轰波中没有观察到由于拍波引起的规则条纹，如图 6.14（d）所示。这可能是因为不稳定的三维胞格爆轰波的波阵面两个方向的波系耦合程度很高，很难简单地分解为稳定爆轰波中的矩形和对角模式。

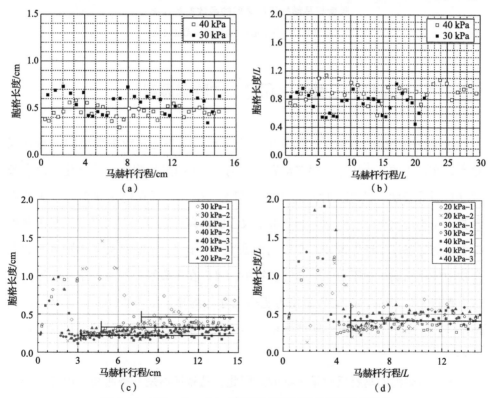

图 6.16 $2H_2 + O_2 + 2Ar$ 爆轰波不同楔角下马赫反射胞格长度与马赫杆行程之间的函数关系

(a) 10°，有量纲值；(b) 10°，无量纲值；
(c) 20°，有量纲值；(d) 20°，无量纲值；

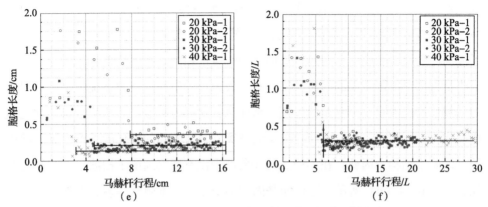

图 6.16 $2H_2 + O_2 + 2Ar$ 爆轰波不同楔面马赫反射胞格
长度与马赫杆行程之间的函数关系（续）

(e) 30°，有量纲值；(f) 30°，无量纲值

6.4 马赫杆的三维演化和稳态过驱爆轰波

从实验中获得的胞格尺寸是预测爆轰波起爆临界能量或爆轰极限的特征尺寸[2]。在过去的几十年中，很多学者已经对 C-J 爆轰的胞格尺寸与化学反应长度（或诱导长度）的相关性进行了深入研究。但是，现在仍然缺乏对过驱动爆轰波，尤其是稳态的过驱动爆轰波胞格尺寸的研究。原因在于难以在实验中获得可重复的稳态过驱动爆轰波。在以前的研究中，让 C-J 爆轰从高初始压力的混合物中传播到低初始压力的相同混合物中，可以在爆轰管中产生过驱动爆轰。很多学者将 $\lambda/\lambda_{CJ} \propto M/M_{CJ}$ 定律简化为胞格尺寸与诱导长度的线性关系。这里应该指出的是，上述的方法并不能产生稳态的过驱动爆轰，因而实验结果存在一定的误差[79]。

胞格爆轰波的马赫反射是三维的。因此，马赫杆不是一条曲线，而是一个曲面。马赫杆表面存在复杂的横波相互作用，这增加了问题的复杂性。过去关于马赫反射的研究主要是通过在楔形物的侧壁上放置烟膜来记录二维胞格结构。仅在 Thomas 和 Williams[43]的工作中，在楔形表面获得了胞格结构，用以显示三维胞格结构。但是他们没有对这一瞬态过程中的胞格尺寸变化进行定量分析。在侧壁上的二维烟膜记录的胞格结构中，由于马赫杆的长度极小，因此在楔形顶点附近的胞格尺寸和形状变化很不清晰。但是，如果将烟膜放在楔形表面上，由于楔的厚度是恒定的，则可以准确地观察和测量胞格尺寸的变化。本节中使用氢气/氧气/氩气混合气体，研究胞格爆轰波的马赫反射的三维结构；期望通过分析胞格尺寸和模式的变化，加强对马赫反射局部自相似性的理解；此外，还分析过驱动爆轰波（马赫杆）胞格尺寸与诱导长度的相关性。

图 6.17 显示了初始压力为 30 kPa 的 $2H_2 + O_2 + 2Ar$ 混合物分别在侧窗和楔形表面的两个马赫反射烟膜。众所周知，$2H_2 + O_2 + 2Ar$ 混合物爆轰波的胞格模式是规则的，可以容易地观察和测量胞格尺寸的变化。如前面的章节所示的一样，图 6.17（a）显示了胞格爆轰波马赫反射的典型胞格结构。通过前面的章节已知，在存在弯曲的、波动的三波点轨迹的情况下，爆轰波的马赫反射不存在自相似性。然而，当马赫杆的行程远比胞格尺寸大时，三波点轨迹尽管有波动，最终还是渐近地逼近一条直线。这意味着马赫反射在远场中获得了局部自相似性。直到马赫反射获得局部自相似性为止，马赫杆的压力一直在下降，这可以解释上面关于三波点轨迹的变化的描述。图 6.17（b）显示了楔形表面胞格爆轰波三维马赫反射的胞格结构，图 6.17（c）为添加手工胞格追踪线后的胞格结构，对应图 6.17（b），相关的胞格尺寸变化见图 6.17（d）。可以观察到，沿着楔形表面，胞格尺寸发生了显著的变化。在近场中首先出现一个具有大胞格尺寸的区域，该区域的胞格大小与入射爆轰波（C-J 爆轰）的胞格尺寸在一个数量级上。然后在随后的一个区域，在原来大胞格上出现新的、非常小的胞格。随着马赫反射渐近自相似性的逼近，远场胞格尺寸缓慢增大至一个稳定值。马赫杆最终的胞格尺寸约为楔形顶点附近胞格尺寸的 1/5。通过前面的章节已知，马赫杆的压力在近场中短距离内保持相对恒定，然后在远场中渐近衰减至稳定值。通常，如 DDT 过程和爆轰波直接起爆过程中出现的一样，随着爆轰波前导激波压力的降低，爆轰波的胞格尺寸会相应增加。但是本研究中，楔形表面烟膜中的胞格尺寸变化与上述发现相异。可以解释为，近场中楔形顶点附近的大胞格是由入射爆轰波后自然横波在楔形表面反射形成的。因此，需要爆轰波在楔面传播一定距离后，胞格不稳定性才能够使马赫杆发展出更小的胞格。随后从相对较小的胞格到较大胞格的

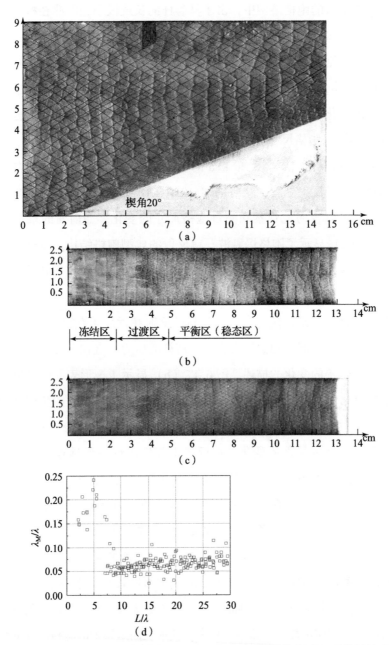

图 6.17 $2H_2 + O_2 + 2Ar$ 气体爆轰波在 $\theta_w = 20°$ 和初始压力 30 kPa 时的马赫反射

(a) 侧壁上的胞格结构; (b) 楔形表面的原始胞格结构;
(c) 楔形表面的胞格结构(带手工追踪线); (d) 沿楔形面胞格尺寸的变化

转变显然是由于马赫杆的衰减,这与第 5 章中马赫杆压力历史的变化一致。这种过渡过程似乎非常类似于爆轰波在密度间断面附近的传播过程,或者爆轰波与弱激波正面撞击之后的变化。在上述的两个例子中,在间断面的下游存在一个有限的弛豫(过渡)区,基本上表现为一种较小胞格叠加在较大胞格上的发展模式。经过这个弛豫区后,爆轰波才能达到新的稳态。因此,可以根据烟膜中胞格尺寸的变化来识别三个区域,即一个具有大胞格的区域、一个胞格尺寸逐渐增加的直至获得自相似性的过渡区域以及一个处于远场且具有恒定胞格尺寸的稳定区域。

图 6.18 ~ 图 6.20 显示了初始压力为 20 kPa、30 kPa 和 40 kPa 的 $2H_2 + O_2$、$2H_2 + O_2 + 2Ar$ 和 $2H_2 + O_2 + 4.5Ar$ 三种混合物在不同楔形表面上(楔角为 10°到 45°)的马赫反射烟膜。图 6.21 ~ 图 6.23 显示了三种可燃混合物的胞格模式随楔角的变化。可以清楚地观察到,在三个阶段存在的情况下,胞格形态显示出与图 6.17(b)相似的模式。随着楔角的增加,由于马赫杆的过驱因子的增加,胞格尺寸相应地减小。还可以发现到远场最终自相似的过渡长度约为 10 个胞格尺寸

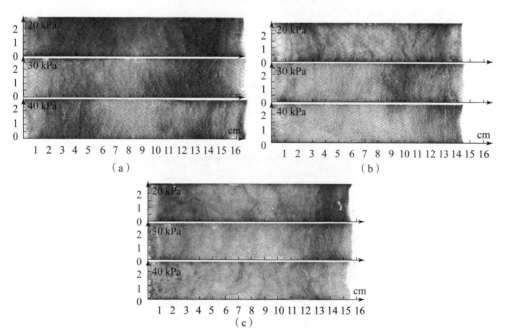

图 6.18 $2H_2 + O_2$ 气体爆轰波在不同楔面角度下的烟膜

(a) $\theta_w = 10°$;(b) $\theta_w = 20°$;(c) $\theta_w = 30°$

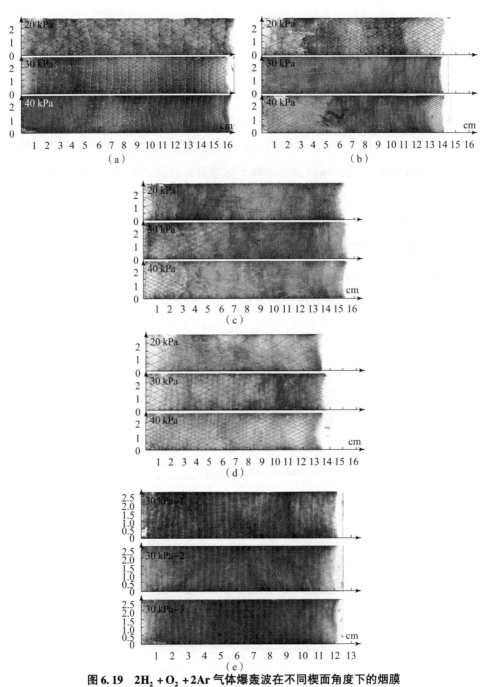

图 6.19　$2H_2 + O_2 + 2Ar$ 气体爆轰波在不同楔面角度下的烟膜

(a) $\theta_w = 10°$；(b) $\theta_w = 20°$；(c) $\theta_w = 30°$；
(d) $\theta_w = 40°$；(e) $\theta_w = 45°$

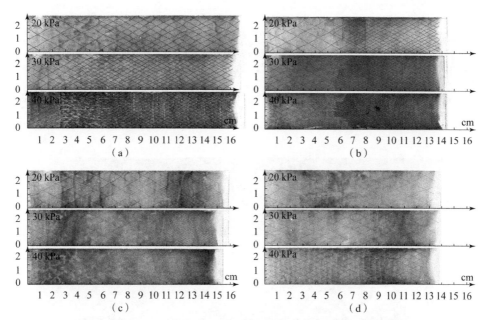

图 6.20　$2H_2 + O_2 + 4.5Ar$ 气体爆轰波在不同楔面角度下的烟膜

(a) $\theta_w = 10°$；(b) $\theta_w = 20°$；(c) $\theta_w = 30°$；(d) $\theta_w = 40°$

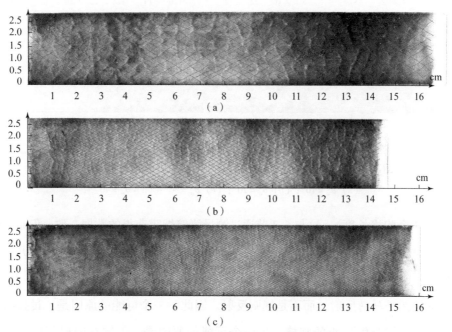

图 6.21　初始压力为 30 kPa 时 $2H_2 + O_2$ 气体爆轰波的烟膜

(a) $\theta_w = 10°$；(b) $\theta_w = 20°$；(c) $\theta_w = 30°$

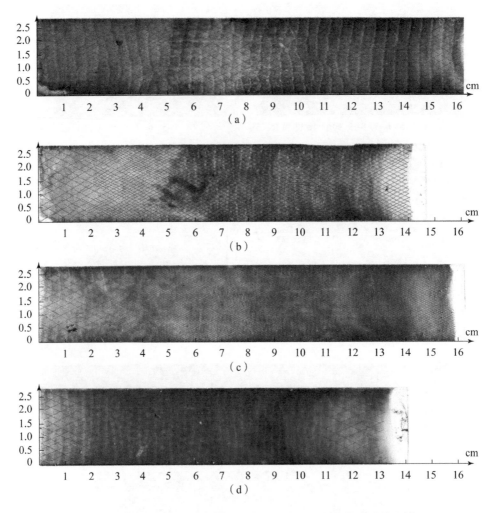

图 6.22 初始压力为 40 kPa 时 $2H_2 + O_2 + 2Ar$ 气体爆轰波的烟膜

(a) $\theta_w = 10°$; (b) $\theta_w = 20°$; (c) $\theta_w = 30°$; (d) $\theta_w = 40°$

(或 6~7 个胞格长度),这与 6.3 节通过测量侧壁烟膜获得的数据一致。但是,随着楔角增加到 40°~45°,可以发现一个有趣的现象,沿楔形表面的胞格尺寸几乎保持恒定,这与楔角较小的情况不同。请注意,在这些大楔角情况下 (40°~45°),存在的依然是马赫反射,而不是规则反射。因此,一个可能的原因是,过强的过驱马赫杆不能产生更小的胞格。另一个可能的原因是,如同在凝聚相爆轰中一样,用烟膜技术无法分辨出非常细小的胞格。

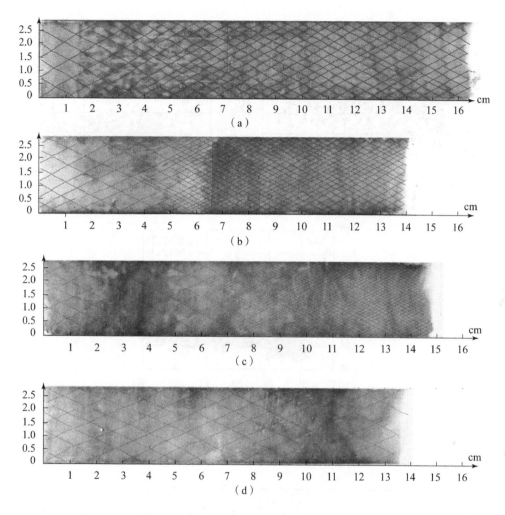

图 6.23 初始压力为 30 kPa 时 $2H_2 + O_2 + 4.5Ar$ 气体爆轰波的烟膜

(a) $\theta_w = 10°$; (b) $\theta_w = 20°$; (c) $\theta_w = 30°$; (d) $\theta_w = 40°$

图 6.24~图 6.26 显示了不同楔角、初始压力和混合物成分的情况下,沿楔形表面胞格尺寸的变化。可以清楚地观察到,如上所述,马赫杆的转变过程以三阶段的胞格模式存在。对于稳定的气体混合物（$2H_2 + O_2 + 2Ar$，$2H_2 + O_2 + 4.5Ar$），可以发现从楔形顶点到首次出现细小胞格的位置的距离（定义为 L_1）随楔形角的增加而增加。对于 θ_w 分别为 10°、20°、30°的情况,无量纲的转变距离 L_1/λ 约为 5、7.5 和 10。然而,胞格尺寸松弛到相对较大尺寸的距离难以测

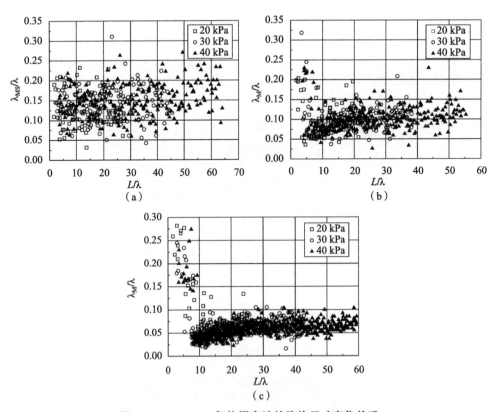

图 6.24 $2H_2 + O_2$ 气体爆轰波的胞格尺寸变化关系

(a) $\theta_w = 10°$; (b) $\theta_w = 20°$; (c) $\theta_w = 30°$

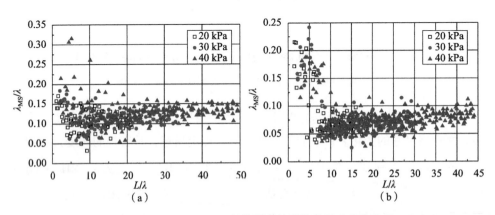

图 6.25 $2H_2 + O_2 + 2Ar$ 气体爆轰波的胞格尺寸变化关系

(a) $\theta_w = 10°$; (b) $\theta_w = 20°$

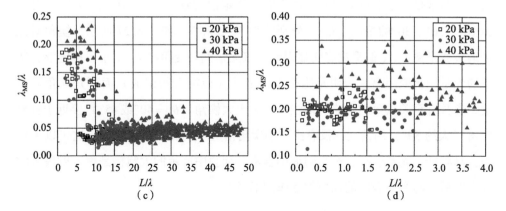

图 6.25 $2H_2+O_2+2Ar$ 气体爆轰波的胞格尺寸变化关系（续）

(c) $\theta_w=30°$；(d) $\theta_w=40°$；(e) $\theta_w=45°$

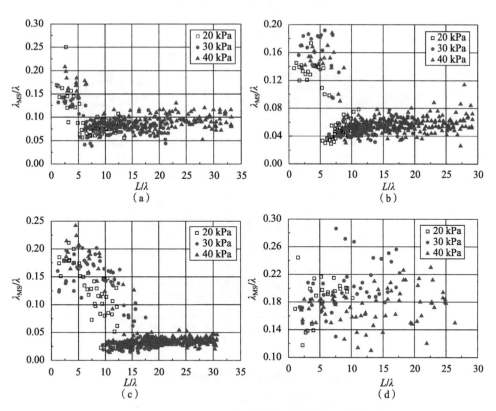

图 6.26 $2H_2+O_2+4.5Ar$ 气体爆轰波的胞格尺寸变化关系

(a) $\theta_w=10°$；(b) $\theta_w=20°$；(c) $\theta_w=30°$；(d) $\theta_w=40°$

量,因为这是一个渐近的过程。对于弱不稳定混合物($2H_2+O_2$),对于θ_w分别为10°、20°、30°的情况,L_1/λ分别约为3、5和7。如图6.27所示,楔角对无量纲转变距离L_1/λ似乎没有明显影响。该无量纲转变距离小于稳定混合物中的无量纲转变距离,表明是胞格不稳定性(或混合物组成)而不是楔角对过渡距离具有至关重要的影响。请注意,对于大楔角($\theta_w=40°$或45°)接近于临界楔角(大约50°)的情况,没有出现小楔角情况下的胞格过渡情况。这可以解释为,马赫杆不能产生高度过驱的细小胞格。烟膜中所示的大胞格是由入射爆轰波的自然横波与楔形表面的局部相互作用形成的。

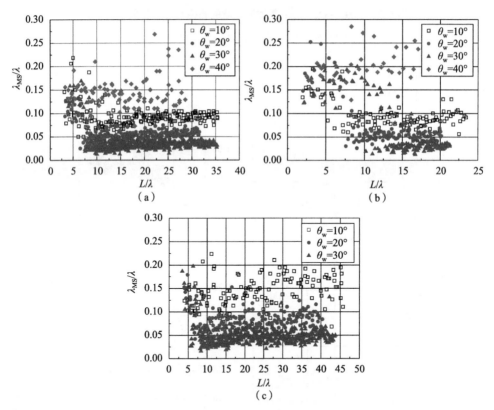

图 6.27　不同楔面角度下胞格尺寸的变化

(a) $2H_2+O_2+4.5Ar$; (b) $2H_2+O_2+2Ar$; (c) $2H_2+O_2$

通过研究胞格爆轰波的马赫反射过程,特别是随着过驱因子的增加和胞格尺寸的变化,可以研究分析过驱爆轰波的性质。图6.28显示了过驱爆轰波(马赫杆）与入射爆轰波的诱导长度之比。可以看出，诱导长度比 $\Delta_{\text{IMS}}/\Delta_{\text{IZND}}$ 随过驱因子的增加而减小。还可以发现，初始压力和混合物组成对诱导长度比几乎没有明显的影响。图 6.29 显示了随着楔角增加（或过驱因子增加）而产生的胞格尺寸比和诱导长度比。请注意，过驱因子定义为

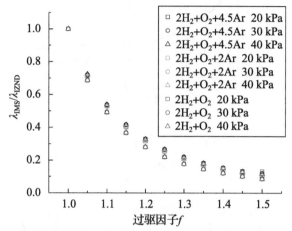

图 6.28 不同过驱程度下爆轰波诱导区长度值的变化（书后附彩插）

$$f = \frac{V_{\text{MS}}}{V_{\text{CJ}}} = \frac{\cos(\chi)}{\cos(\chi + \theta_{\text{w}})}$$

其中，θ_{w} 指的是楔角，χ 是 6.3 节实验中获得的渐近自相似的三波点轨迹角。注意这里过驱动因子 f 与基于经典三激波理论得到的结果不同，在经典三激波理论中，三波点轨迹角 χ 是常数。图 6.29（a）显示了 Meltzer 等[26]的实验结果，图 6.29（c）显示了 Gavrilenko 和 Prokhorov[77]的实验结果。

如图 6.29 所示，可以观察到，随着楔角（或过驱动因子）的增加，胞格尺寸比减小，这与诱导长度比的变化一致。如图 6.29（a）~（c）所示，胞格尺寸比曲线几乎与诱导长度比曲线一致。但是，在胞格不稳定性增加的 $2H_2+O_2$ 混合物中，上述两条曲线存在显著差异。请注意，增加的过驱因子也会通过增加反应长度与诱导长度的比率来降低胞格不稳定性。

胞格尺寸通常与诱导长度（或反应长度）存在线性相关，即 $\lambda = A\Delta$，其中 A 是比例因子。Ng 等[9]和 Zhang 等[40]提出了一种新的相关性公式，即通过考虑不稳定性因子 $\chi(\chi = E_a\Delta_{\text{I}}/\Delta_{\text{R}})$ 来预测比例因子 A。他们使用这种方法成功地预测了

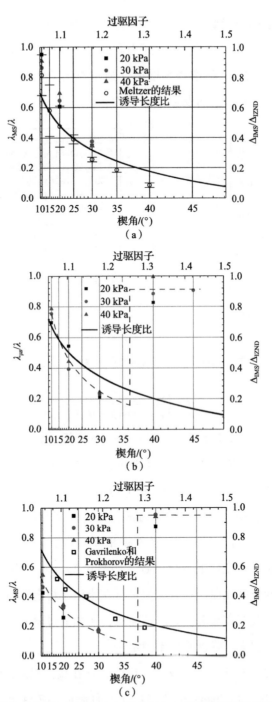

图 6.29 不同楔面角度和过驱程度下马赫杆和入射爆轰波胞格尺寸的比例关系

(a) $2H_2+O_2$；(b) $2H_2+O_2+2Ar$；(c) $2H_2+O_2+4.5Ar$

具有不同组成的可燃混合物中的爆轰波胞格尺寸。但是，目前仍缺乏关于过驱动爆轰波胞格尺寸与诱导长度之间相关性的研究。图 6.30 显示了通过增加楔角造成的过驱动爆轰的比例因子 A。尽管胞格尺寸存在明显波动，但是仍然发现随着过驱因子的增加（或胞格不稳定性的增加），λ/Δ 降低。通常，基于 Caltech 爆轰数据库的胞格尺寸，比例因子 A 约为 20~40，如图 6.31 所示。这与 Ng 等[9]和 Zhang 等[40]的论文中的发现是一致的，即相关因子 A 随着胞格不稳定性的增加而降低。但是，如图 6.30 所示，当应用 Ng 模型预测过驱爆轰波的胞格尺寸时，会出现较大的误差。这主要是因为：对于过驱的爆轰波，不稳定性参数远小于 C-J 爆轰波，如图 6.32 所示。这意味着，Ng 的模型对于不稳定参数非常小的情况无效，如图 6.33 所示。

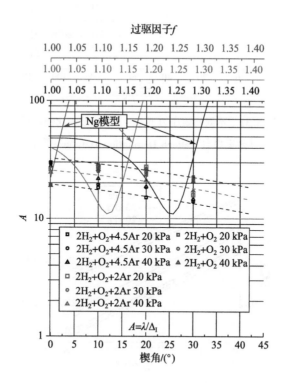

图 6.30　不同楔面角度或者过驱程度下马赫杆的比例因子 A（书后附彩插）

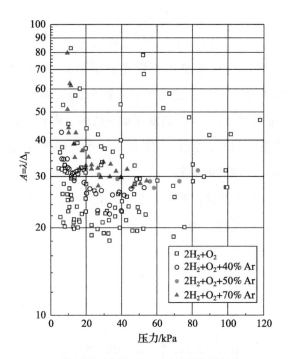

图 6.31　不同初始压力下 C-J 爆轰波的比例因子 A
（数据来自 Caltech Detonation Database[72]）

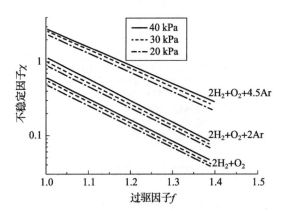

图 6.32　不稳定因子与爆轰波过驱因子的关系

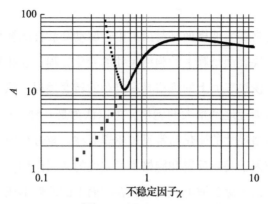

图 6.33 Ng 模型[18]中比例因子 A 随不稳定因子的变化

6.5 本章总结

理解胞格爆轰波马赫反射过程的关键在于尺度效应以及与尺度相关的横波波动特性。本章在矩形截面爆轰通道中进行了胞格爆轰马赫反射的系统性研究。胞格爆轰的马赫反射通常可以被认为是没有厚度的平面爆轰间断的马赫反射和具有自然横波的（或过驱动的）胞格爆轰波的组合。前者给出入射波和马赫杆后面的流场状态，而后者确定局部的波系结构，例如与入射波和马赫杆的三波点相关的自然横波。在小楔角例子中，由于存在很强的自然横波的影响，马赫反射的反射激波可能与前导激波分离，形成整体略微弯曲的波阵面而不是连接入射波和马赫杆的三波点。通过增加楔角，弱自然横波对反射波的影响可忽略，这时能够清楚地看到马赫反射的三波点。因此，小楔角情况下胞格爆轰波的马赫反射，通常形成离散的三波点轨迹线，识别马赫杆区域的边界仍然是一项艰巨的任务。通常，平衡状态下的最终三波点轨迹角与三激波理论和 CCW 理论不一致。然而，当楔角小于 30°，局部三波点轨迹角与反应三激波理论的预测结果一致。随着楔角的增加，局部三波点轨迹角渐近逼近零，标志着存在从马赫反射到规则反射的过渡。对于所有混合物，这个临界倾角几乎都为 50°。本研究同时发现在平衡极限中实现自相似性所需的过渡长度为 $(6\sim10)\lambda$，这基本上等于流体动力学厚度。因此，流体动力学厚度是表征胞格爆轰波马赫反射自相似性问题所必需的长度尺度。

本章同时对胞格爆轰波楔面马赫反射中过驱动马赫杆的演化过程进行了实验研究，重点关注楔块表面烟膜上的胞格尺寸的变化过程，在此基础上研究稳态过驱爆轰波的特性。楔块表面上的胞格具有复杂的转变过程，从大尺寸的胞格到非常细小的胞格，再渐近地到稍大的胞格，可以认为是一种三阶段的的变化过程。在这种模式下，胞格尺寸的变化与常见过驱爆轰波衰减过程中胞格尺寸的变化规律不符，这可以归因于马赫反射和胞格不稳定性的共同作用，即楔块顶点附近的大胞格是由近场中入射爆轰波上自然横波在楔面上的反射形成的。此时，在达到转换长度之后，胞格不稳定性才能够在马赫杆上生成更细小的胞格。随后从相对较小的胞格到较大胞格的转变显然是由于马赫杆的衰减。这种转变过程与胞格爆轰波在密度变化界面上或与弱激波正面碰撞后的透射过程一致。本章还研究了随着过驱因子的增加而产生的胞格尺寸的变化。马赫杆与入射爆轰波的胞格尺寸比随着过驱因子的增加而衰减，但是当楔角增加到临界值附近时，由于非常高的过驱程度，在烟膜上不再产生更细小的胞格，这说明在高过驱程度的爆轰波中，胞格不稳定性被大大地抑制了，横波非常弱甚至消失。研究还发现，随着楔角或过驱动程度的增加，胞格尺寸与诱导区长度的相关性也减小[80]。

第7章

爆轰波的凸面反射

7.1 引言

当平面入射激波遇到圆柱形凸面时，根据初始壁角和马赫数（入射波）的不同，可能发生规则反射（RR）或马赫反射（MR）。如果初始反射是 RR，则当入射激波沿着圆柱形凸面传播时，壁角会不断减小，最终 RR 转变为 MR。因此这里存在一个 RR→MR 转变的临界角度及对应的准则，包括脱离准则、力学平衡准则、声速准则和空间尺度准则等。对于楔面上的拟稳态激波反射，普遍接受的观点是，一旦楔角顶点处产生的扰动信号追上规则反射的反射点，就会发生从 RR 到 MR 的转变（对应声速准则）。

类似地，爆轰波也可以以 RR 或 MR 的形式在圆柱形凸面上发生反射。与惰性激波不同，爆轰波是存在胞格结构的并且存在更多的空间尺度，如反应区厚度和胞格尺寸，这进一步增加了问题的复杂性。我们之前关于楔面爆轰反射的研究[35-37]表明空间尺度效应确实对 MR 过程有显著影响。由于不存在特征空间尺度，惰性激波的 MR 是自相似的。然而，爆轰波波阵面的厚度使得 MR 过程是非自相似的。在本研究中，由于曲率半径的影响从开始就存在，因此无论是惰性激波还是爆轰波的反射过程都不是自相似的。尽管直楔面上的爆轰波反射已经成为许多实验和数值研究的热门课题，但是仍然缺乏凸面上爆轰波从 RR 到 MR 转变的研究，该过程中的几个关键问题仍然缺乏合理的解释。圆柱凸面有助于更好地观察 RR 到 MR 的演变，以及随后由于圆柱表面上的衍射使 MR 衰减的过程。在本章中，同时进行了实验和数值模拟以分析从 RR 到 MR 发生转变的临界壁角和尺度效应。

7.2 爆轰波凸面反射实验研究

7.2.1 实验设置

实验在一个矩形截面爆轰管道（1.5 m 长，10 cm 高，1 cm 宽）中进行，如图 7.1 所示[81]。混合物在预爆轰管中被电火花引爆。将 Shchelkin 螺旋线插入预爆轰管中以利于爆轰波的快速形成。对于不太敏感的预混气体，将少量活泼的乙炔-氧气混合物注入预爆轰管中方便起爆。预爆轰管垂直于矩形截面爆轰管道连接，该设计通过反射促进在矩形截面通道中形成平面 Chapman - Jouguet 爆轰波。图 7.2 为矩形截面管道中平面胞格爆轰波的形成过程。半圆柱安装在爆轰管道下游足够远的地方。实验中使用了不同氩稀释的氢-氧和乙炔-氧混合物。氩稀释通常会增加胞格尺寸和胞格稳定性（等效为胞格模式的规则程度）。在本研究中，

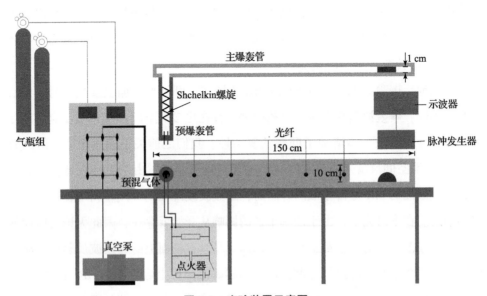

图 7.1 实验装置示意图

使用了五种可燃气体混合物，即 $2H_2 + O_2$，$2H_2 + O_2 + 2Ar$，$2H_2 + O_2 + 4.5Ar$，$C_2H_2 + 2.5O_2$ 和 $C_2H_2 + 2.5O_2 + 8.16Ar$，以产生具有不同胞格不稳定性的爆轰波和不同的胞格尺寸。使用分压方法制备可燃气体混合物并保持静止至少 12 h 才能使用。烟膜用于记录反射过程中爆轰波胞格结构的变化。在图 7.2 中可以观察到，爆轰波在与半圆柱相交之前达到了 C‑J 状态。图 7.3 比较了不同初始压力下不同预混气体的胞格尺寸。

图 7.2 矩形爆轰管中平面胞格爆轰波的形成过程

7.2.2 实验结果分析

$2H_2 + O_2 + 4.5Ar$ 和 $2H_2 + O_2 + 2Ar$ 预混气体的爆轰波的传播模式是稳定的[81]，而且存在规则的胞格结构，如图 7.4～图 7.8 所示。在本实验研究的所有情况中凸圆柱表面的初始壁角均为 90°。因此，RR 首先出现在凸面上。当爆轰波波阵面沿着凸面行进、壁角减小到某一临界值以下时（或等效地，当反射点后面的流动变为亚声速时），RR 立即转变为 MR。注意，这里壁角定义为水平线与曲面切线之间的角度，如图 7.6 所示。通过观察烟膜胞格模式的变化，可以获得 MR 的三波点轨迹。与入射爆轰波（即 C‑J 爆轰波）相比，马赫杆是过驱动，表现为更高的压力、更高的传播速度和更薄的反应区。因此，在大多数情况下，马赫杆后面的胞格尺寸小于入射爆轰波后面的胞格尺寸。由于弯曲的马赫杆在凸圆柱表面经历连续的衍射过程，强度不断减弱，其三波点的轨迹是弯曲的。当衍射扰动沿着马赫杆到达顶部管道边界时，入射爆轰波消失。随后，形成一个完全弯曲的爆轰波波阵面，由自然横波的三点轨迹产生两组相交的对数

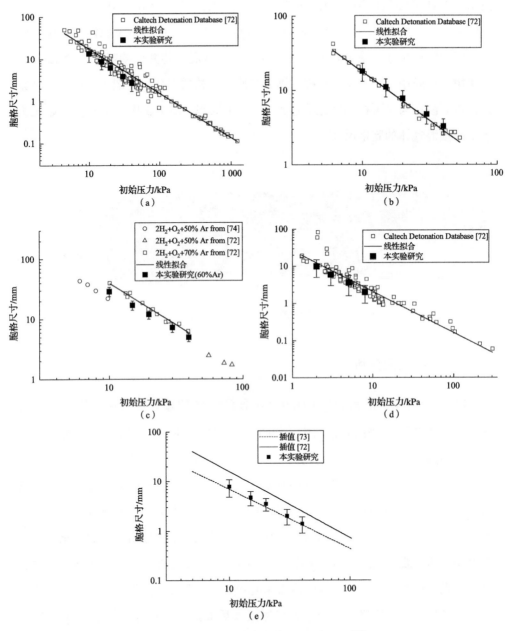

图 7.3 不同预混气体爆轰波的胞格尺寸[81]

(a) $2H_2 + O_2$；(b) $2H_2 + O_2 + 2Ar$；(c) $2H_2 + O_2 + 4.5Ar$；
(d) $C_2H_2 + 2.5O_2$；(e) $C_2H_2 + 2.5O_2 + 8.16Ar$

螺旋线（横波轨迹），类似于当平面胞格爆轰波从一个直管道中传播到自由空间时的衍射过程，或发散圆柱爆轰波的传播方式。由于强烈的稀疏效应，爆轰波波阵面衰减并且可能解耦成一种激波 – 火焰复合结构，表现为不断变宽的反应区。在临界条件下，爆轰波前沿局部失效或完全失效，这主要取决于混合物的不稳定性和长度比 R/λ，其中 R 是曲率半径，λ 是胞格尺寸。在图 7.4 ~ 图 7.9 中，发现爆轰波前沿随着初始压力的降低（或随着胞格尺寸的减小）而更容易失效。可以从扫描的高分辨率烟膜获得从 RR 向 MR 过渡的临界壁角。如图 7.10 所示，在半径相对较小的情况下，由于爆轰波波阵面存在胞格特性，临界壁角曲线表现出明显的发散特性。

图 7.4　$2H_2 + O_2 + 4.5Ar$ 气体三组重复实验的烟膜（初始压力 20 kPa，$R = 2$ cm）
（a）重复实验 –1；（b）重复实验 –2；（c）重复实验 –3

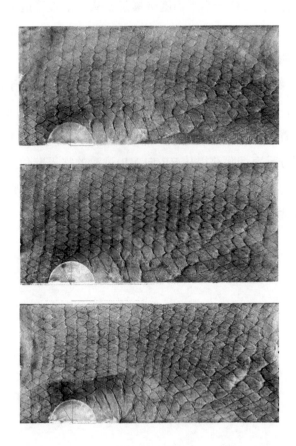

图 7.5　$2H_2 + O_2 + 4.5Ar$ 气体三组重复实验的烟膜（初始压力 30 kPa，$R = 2$ cm）

众所周知，在多维爆轰波中，垂直于传播方向的横向振荡可以叠加在纵向脉动上。它们采取两组相对的横波的形式，在稳定爆轰波的情况下扫过前导激波。当前导激波前沿在凸马赫杆和平面入射爆轰波之间交替变化时，一对横波发生反射。因此，当这种胞格爆轰波在凸面上反射时，弯曲的爆轰波前沿的局部曲率将影响 RR 向 MR 转变的临界壁角。当横波间隔与曲率半径相比较大时，临界壁角的散布是相当大的。相反，当横波间隔与曲率半径相比较小时，临界壁角的散布显著减小。

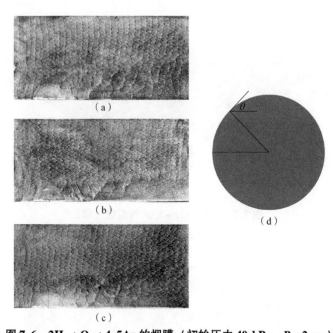

图 7.6 $2H_2 + O_2 + 4.5Ar$ 的烟膜（初始压力 40 kPa，$R = 2$ cm）

(a) 重复实验-1；(b) 重复实验-2；(c) 重复实验-3；(d) 壁面角度示意图

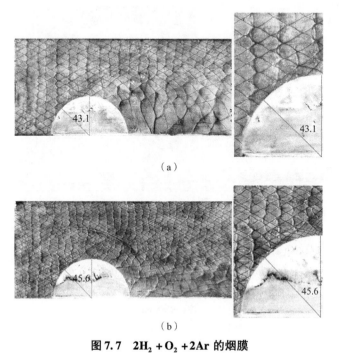

图 7.7 $2H_2 + O_2 + 2Ar$ 的烟膜

(a) 初压 20 kPa，$R = 4$ cm；(b) 初压 30 kPa，$R = 4$ cm

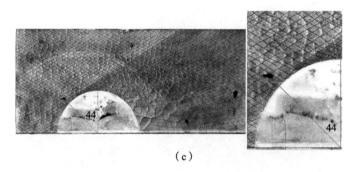

(c)

图 7.7　$2H_2 + O_2 + 2Ar$ 的烟膜（续）

(c) 初压 40 kPa，$R = 4$ cm

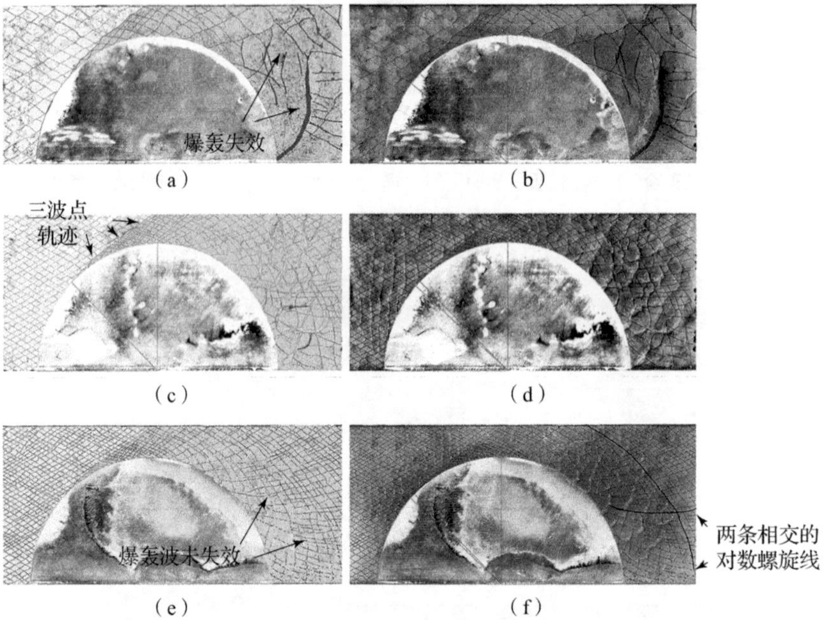

图 7.8　$2H_2 + O_2 + 2Ar$ 的烟膜

(a) 初压 20 kPa；(b) 初压 20 kPa，图像未经处理；

(c) 初压 30 kPa；(d) 初压 30 kPa，图像未经处理；

(e) 初压 40 kPa；(f) 初压 40 kPa，图像未经处理

注：$R = 8$ cm

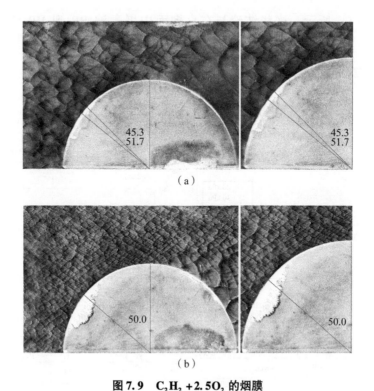

图 7.9 $C_2H_2 + 2.5O_2$ 的烟膜

(a) 初始压力 3 kPa, $R = 6$ cm; (b) 初始压力 5 kPa, $R = 6$ cm

注：右侧的小图片是左侧图片的局部放大

  图 7.10 (a) ~ (e) 中的两条水平线，分别表示由直楔面的反应和无反应两激波理论获得的临界壁角。大多数实验结果落在反应和无反应两激波理论获得的值之间的范围内。尽管数据具有相对明显的散布［特别是在具有相对大的胞格尺寸（或较低初始压力）］的情况下，对所有五种可燃预混气体而言，仍然可以发现临界壁角随着半径的增加而增加。在惰性激波的情况下，正如许多研究所论证的那样，临界壁角曲线位于拟稳定流动 RR – MR 转变线的下方。此外，随着曲率半径的增加，过渡壁角度增加并其曲线接近拟稳态 RR – MR 转变线。在本研究中，我们还在 7.3 节和 7.4 节中进行了数值模拟，以验证临界壁角对半径的依赖性。相反，当凸表面具有固定的半径时，临界壁角随着胞格尺寸 λ 的减小而增加。因此，可以分析出随着长度比 R/λ 的增加，临界壁角相应地增加。此外，当 R/λ 增加到大约 10 的值时，临界壁角的值接近无反应性两激波理论[22]的值，

如图 7.10（f）所示。这些结论与在直楔面中爆轰波 RR 到 MR 的转变情况一致[42-44]。

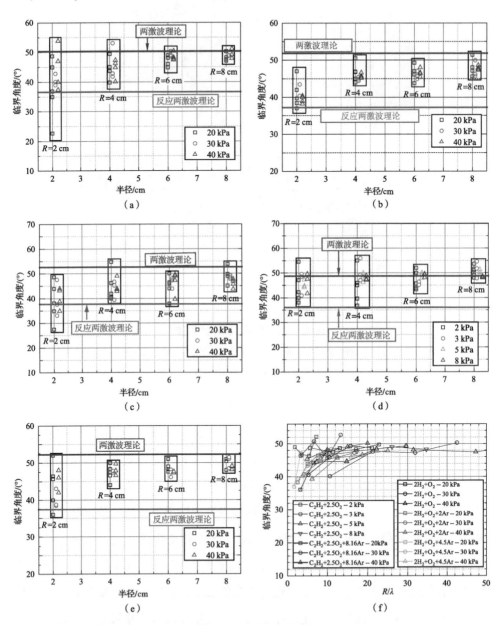

图 7.10　不同曲率半径下的临界壁面角度（书后附彩插）

(a) $2H_2+O_2$；(b) $2H_2+O_2+2Ar$；(c) $2H_2+O_2+4.5Ar$；(d) $C_2H_2+2.5O_2$；
(e) $C_2H_2+2.5O_2+8.16Ar$；(f) 无量纲的 R/λ 下所有气体混合物

在实验结果中，胞格不稳定性显著影响临界壁角和三波点轨迹，这使得难以对其进行定量分析。为了研究尺度效应并根据实验结果验证，本章中还用两种不同的反应模型（基元反应模型和简化模型）进行了数值模拟分析，以研究半圆柱体上的爆轰波反射过程。在 7.3 节中，为了排除胞格不稳定性的影响，使用具有真实化学反应的 ZND 爆轰波来研究曲率半径和爆轰波波阵面厚度对 RR – MR 转变临界壁角的影响。因此，我们可以直接将数值结果与实验结果进行比较。此外，在数值模拟中还确认了临界壁角度对 R 和 λ 之比的依赖性。图 7.11 给出了网格收敛性测试，结果发现至少需要 128 pts/Δ_I 的分辨率才能保证结果收敛。这主要是因为大角度曲面反射造成爆轰波处于高过驱状态，需要更多的网格点才能分辨反应区。

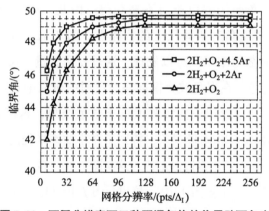

图 7.11　不同分辨率下三种预混气体的临界壁面角度

注：初始压力 40 kPa，$R = 4$ cm。

在 7.4 节中进行了简化模型（两步反应模型，见第 2 章）的数值研究。注意，简化的数值模拟不是对实验的验证，而是通过应用简单的两步反应进一步研究非定常爆轰波凸面反射。两步反应模型可以很容易地分离成两个独立的阶段，即诱导区和反应区。利用真实的基元反应机理，因为所有参数都是耦合的，无法考察特定参数对物理过程的影响。然而，基于两步反应模型，改变一个参数但保持其他参数不变，可以容易地进行系统性的参数研究。然而，两步反应模型只能定性地描述爆轰波。因此，将数值结果与实验结果直接进行比较是没有必要的。

7.3 基元反应模型数值模拟研究

图 7.12 显示了 $2H_2 + O_2 + 4.5Ar$、$2H_2 + O_2$ 和 $2H_2 + O_2 + 2Ar$ 混合物，在不同曲率半径下的临界壁角。实验结果也绘制在图 7.12 中，与数值结果进行比较。如图 7.12 所示，在没有胞格不稳定性影响的情况下，不会出现临界壁角的散布。因此，可以清楚地观察到临界壁角对曲率半径和爆轰波波阵面厚度 Δ 的依赖性。波阵面厚度 Δ 表示诱导区 Δ_I 和反应区 Δ_R 之和。与实验结果类似，对于所有三种可燃混合物，可以发现临界壁角随着半径增加而增加。还可以认为，临界壁角随着爆轰波波阵面厚度 Δ（或等效的胞格尺寸 λ）的减小而增加。这个结论在实验研究中由于临界壁角曲线的散布而不易获得。因此，可以用无量纲尺度 R/Δ（或 R/λ）表征临界壁角对空间尺度的依赖性。图 7.12（d）给出了使用无量纲尺度 R/Δ 的所有数值结果。可以发现，通过使用无量纲尺度 R/Δ，临界壁角几乎具有相同的趋势。在爆轰波直楔面马赫反射的研究中也可以发现类似的现象。这里可以很容易地看到一些实验值低于数值结果，这可以归因于在确定临界壁角时胞格的不稳定性和测量误差，特别是在小曲率半径的情况下。当 R/Δ 增加到 200～250 时，临界壁角接近恒定值，这与图 7.10（f）中的实验结果一致。本研究中，$(200～250)\Delta$ 对应于约 10λ，这也与图 7.10（f）所示的结果一致。

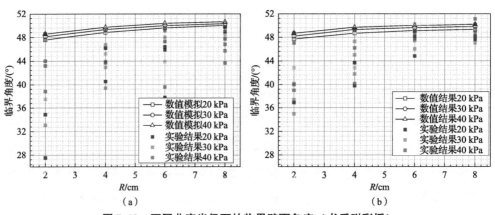

图 7.12　不同曲率半径下的临界壁面角度（书后附彩插）

(a) $2H_2 + O_2 + 4.5Ar$；(b) $2H_2 + O_2$

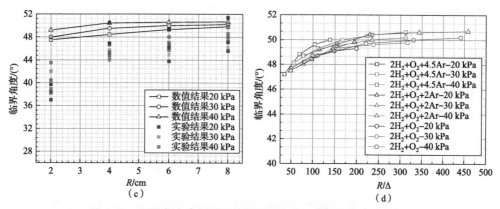

图 7.12 不同曲率半径下的临界壁面角度（续）（书后附彩插）

(c) $2H_2 + O_2 + 2Ar$；(d) 无量纲 R/Δ（所有气体混合物）

7.4 两步反应模型数值模拟研究

上述的实验结果表明，胞格不稳定性对临界壁角和三波点轨迹均有显著影响，这使得数据定量分析更加困难。为了进一步研究与爆轰物理相关的特征长度的尺度效应，本节以两种不同的模式作为初始条件进行数值模拟，即没有胞格结构的平面 ZND 爆轰波和完全发展的胞格爆轰波，如图 7.13 所示。在我们之前的研究中成功地使用了类似的方法来研究爆轰波直楔面 MR 的尺度效应[35-37]。图 7.14 为不同网格分辨率下激波、ZND 爆轰波、胞格爆轰波的临界壁角。在本节的数值模拟中，使用的网格分辨率为 64 pts/Δ_I。图 7.15 为胞格爆轰波凸面反射流场密度图，图 7.16 (a) 显示了对应的胞格结构，可以明显观察到从 RR 到 MR 的转变。图 7.16 (b) 表示与图 7.15 设置相同，唯一的不同是半圆柱朝向爆轰波波阵面方向移动了 $50\Delta_I$ 的距离。在存在胞格不稳定性的情况下，由于爆轰波波阵面局部变化的曲率，临界壁角存在数据散布。另外类似于在楔形情况下观察到的情况，自然横波也影响 MR 的三波点轨迹，导致其存在波动模式，如图 7.17 所示，考虑到尺度效应，可以确定两个极限：当胞格尺寸相对于半径较大时，波阵面的曲率变化可以导致临界壁角存在显著散布；当胞格尺寸与半径相比较小时，胞格爆轰前沿可以被认为是平面的，因此对临界壁角具有较小影响，可以得到较为稳定的数值。研究尺度对临界壁角的影响更直接的方法是简单地使用 ZND 爆轰波作为初始条件，如图 7.13（b）所示。在这种方法中，排除了胞格不稳定性的影响，并且可以仅考虑反应区的厚度。应该注意的是，ZND 爆炸的平面结构不能永远保持。实际上，ZND 爆轰波最终经历一个过渡长度之后变成胞格爆轰波，过渡长度主要取决于不稳定因子（活化能乘以诱导长度与反应长度的比率）。通过选择较小的反应速率因子 k_R，在一定的范围内，可以确保从 RR 到 MR 的转变不受胞格不稳定性的干扰。因此，可以精确地测量临界壁角。

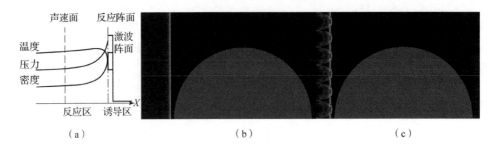

图 7.13 数值模拟设置

(a) 平面 ZND 爆轰波 $k_R=2.0$；(b) ZND 爆轰波结构 $k_R=2.0$；
(c) 胞格爆轰波 $k_R=2.0$

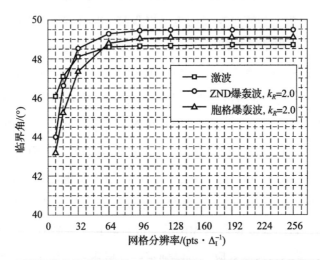

图 7.14 不同网格分辨率下激波、ZND 爆轰波、胞格爆轰波的临界壁面角度

注：$R=300\Delta_I$

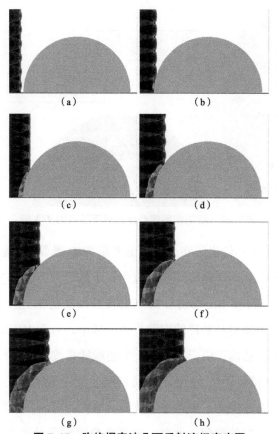

图 7.15 胞格爆轰波凸面反射流场密度图

(a) $t=1.0$; (b) $t=1.2$; (c) $t=1.4$; (d) $t=1.6$; (e) $t=1.8$; (f) $t=2.0$; (g) $t=2.2$; (h) $t=2.4$

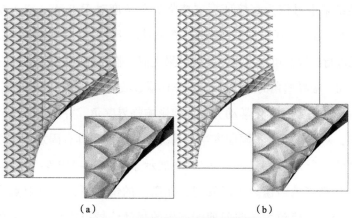

图 7.16 两种凸面反射数值烟膜图

(a) 圆柱圆心位置 $x=300\Delta_I$;(b) 圆柱向左平移 $50\Delta_I$ 的距离

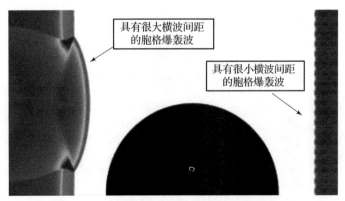

图 7.17　胞格爆轰波凸面反射下不同的 d/λ 值

图 7.18（a）、(b) 给出了在凸面上的平面 ZND 爆轰波反射的数值纹影和密度。在转变过程中没有出现胞格结构，直到很下游的地方。图 7.18（c）给出了 RR 反射点的速度和后续 MR 马赫杆脚点沿着凸面的传播速度。当 MR 发生时，速度突然增加，然后随着马赫杆的向前传播而减小。由于 MR 的压缩效应，马赫杆最初是过驱动的。然而，由于来自凸面的连续稀疏波，马赫杆速度减小并最终降低到低于 C–J 速度。图 7.19 显示了通过改变反应速率因子 k_R 获得的不同爆轰波前沿厚度下的临界壁角。随着爆轰波前沿厚度的增加，临界壁角减小并接近与惰性激波情况相对应的数值。此外，临界壁角随着无量纲半径的增加而增加，这与 7.2 节中的实验结果和 7.3 节中的基元反应模型数值结果一致。这里，简化模型的数值结果也可作为直接证据支持临界壁角度对于 R/Δ（或 R/λ）的依赖性。在图 7.19（a）中还添加了在胞格爆轰波情况下的三个临界壁角，以与 ZND 爆轰波的情况进行比较。可以发现与实验结果类似，临界壁角的数值也具有一定程度的散布。然而，临界壁角的曲线围绕在 ZND 爆轰波情况下获得的结果周围散布。

为了解释曲率半径和化学动力学如何影响临界壁角，并将结果与空间尺度准则联系起来，对于在三个不同曲率半径情况下的激波和具有固定曲率半径的不同波阵面厚度的三个 ZND 爆轰波，图 7.20 展示了在 RR–MR 转变之前反射点后面流场中的局部当地声速。可以发现，在激波的情况下，在反射点附近，曲率半径越大，当地声速越大。曲面前端产生的扰动信号以本地声速传播，只要该扰动信号超过反射点，就会发生 RR–MR 的过渡。因此，对于具有较大曲率

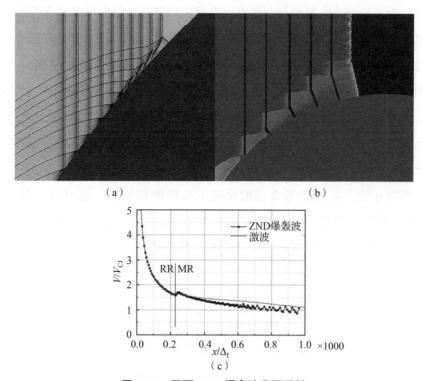

图 7.18 平面 ZND 爆轰波凸面反射

(a) 数值纹影或者密度梯度；(b) 密度；(c) 反射点或者马赫杆脚点后面流场的速度分布

注：$R = 1\,000\Delta_I$，$k_R = 2.0$

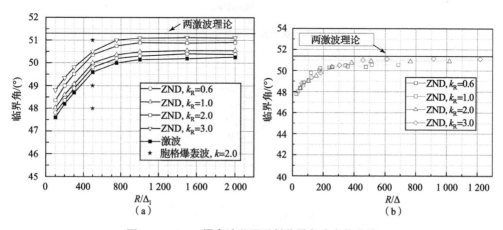

图 7.19 ZND 爆轰波凸面反射临界角度变化曲线

(a) 随半径变化；(b) 随 R/Δ 变化

半径的情况，转变发生得更早。还可以发现，尽管存在曲率半径，反射点下游的声速几乎相等，表明在前面早就建立了稳定状态。作者认为，在具有不同曲率半径的 ZND 爆轰波的情况下也会发生相同的现象。当改变反应进程参数 k_R 但保持诱导进度参数 k_I 恒定时，可以获得具有相同诱导长度但不同反应长度的 ZND 爆轰波。图 7.20 还给出了具有固定曲率半径的三个不同 ZND 爆轰波情况下的声速。可以观察到，由于化学动力学的影响，当地声速的分布对于激波和 ZND 爆轰波是不同的。在 ZND 爆轰波情况下的总声速大于在激波情况下的总声速。因此，与激波相比，在 ZND 爆轰波的情况下临界壁角更大。还可以发现具有较大 k_R 的情况下由于较快的化学热释放而具有较大的声速（或等效的高温），如图 7.21 所示，这可以解释图 7.19 中的数值结果。

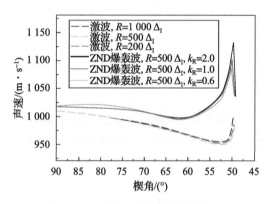

图 7.20 反射点后流场的声速分布

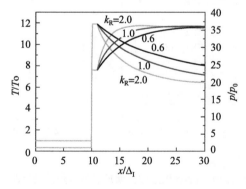

图 7.21 不同 k_R 情况下稳态 ZND 爆轰波的结构

图 7.22 为不同波阵面厚度的 ZND 爆轰波圆柱反射的三波点轨迹。ZND 爆轰波马赫反射的三波点轨迹位于惰性激波的轨迹和 C-J 爆轰间断的结果之间,说明了空间尺度的影响。然而,随着波阵面厚度的减小,马赫杆高度降低。请注意,对于半径较小的半圆柱体,除非马赫杆距离相对于半径较大,否则惰性激波、C-J 爆轰间断和 ZND 爆轰波之间的差异不明显。如图 7.16 所示,胞格爆轰的两个三波点轨迹也绘制在图 7.22 中,以使与 ZND 爆轰波情况下的结果进行比较。可以发现这些轨迹具有相同的趋势,胞格不稳定性仅引起三波点轨迹的微小波动,这与我们先前关于直楔面上爆轰波的马赫反射研究结果一致。

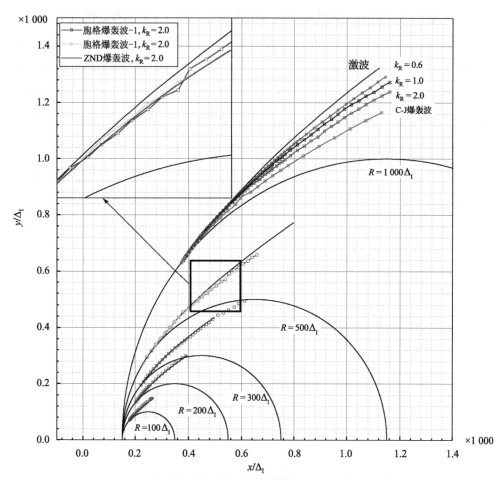

图 7.22 不同波阵面厚度的 ZND 爆轰波圆柱反射的三波点轨迹

7.5 本章总结

考虑到空间尺度对临界壁角（从规则到马赫反射发生转变）和三波点轨迹的影响，通过实验和数值模拟研究了圆柱形凸面上的爆轰波反射问题。实验在具有大纵横比的矩形截面爆轰管道中进行。此外还进行了数值模拟验证了实验研究中的发现并更好地解释了爆轰波非稳态的反射过程。由于爆轰波波阵面的多波特性，在临界壁角度中观察到数据存在一定程度的散布。如果横波间距相对于半径较大，则散布范围延长。如果横波间距相对于半径较小，则散布程度减小。发现临界壁角主要取决于两个长度尺度：爆轰波波阵面的特征长度尺度（单元尺寸 λ 或爆轰波波阵面厚度 Δ）和凸面的半径 R。发现临界壁角随着爆轰波波阵面厚度的减小或半径的增加而增加。当 R/λ 增加到大约 10 时，临界壁角接近使用两激波理论计算的楔面上惰性激波反射的数值。数值研究也支持了实验结果。而且，随着爆轰波波振面厚度的增加，临界壁角减小并接近与惰性激波的情况对应的值。这是因为在前导激波后面存在反应区时，ZND 爆轰波的转变过程与惰性激波的转变过程不同，主要是由于前导激波后的声速发生了很大的变化。

第 8 章
气相爆轰波的衍射

8.1 引言

与激波的马赫反射过程类似，激波的衍射过程也是一个自相似的过程（图 8.1），这也是由于激波的衍射过程不存在特征尺度。如果认为激波波阵面的厚度不可忽略，或者引入几何尺度（如绕射点处存在圆角），则激波的衍射过程不再是一个自相似的过程。对于爆轰波来说，其自身存在特征尺度（反应区的宽度 Δ、胞格尺寸 λ 或者流体动力学厚度 L，因此爆轰波的衍射过程不再是一个自相似的过程。但是如果忽略爆轰波的厚度，只是把其视为没有厚度的反应激波（间断），则这种反应激波的挠射过程就与激波类似，是一个自相似的过程。因此，爆轰波的特征尺度对于其衍射过程来说是一个极其重要的因素。

对于一般的碳氢燃料混合气体来说，很多研究确认了 $d_c \approx 13\lambda$ 这个经验公式的普遍适用性。需要指出的是，由于爆轰波的不稳定性，在实验中胞格尺寸 λ 的测量存在很大的误差，因此 d_c 与 λ 的比值会在一个较大的范围内波动。虽然经验公式 $d_c \approx 13\lambda$ 看起来对大多数的气相爆轰波来说是正确的，但是很多研究发现对于经过大量氩气稀释的混合气体来说，$d_c \approx 25\lambda$；对于不稳定的气体来说，$d_c \approx 13\lambda$ 仍然成立。这也说明了气体的不稳定程度能够影响极限管径，因此有必要将稳定气体和不稳定气体分开进行研究。由此可见，对于稳定气体和不稳定气体来说，临界管径差异很大，这也说明混合气体的稳定性，或者说胞格的规则程度对爆轰波的衍射过程有着举足轻重的影响。

可信的数值结果需要足够高的网格分辨率,因此大多数的数值研究采用简化反应模型来模拟爆轰波。虽然也有一些学者采用多组分基元反应模型对该问题进行研究,但是他们的数值结果与实验差距很大,这很可能是由于他们的数值计算没有采用足够高的网格分辨率。需要指出的是,在大多数的数值研究中,采用平面 ZND 爆轰波为研究对象,观察其从管道进入自由空间的绕射过程,以及测量临界管径。很少有学者对胞格爆轰波的绕射过程进行研究,特别是爆轰波的稳定性对衍射过程以及临界管径的影响。

8.2 爆轰波衍射的理论分析

对于稳定爆轰波来说,其二维条件下临界管径 w_c 大约是三维下临界管径 d_c 的 1/2,而对于不稳定爆轰波来讲,并不存在这个关系,这也说明了对于稳定和不稳定爆轰波来说,其传播机理有所不同。因此为了研究爆轰波衍射的熄爆和重新起爆的机理,需要同时研究二维和三维爆轰波的衍射过程。但是三维爆轰波的数值模拟需要很大的计算量,计算时间很长,当前三维爆轰波的数值模拟也只是研究简单的直管传播问题,大规模的三维数值模拟还不现实。考虑到我们所研究的问题可以近似为一个圆柱坐标系下的三维轴对称问题,通过忽略某些不重要的项,可以用带几何源项的二维欧拉方程来近似三维轴对称问题[7]。

在二维空间,爆轰波在直管道中以近似平面向前传播,进入自由空间后平面爆轰波可能会成功地转变为圆柱曲面爆轰波。当爆轰波到达拐角处,衍射产生的稀疏挠动会以一定的速度在爆轰波波阵面上传播。稀疏波的波头与水平线的夹角为稀疏角 θ。当稀疏波的波头到达中心线时,整个爆轰波的波阵面均受到稀疏作用的影响,这时横向的传播距离为 x_c,时间为 t_c。对于无化学反应的激波来说,它的拐角衍射过程是自相似的,因此要简单一些。利用几何构造,已知激波后的声速 c 和粒子速度 u,可以很容易地得到稀疏挠动的横向速度 v,因此激波的拐角衍射过程可以很容易地求解,如图 8.1 所示。

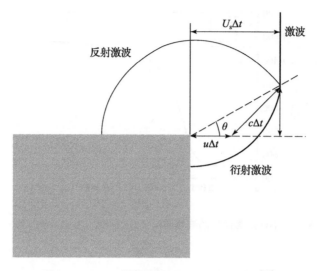

图 8.1 Skews 的激波衍射几何构造示意图[82]

拐角稀疏挠动波以当地声速在激波压缩过的流场中放射状地传播。根据 Skews 的几何构造[82]，

$$\tan\theta = \frac{\sqrt{c^2-(U_s-u)^2}}{U_s} = \frac{\sqrt{c^2-w^2}}{U_s}$$

其中，u 为实验室坐标系下波后粒子速度，w 是激波坐标系下波后的粒子速度，c 为波后声速，U_s 为激波的传播速度。稀疏挠动波波头到达管道中心线（管道直径为 D）时经过的距离 x_c 和时间 t_c 可以写为

$$x_c = \frac{D}{2\theta}, \quad t_c = \frac{D}{2\theta U_s}$$

通过选择合适的波后声速 c 和粒子速度 u，Skews 的模型可以近似地推广到爆轰波的拐角衍射过程。如果把爆轰波认为是无反应的激波，则爆轰波的模型与激波的模型是一致的。如果把爆轰波认为是爆轰间断（C-J 模型），则 Skews 的模型可以选择 C-J 点后的声速 c 和离子速度 u，如图 8.2 所示。此时 $\tan\theta = \frac{\sqrt{c^2-w^2}}{U_s} \approx 0$，则 $\theta \approx 0$。

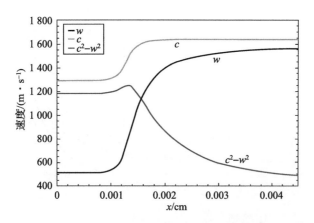

图 8.2 ZND 爆轰波后的流场结构（$2H_2 + O_2$，3.61 atm，295 K）

8.3 数值模拟设置

与上一章类似，本章同样使用并行自适应网格程序 AMROC 对二维和三维胞格爆轰波的衍射现象进行了数值计算[83-85]。化学反应模型采用两阶段反应模型，活化能 $\varepsilon_I = 4.8$，$\varepsilon_R = 1.0$。初始条件：分别布置稳定性和不稳定的胞格爆轰波于具有不同管径的管道内，使之向右传播进入自由空间并在拐角处发生衍射。在本章的研究中，固定比热比 $\gamma = 1.44$，入射 C-J 爆轰波的马赫数 $M = 6.5$。网格采用 5 级自适应（2，2，2，4），网格分辨率为 32 pts/Δ_I。这个分辨率足以很好地分辨胞格爆轰波的精细结构。计算区域的边界条件设置为：左侧边界为入流条件，右侧为出流条件，上壁面为轴对称边界，下壁面为出流条件。需要指出的是，对于三维轴对称反应欧拉方程的计算，由于存在几何源项，在 $r = 0$ 附近方程是奇异的，会导致计算的失败。因此为了数值计算的稳定性，计算区域的起始位置选择在 $r > r_c$，在本研究中选择 $r_c \approx \lambda$。

8.4 稳定爆轰波的拐角衍射

稳定爆轰波（$k_R = 0.9$）在二维管道中的数值模拟结果同时用数值胞格模式

和纹影图来表示。数值胞格通过最大压力云图进行时间积分得到,显示了胞格结构三波点的轨迹。在此研究中,二维管道的宽度 w_c 有所不同,目的是研究管道的空间尺度对爆轰波衍射过程的影响。需要重点指出的是,在数值模拟中,只考虑了一半的管道区域(上边界采用二维轴对称边界条件),因此整个管道中的胞格模式是通过镜面对称得到的。

在图8.3中,胞格模式显示这是一个爆轰波在自由空间衍射并失效的算例,即二维管道的宽度 w_c 小于临界管径。在爆轰波发生绕射之前的管道内,爆轰胞格模式很规律、尺寸统一,这也显示了这是一个稳定爆轰波。在这个算例中($w_c/\lambda = 8$),爆轰波的波阵面在自由空间里没有能够自维持而熄爆,转变成爆燃波。在图8.4(a)~(b)中,我们可以看到前导激波和反应区完全解耦合,反应区远远地落后于前导激波。爆轰波的失效是由于拐角产生的稀疏扰动沿着爆轰波波阵面向中心线传播,受稀疏的爆轰波波阵面衰减,速度降低,波阵面变得弯曲,最终导致了爆轰波反应区与发散的前导激波的解耦和失效。图8.5中显示的也是一个爆轰波在衍射过程中熄爆的例子,其中 $w_c/\lambda = 12$。与图8.3中不同的是,受到稀疏扰动作用后的爆轰波波阵面沿着中心线有重新起爆的迹象,可以看到新生成的弱的三波线和胞格,但是最终波阵面还是熄爆并衰减成爆燃波。

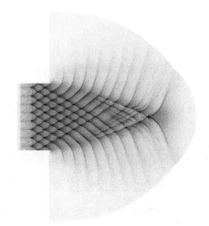

图8.3 稳定爆轰波衍射胞格模式（$w_c/\lambda = 8$）

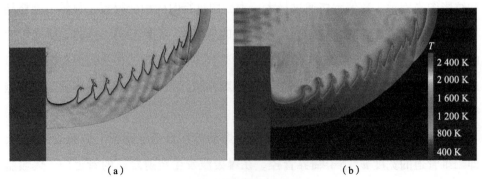

图 8.4　爆轰波波阵面（$w_c/\lambda = 8$）

(a) 纹影；(b) 温度

图 8.5　稳定爆轰波衍射胞格模式（$w_c/\lambda = 12$）

图 8.6 (a)、(c)、(e)、(g) 显示了在四个不同时刻下胞格爆轰波的波阵面纹影图，相应的温度云图见图 8.6 (b)、(d)、(f)、(h)。从图中可以观察到，胞格爆轰波在进入自由空间的过程中，受拐角稀疏作用的影响的波阵面区域变成弯曲的，其速度下降，前导激波与反应阵面之间的距离逐渐增大，最终解耦。这也就导致了这部分爆轰波的熄爆，衰减为爆燃波。同时也可以发现，靠近拐角处的波阵面受到的稀疏作用最强，表现为前导激波与反应阵面之间的距离最大，这也说明此处的压力、速度衰减得最厉害。而沿着波阵面到管道中心线，

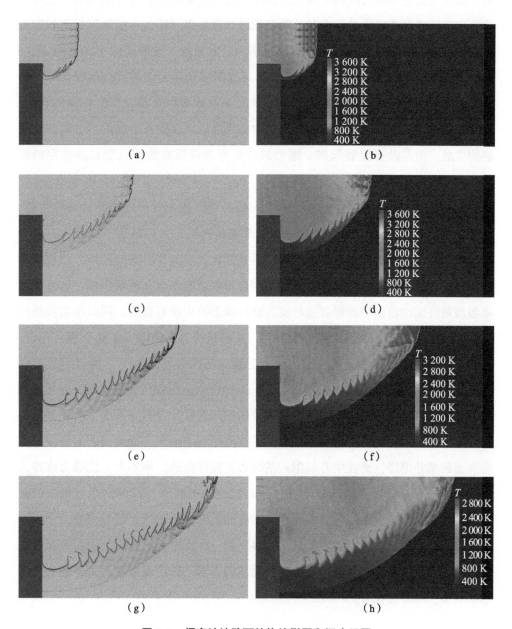

图 8.6 爆轰波波阵面结构纹影图和温度云图

(a) t_1 时刻纹影；(b) t_1 时刻温度；(c) t_2 时刻纹影；(d) t_2 时刻温度；
(e) t_3 时刻纹影；(f) t_3 时刻温度；(g) t_4 时刻纹影；(h) t_4 时刻温度

前导激波与反应阵面之间的距离逐渐减小，这说明解耦合程度逐渐减弱。这种变化是由于波阵面在膨胀过程中各处的面积增长率是不同的，在拐角附近面积膨胀率最大，而在中心线附近面积膨胀率最小，这也导致了波阵面曲率的相应变化。在该算例中（$w_c/\lambda = 12$），在中线附近，可以观察到爆轰波的波阵面有自维持的趋势，表现为在波阵面曲率不是很大的情况下波阵面以及其后反应阵面的弯曲、褶皱以及发展。在图8.5中的胞格模式中，也可以观察到在中线附近，弱的新胞格的生成，但是没有发展起来。爆轰波波阵面最终没有能够克服稀疏作用的影响，而是熄爆，衰减为爆燃波。

在图8.7中，爆轰波在进入自由空间后最终没有失效而是能够自维持传播，这个算例中二维管道的宽度$w_c/\lambda = 14$。观察胞格模式可以发现，稀疏波首先会导致受影响区域的爆轰胞格尺寸增大。尽管如此，在其更下游的区域，当波阵面的曲率效应不是很强烈的时候，胞格结构在爆轰波波阵面上重新生成，这意味着爆轰波最终成功地由平面爆轰波转变为圆柱爆轰波而没有熄爆。同时爆轰波的纹影图和温度云图也显示了在中心线附近，发散状的前导激波重新与反应区耦合，在整个的爆轰波波阵面上连续地产生新的胞格结构而不是由于"热点"效应和不稳定性产生局部爆炸，如图8.8（a）、（b）所示；而在两侧的位置，前导激波已经与反应区完全解耦合，意味着爆轰波的局部熄爆。在本算例中，从纹影和温度云图也可以观察到，拐角附近的区域，波阵面斜率很大，爆轰波前导激波与反应阵面解耦并熄爆，而在中心线附近的爆轰波波阵面的斜率不大，能够自维持为爆轰波。上一算例（$w_c/\lambda = 12$）中，中心线附近的波阵面斜率比本算例中的要大，不能够自维持。这说明了存在一个临界的斜率，小于这个临界斜率，中线附近的爆轰波能够自维持；而大于这个临界斜率，中线附近的爆轰波熄爆并衰减为爆燃波。而这个临界斜率是与临界管径对应的，对于稳定爆轰波而言，数值计算结果表明，临界管径$w_c/\lambda = 12 \sim 14$。

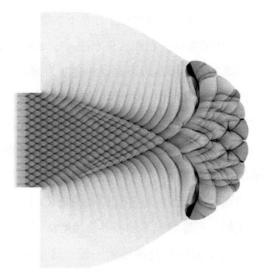

图 8.7　稳定爆轰波衍射胞格模式（$w_c/\lambda = 14$）

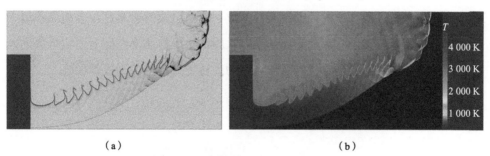

(a)　　　　　　　　　　　　　　(b)

图 8.8　爆轰波波阵面（$w_c/\lambda = 14$）

(a) 纹影；(b) 温度

　　解耦爆轰波发散状的前导激波上会生成一个向后传播的扭结，它的形成是由于横向的稀疏波与正在加速的爆轰波波阵面（在中心线附近）之间的相互作用。虽然这个独特的特征可能成为重新起爆的驱动力，但是需要重点指出的是，爆轰波波阵面上必须不断产生新的横波，使得平均的横波间距（胞格尺寸）与发散的波阵面表面面积增长大小维持一致。如果横波没有不断地产生，发散的圆柱爆轰波在向前传播过程中仍然会熄爆。值得注意的是，从当前的数值模拟中可以得到，如果要使爆轰波从直管道进入自由空间能够继续维持向前传播而不熄爆，临界管径大约是 $w_c/\lambda = 12 \sim 14$。考虑到我们在数值模拟中使用了简单的欧拉方程和两阶段反应模型，数值结果 $w_c/\lambda \approx 13$ 非常接近实验结果（$w_c/\lambda \approx 12$）[41]。

图 8.9（a）、(b) 显示了在三维轴对称坐标系下的爆轰波衍射过程，可以看到胞格的变化与在二维管道中的类似。在图 8.9（a）中，$d_c/\lambda \approx 24$，爆轰波没有能够转变成自维持的圆柱爆轰波，而是最终熄爆并衰减为爆燃波。而在图 8.9（b）中，$d_c/\lambda \approx 26$，爆轰波在这个算例中能够成功地转化为自维持的圆柱爆轰波，中心线附近的爆轰波波阵面存在新生成的横波（或者胞格），这是由于这个区域波阵面的曲率效应不是很强烈，爆轰波新的横波的生成速率能够匹配由于波阵面弯曲所带来的表面面积的增加。因此三维轴对称坐标系下的爆轰波衍射过程中，爆轰波能够转变为自维持圆柱爆轰波的临界管径大约是 $d_c/\lambda = 24 \sim 26$。与二维管道的爆轰波的衍射过程比较，三维情况下的临界管径增加了很多，大约是二维临界管径的 2 倍。这个结论与实验中得到的结论一致，这也从另外一个方面验证了 Lee 的模型[2]，即对于稳定爆轰波，其失效或者重起爆是由于整体性的爆轰波波阵面曲率效应导致的，波阵面曲率大的地方，胞格生成的速率赶不上表面积增大的速率，因此熄爆；波阵面曲率小的地方，胞格生成的速率匹配表面积增大的速率，爆轰波的波阵面能够自维持，可以成功地转变为发散的圆柱爆轰波。

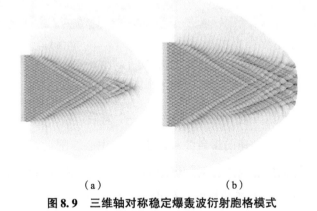

(a)　　　　　　(b)
图 8.9　三维轴对称稳定爆轰波衍射胞格模式
(a) $d_c/\lambda \approx 24$；(b) $d_c/\lambda \approx 26$

8.5　不稳定爆轰波的拐角衍射

由于不稳定爆轰波的自身波阵面的胞格结构的不稳定特性，这个问题不能简单地简化为三维圆柱坐标系下的轴对称问题,这一点与稳定爆轰波的问题有所不同。因此本章没有对三维不稳定爆轰波的衍射问题进行数值模拟,其临界管径依然采用根据实验结果得出的经典公式 $d = 13\lambda$。需要指出的是,由于不稳定爆轰波的不稳定特性,其特征的胞格尺寸并不像稳定爆轰波一样存在一个准确的数值。通常来说,不稳定爆轰波的特征胞格尺寸存在一个大的范围,难以用一个具体的数值来表示。因此 $d = 13\lambda$ 这个经典公式有其局限性,并不是一个非常合理和精确的结论。

对于不稳定爆轰波,二维情况下的临界管径大约是 $4 \sim 5\lambda$,如图 8.10(a)所示。从中可以观察到,不稳定爆轰波的熄爆不是由于曲率的变化引起的,因为其临界管径不存在 2 倍的关系。通过观察胞格模式,可以发现不稳定爆轰波成功自维持是由于局部上的波阵面不稳定性而产生局部爆炸,如图 8.10(b)所示,进而产生足够多数目的新胞格,使得爆轰波最终成功转变而不熄爆。

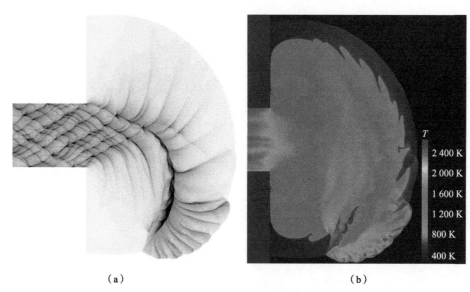

(a)　　　　　　　　　　　(b)

图 8.10　二维不对称稳定爆轰波衍射($d_c/\lambda = 4 \sim 5$)

(a)胞格;(b)温度

8.6　本章总结

本章应用网格自适应并行程序 AMROC 和两步化学反应模型对胞格爆轰波的

衍射进行了研究。数值计算结果表明，对于稳定爆轰波而言，二维情况下的临界管径大约是 13λ；而三维情况下的临界管径大约是 25λ，这个数值几乎是二维临界管径的 2 倍，这与实验结果高度吻合。这也说明了稳定爆轰波进入自由空间以后能够成功地自维持是由于管道中心线的波阵面整体上曲率小于某一临界值，这使得爆轰波胞格生成的速率与波阵面表面面积增长的速率匹配，因为二维和三维下的面积增长率正好差 2 倍。对于不稳定爆轰波，二维情况下的临界管径大约是 $4\sim5\lambda$。二维、三维结果的对比表明，不稳定爆轰波的熄爆不是由于曲率的变化引起的，因为其临界管径不存在 2 倍的关系。通过观察胞格模式，可以发现不稳定爆轰波成功自维持是由于局部的波阵面不稳定性产生的局部爆炸，进而产生足够多数目的新胞格，使得爆轰波最终成功转变而不熄爆。

第9章

爆轰波反射和衍射的相互作用

9.1 引言

前面几章主要研究和讨论了爆轰波在反射或者衍射作用下的传播过程。但是在很多复杂的边界条件下，爆轰波的传播可能会同时受到反射作用加强和衍射作用削弱的共同作用。这是一个复杂的问题，涉及爆轰波研究的很多方面，包括熄爆、重新起爆、胞格稳定性和特征尺度。为了使问题简洁、便于研究，本章选择爆轰波在弯管中的传播问题作为研究案例，包括爆轰波从直管进入弯管的演化，以及爆轰波在弯管中的传播机理。对于前者来说，这是一个二维平面爆轰波转变为二维曲面爆轰波的过程，后者则是曲面爆轰波在受约束条件下的传播过程。当然这两个过程均受到反射作用和衍射作用的共同影响。前人对爆轰波在弯管中传播的研究主要侧重于实验研究，对这个问题的数值研究还比较少，特别是胞格爆轰波在弯管中的传播过程。以往的研究主要集中在对问题的定性描述上，包括流场、胞格尺寸以及波阵面的曲率变化，而对于内在物理化学机制的研究不够深入。这主要是由于以往的研究对正确理解和认识爆轰波的反射和衍射的共同作用缺乏充分的认识，而这也是这一章的研究重点。

9.2 数值模拟设置

在本章中,数值模拟的控制方程为多组分反应欧拉方程。预混气体为 $2H_2 + O_2 + 7Ar$,采用 9 组分 48 基元反应模型,相关组分分别为 H_2、O_2、O、H、OH、HO_2、H_2O_2、H_2O、Ar。由于基元反应源项存在很强的刚性,数值上采用了附加显隐式 Runge – Kutta 法对时间项进行积分[86-89]。附加 Runge – Kutta 方法是一种显隐式格式,对无刚性的对流项采用显式 Runge – Kutta 方法,对刚性反应源项采用对角隐式(半隐式) Runge – Kutta 格式,通过这种方式处理可以很好地解决多组分反应欧拉方程的刚性问题。对流项的空间离散使用五阶精度的加权本质无振荡格式。

规则胞格爆轰波在光滑弯管中,受到反射和衍射共同作用。反应气体为满足化学当量比的 $2H_2 + O_2 + 7Ar$ 预混气体。初始压力和温度分别为 6.67 kPa 和 298 K。关于该预混气体的特性,我们已经在前面章节中进行了详细的研究,这里不再赘述。本章使用了两种不同类型的管道,图 9.1 给出了第一组光滑弯管的尺寸图,整个管道由水平直管段、弯管段和斜直管段三部分组成,管道的宽度均为 5λ(λ = 7.2 mm,为胞格的宽度),弯管段的弧长(下边界)为 6.66λ,拐弯角 θ 分别为 30°、60°、90°。图 9.2 给出了第二组弯管的尺寸图,整个管道由水平直管段和半圆形管道两部分组成,其中图 9.2 (e) ~ (f) 为椭圆形弯管,管道的宽度均为 5λ。初始压力和温度分别为 6.67 kPa 和 298 K,$2H_2 + O_2 + 7Ar$ 预混气体的诱导区宽度大约为 2 mm。计算过程中采用的网格尺寸为 0.1 mm,网格分辨率大约为 20 pts/Δ_I。为了快速得到二维规则的胞格爆轰波,我们预先把一维 ZND 爆轰波布置到二维空间,并在 ZND 爆轰波波阵面后适当位置均匀布置若干个未反应气团。经过一段时间后,ZND 爆轰波能够发展为稳定的二维胞格爆轰波。然后将得到的二维胞格爆轰波布置到水平直管段作为初始条件。左边界和右边界分别为入流条件和出流条件,上下边界均为固壁条件。

第 9 章 爆轰波反射和衍射的相互作用　237

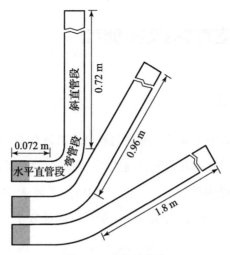

图 9.1　弯管计算域

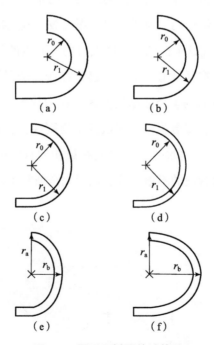

图 9.2　圆形和椭圆管计算域

（a）$r_0 = 92$ mm，$r_1 = 128$ mm；（b）$r_0 = 122$ mm，$r_1 = 158$ mm；
（c）$r_0 = 184$ mm，$r_1 = 220$ mm；（d）$r_0 = 240$ mm，$r_1 = 276$ mm；
（e）$r_a = 220$ mm，$r_b = 144$ mm；（f）$r_a = 220$ mm，$r_b = 240$ mm

9.3 爆轰波弯管中的反射和衍射

9.3.1 数值胞格模式

图 9.3 和图 9.4 分别显示了二维规则胞格爆轰波在 $\theta=30°$、$\theta=60°$ 和 $\theta=90°$ 的弯管的传播过程中得到的数值胞格模式[87]。通过观察可以清楚地发现,图 9.3 中的胞格模式可以分成四部分（A、B、C、D）。区域 A 中的胞格很规则,胞格尺寸宽度为 7.2 mm,长度为 12.96 mm。但是在区域 B 中,由于爆轰波受到反射和衍射作用的影响,爆轰胞格失去了其规则性并且其尺寸和形状都有很大的变化。在区域 B 的上部分,管道内侧的稀疏作用造成爆轰波压力、速度的下降,这就导致反应区宽度和胞格尺寸的增大。与之相反的是,在管道外侧爆轰波发生马赫反射,波阵面受到压缩作用加速成为过驱爆轰波,其胞格尺寸也随之变小。随后爆轰波进入区域 C,在这个区域强三波点与弱三波点的相互作用造成了该区域胞格模式的不规则性。在区域 C,可以观察到存在四个弱爆轰波区（压力较小,胞格较大）以及相间分布的 4 个强爆轰波区（压力较大,胞格较小）。但是在区域 C 的末端以及区域 D,爆轰胞格模式恢复了规则性,胞格尺寸长度为 7.2 mm,宽度为 13.05 mm,这个胞格尺寸与爆轰波在最初的直管中的胞格尺寸接近。这也说明爆轰波在经过弯管段的不稳定状态以后完全恢复了初始的规则状态。这里

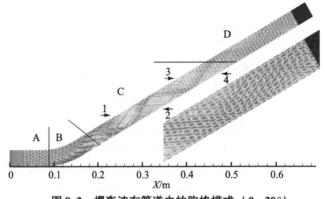

图 9.3 爆轰波在管道内的胞格模式（$\theta=30°$）

可以定义一个"过渡长度",定义为从弯管的出口到区域 D 的距离。在图 9.3 的算例中($\theta=30°$),过渡长度大约为 0.32 m。

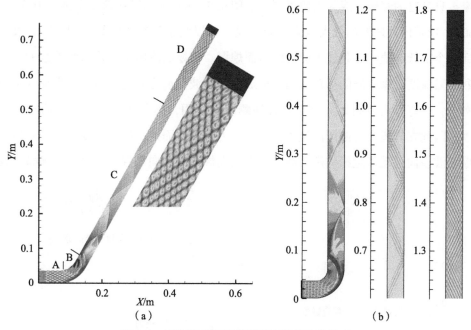

图 9.4　三维轴对称稳定爆轰波衍射胞格模式

(a) $\theta=60°$;(b) $\theta=90°$

与图 9.3 类似,图 9.4 中的爆轰胞格模式也可以类似地分为四个区域。不同的是,当 θ 从 30°增加到 60°和 90°时,弯管内侧的稀疏作用也不断增强,强烈的稀疏作用会造成内侧爆轰波的不断衰减,前导激波和反应区的解耦合,最终造成的结果是爆轰波在这个区域内的局部熄爆(解耦区域),同时弯管外侧的反射作用不断增强并且形成更强的过驱爆轰波(马赫杆)。在图 9.4(a)中($\theta=60°$),最终的胞格尺寸(区域 D)为 6.1 mm×11.01 mm。在图 9.4(b)中($\theta=90°$),最终的胞格尺寸(区域 D)为 5.9 mm×10.68 mm,这些最终的胞格尺寸与爆轰波在直管中的胞格尺寸差距并不大。

爆轰波在弯管中的传播过程是一个反射和衍射相互作用的过程。在图 9.3 中($\theta=30°$),在弯管的外侧可以观察到尺寸缩小的爆轰胞格,在这个区域的最大压力也从 0.25 MPa 增加到 0.35 MPa,如图 9.5(a)所示。而在弯管的内侧,在稀疏作用下，峰值压力略为下降，降至 0.23 MPa，如图 9.5（a）所示，而这个压力仍然大于爆轰波的极限爆轰压力，因此在这个算例中，爆轰波在内侧并没有熄爆，只是略为衰减，成为欠驱爆轰波。图 9.5（b）显示了在第二个例子中（θ = 60°）弯管内外两侧的最大压力历史曲线。可以观察到在弯管的内侧，压力衰减到一个很低的值，爆轰波不能自维持而熄爆。熄爆的原因是弯管内侧连续的、强烈的稀疏波对爆轰波的稀疏作用，造成前导激波与反应区的解耦。同样在这个算例中，在弯管出口附近，由于弯管外侧反射作用，爆轰波得以自维持而没有熄爆，因此在管道内外两侧产生了很大的压力梯度。而这一压力梯度会驱动外侧的爆轰波横向移动产生横向爆轰波。这个横向爆轰波会向弯管内侧爆轰波解耦区域

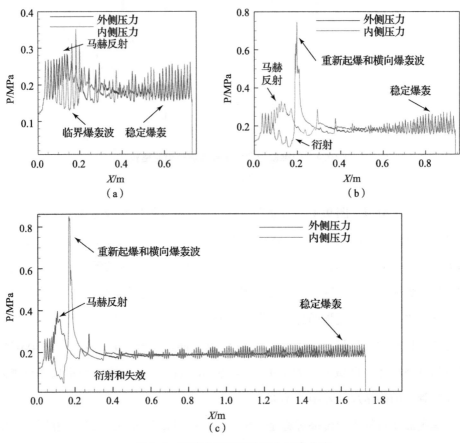

图 9.5 弯管内外两侧的压力历史曲线
(a) 30°；(b) 60°；(c) 90°

移动，并重新起爆内侧已经熄灭的爆轰波。接下来这个横向爆轰波与管道内侧碰撞并反射，形成了一个很大的局部峰值压力。这个峰值压力高达 0.82 MPa，几乎是 VN 峰值压力的 4 倍，如图 9.5（c）所示。从图 9.3 和图 9.4 的胞格模式中，可以观察到一个现象：随着角度 θ 的增加，过渡长度不断减小，但是最终的胞格尺寸变化不大，胞格的长宽比 $\frac{l}{\lambda}$ 几乎维持不变（1.812、1.805、1.810）。

9.3.2 反射和衍射下的波阵面结构变化

当激波在直的楔面上反射时，根据激波特性（马赫数 M、比热比 γ 等）和楔面角度 θ_w 的不同可以简单地分为马赫反射和规则反射。根据第 4 章和第 5 章的研究，爆轰波的情况较为复杂，但是其反射类型仍然可以分为马赫反射和规则反射。但是激波或者爆轰波在曲面上反射情况有所不同。以激波（马赫数 $M=5$，比热比 $\gamma=1.4$）为例，激波在楔面上的马赫反射是自相似的，其三波点轨迹线是一条直线。当楔面角度增大到临界楔面角度 $\theta_{w,cri} \approx 50°$ 时，马赫反射转变为规则反射。但是当相同强度的激波在凹的曲面上反射时，初始的马赫反射不再是一个自相似的过程（由于存在几何尺度），三波点的轨迹线也不是直线，而是复杂的曲线。马赫反射转变为规则反射的临界楔面角度也不再是 50°，而是大于这个值。对于 ZND 爆轰波而言，在楔面上其临界楔面角度与相同强度的激波一致；对于胞格爆轰波而言，很难定义一个临界楔面角度，只能定义一个范围，但是这个范围也是在激波的临界楔角附近。因此有理由相信，当爆轰波在凹的曲面上反射时，其临界角度也要大于在楔面上的临界角度。

图 9.6 为弯管内局部的胞格模式。从图中可以清楚地观察到区域 A 和区域 B 之间存在清晰的分界，同时在区域 B，也可分为上下两部分，即 B1 和 B2，其分界均已用虚线标出。根据前面的分析，爆轰波与楔面发生碰撞是发生规则反射还是发生马赫反射取决于临界角 θ_c。前面已经谈论过，爆轰波在曲面上反射的临界角度应该大于在楔面上的临界楔面角度。在本算例中，我们发现在曲面上，临界角度 $\theta_c \approx 50°$。因此可以得出这样的结论：当弯管的拐弯角度小于 50° 时，爆轰波在下壁面发生马赫反射；当大于 50° 则发生规则反射。在图 9.6 中可以看到在下

壁面附近当拐弯角度小于50°时，胞格较为规则但比区域A的尺寸要小，拐弯角度大于50°时爆轰胞格变得不规则，最终消失。同时也能够观察到马赫反射区三波点的轨迹是汇聚的，也就是说随着拐弯角度的增加，三波点轨迹线与水平面的角度也在增加。

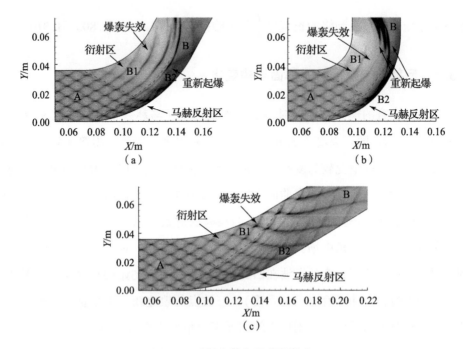

图9.6 弯管内局部的胞格模式

(a) 30°；(b) 60°；(c) 90°

爆轰波在弯管处波阵面复杂波系结构随时间的演化过程如图9.7（a）~（w）所示。为了区分楔面反射的三波结构和爆轰波波阵面上固有的三波结构，将前者命名为反射三波结构（reflected triple wave configuration，RTWC），RTWC 由 RMS（reflected Mach stem）、RIW（reflected incident wave）和 RTW（reflected transverse wave）组成，三者汇聚于马赫反射三波点；将后者命名为三波结构（triple wave configuration，TWC），TWC 由 MS、IW 和 TW 组成，三者汇聚于三波点。从图9.7（a）~（d）可以看出，在爆轰波进入弯管之前，波阵面上存在5对规则的TWC，总的横波数为20。在图9.7（e）中，爆轰波遇到楔面发生反射产生RTWC，向上移动与相邻的 RIW 中的 TWC 发生对撞，见图9.7（f），并继续向上与下一个 TWC 发生对撞 [图 9.7（h）]。现在可以看到在 RMS 上出现了一对相向运动的 TWC，这时 RMS 的长度大于胞格的宽度，马赫反射的自相似性开始建立。图 9.7（j）~（u）给出了 RIW 中的 TWC 不断地与 RTWC 碰撞然后进入反射区再与 RMS 中的 TWC 碰撞，最终在下壁面处发生反射继而向上运动。最终在 RMS 中，TWC 的数目不断增加，这意味着马赫反射区胞格的数目不断地增加，但是由于弯管段拐弯角的不断增加导致大部分的 TWC 都在向上壁面运动。当下壁面弧线外切线与水平线的角度（拐弯角）达到临界角度 $\theta_c \approx 50°$ 时将导致下壁面处爆轰波马赫反射的结束和规则反射的开始，如图 9.7（t）~（v）所示。在弯管的出口处，可以观察到所有的 TWC 都向上壁面的方向运动 [图 9.7（w）]。

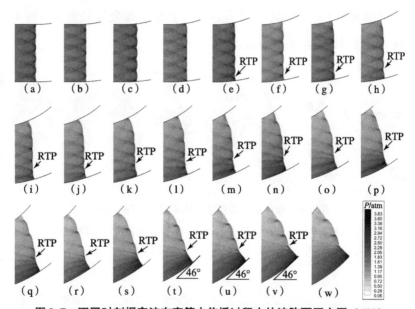

图 9.7　不同时刻爆轰波在弯管内传播过程中的波阵面压力图（60°）

(a) $t = 29.2\ \mu s$；(b) $t = 30.9\ \mu s$；(c) $t = 32.6\ \mu s$；(d) $t = 34.3\ \mu s$；
(e) $t = 36.0\ \mu s$；(f) $t = 37.7\ \mu s$；(g) $t = 39.4\ \mu s$；(h) $t = 41.1\ \mu s$；
(i) $t = 42.8\ \mu s$；(j) $t = 44.5\ \mu s$；(k) $t = 46.2\ \mu s$；(l) $t = 47.9\ \mu s$；
(m) $t = 49.6\ \mu s$；(n) $t = 51.3\ \mu s$；(o) $t = 53.0\ \mu s$；(p) $t = 54.7\ \mu s$；
(q) $t = 56.4\ \mu s$；(r) $t = 58.1\ \mu s$；(s) $t = 59.8\ \mu s$；(t) $t = 61.5\ \mu s$；
(u) $t = 63.2\ \mu s$；(v) $t = 64.9\ \mu s$；(w) $t = 66.6\ \mu s$

当爆轰波从弯管段中出来后，所有的 TMC 都紧跟 RTMC 一起向上运动并追赶 RTMC，如图 9.8（a）所示。RTW 被后面追赶的 TW 压缩后，在其延伸段开始变得扭曲,继而形成一个新的三波点(secondary triple point,STP)并且向 RTP(reflected triple point,反射三波点)移动,同时另一个新的扭曲出现在 STP 之后的 RTW 上,如图 9.8(c)、(d)所示。最终 STP 与 RTP 融合为一,并且 RTW 演化成一道向上移动的强爆轰横波,如图 9.8(e)所示。在爆轰横波与上壁面碰撞之前,可以看到又一个新的三波点产生在爆轰横波的延长段上。从上述的分析,可以得出一个结论:横波的同向碰撞压缩可以使横波延长段产生扭曲进而形成强的爆轰横波。图 9.9 给出了在第三个算例中($\theta=90°$),STP 形成时的流场云图,可以明显地看出在上壁面处激波阵面与反应阵面已经完全解耦,也就是意味着在该区域内爆轰波已经熄爆。爆轰横波与上壁面碰撞时的压力达到 8.4 atm,如图 9.5(c)所示,大约是区域 A 内稳态爆轰波最大压力的 4 倍,反射后形成一道过驱动的单头爆轰波。

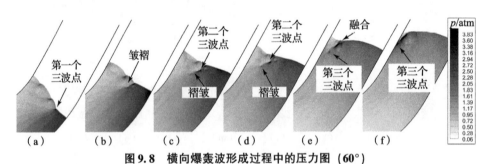

图 9.8 横向爆轰波形成过程中的压力图(60°)

(a) $t=68.0$ μs; (b) $t=73.1$ μs; (c) $t=76.5$ μs; (d) $t=79.9$ μs;
(e) $t=83.3$ μs; (f) $t=86.7$ μs;

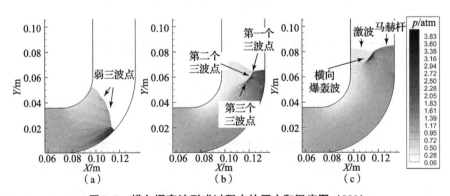

图 9.9 横向爆轰波形成过程中的压力和温度图(90°)

(a) 压力,$t=68$ μs; (b) 压力,$t=72$ μs; (c) 压力,$t=76$ μs

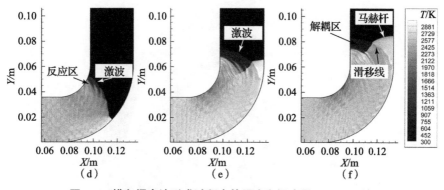

图 9.9　横向爆轰波形成过程中的压力和温度图（90°）（续）
(d) 温度，$t=68$ μs；(e) 温度，$t=72$ μs；(f) 温度，$t=76$ μs

9.4　曲率半径对爆轰波传播的影响

9.2 节和 9.3 节着重研究了平面爆轰波转变为曲面圆柱爆轰波的过程，而这个过程是由反射作用和衍射作用共同完成的。本节考虑爆轰波在定曲率半圆管和变曲率椭圆弯管中的传播规律。在弯管中传播的爆轰波，在内侧总是受到稀疏作用的影响（衍射），在外侧总是受到压缩作用的影响（反射）。如果内侧曲率很小，稀疏作用不大，爆轰波不会熄爆；如果内侧曲率很大，稀疏作用强烈，爆轰波会熄爆，并衰减为爆燃波，而内侧爆轰波波阵面的熄爆与否也直接影响到爆轰波在外侧的传播[89]。

图 9.10 为爆轰波在不同曲率半径管道中的胞格模式（曲率半径从 92 mm 到 240 mm）。在直管道中，爆轰波的胞格是规则的，尺寸大约是 12.96 mm × 7.2 mm。但是在弯管段，根据曲率半径的不同，可以观察到完全不同的胞格模式。图 9.11 为爆轰波在两种椭圆管道中的胞格模式。

稳定爆轰波在直管道内以 C-J 速度传播，胞格规则。但是当爆轰波进入弯管段后，外侧区域内的胞格尺寸由于马赫反射压缩作用的影响而变小，内侧区域胞格尺寸则由于衍射作用稀疏波的影响而变大，这个过程与 9.3 节的研究结果一致。当稀疏波的波头遇到马赫反射的三波点之前，马赫反射与衍射是两个独立的过程，反射导致爆轰波加速成为过驱爆轰波（马赫杆），衍射造成爆轰波衰减，

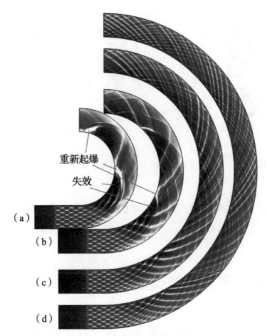

图 9.10　爆轰波在不同曲率管道中的胞格模式

(a) $r_0 = 92$ mm, $r_1 = 128$ mm；(b) $r_0 = 122$ mm, $r_1 = 158$ mm；
(c) $r_0 = 184$ mm, $r_1 = 220$ mm；(d) $r_0 = 240$ mm, $r_1 = 276$ mm

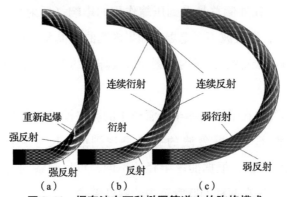

图 9.11　爆轰波在两种椭圆管道中的胞格模式

(a) $\gamma_a = 184$ mm, $\gamma_b = 144$ mm；(b) $\gamma_0 = 184$ mm, $\gamma_1 = 220$ mm；(c) $\gamma_a = 220$ mm, $\gamma_b = 240$ mm

速度减小，波阵面弯曲。当马赫反射的三波点与稀疏波的波头相遇后，稀疏作用开始影响过驱爆轰波部分（马赫杆）。但是由于外侧的不断压缩作用（其作用类似于活塞的推动作用），外侧的爆轰波即使在稀疏波的影响下仍然能够自维持而不熄灭。同时由于内外两侧存在压力梯度，外侧的爆轰波开始横向移动并逐渐形成一道横向爆轰波，然后会重新起爆在内侧已经熄爆的爆燃波，但是这种情况只出现在存在强烈稀疏作用的图 9.12（a）、（b）中（小曲率半径）。横向爆轰波在内侧壁面反射，碰撞压力可以达到 4~5 倍的 V-N 压力（C-J 爆轰波）。对于大曲率半径的管道 [图 9.12（c）、（d）]，爆轰波在管道内侧并没有熄爆，而只是受到了弱的稀疏作用，对应的波系结构见图 9.13。

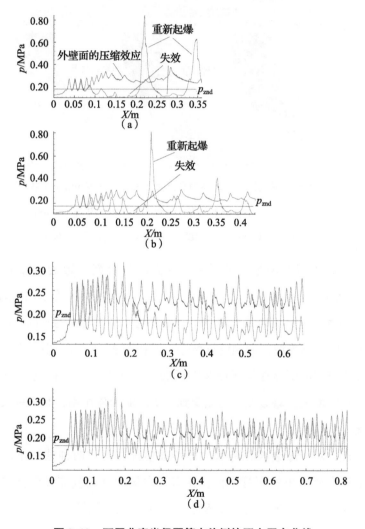

图 9.12　不同曲率半径圆管内外侧的压力历史曲线

（a）$r_0 = 92$ mm, $r_1 = 128$ mm；（b）$r_0 = 122$ mm, $r_1 = 158$ mm；
（c）$r_0 = 184$ mm, $r_1 = 220$ mm；（d）$r_0 = 240$ mm, $r_1 = 276$ mm

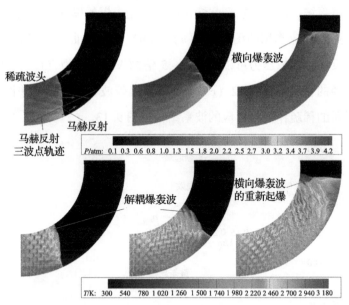

图 9.13 横向爆轰波形成过程中的压力和温度云图（$r_0 = 92$ mm）（书后附彩插）

(a) 压力，$t = 60$ μs；(b) 压力，$t = 64$ μs；(c) 压力，$t = 68$ μs；
(d) 温度，$t = 60$ μs；(e) 温度，$t = 64$ μs；(f) 温度，$t = 68$ μs

为了更好地理解曲率半径的影响，我们同时研究了爆轰波在椭圆管道中的传播 [图 9.11 (a)、(c)]，这两个椭圆管道是在圆形管道的基础上改进的。因此我们可以观察爆轰波在定曲率圆管和变曲率弯管中的不同传播情况。在图 9.11 (b) 中，爆轰波在内侧没有熄爆，而在图 9.11 (a) 中，由于曲率半径的减小，爆轰波在内侧存在熄爆以及随后的重新起爆过程；在图 9.11 (c) 中，由于曲率半径的增大，爆轰波在内侧受到了更弱的稀疏作用，胞格的尺寸几乎没有受到影响。

我们发现，对于爆轰波在弯管中的传播情况，存在两种截然不同的传播机理。对于曲率半径很小的弯管来说，在弯管内侧的爆轰波前导激波与反应区解耦，并导致爆轰波的熄爆；同时在弯管的外侧，由于反射所产生的压缩作用，这一区域的爆轰波仍然能够自维持而不熄灭，并且产生横向的爆轰波去重新起爆弯管内侧已经失效的爆轰波（爆燃波）。在弯管内侧受到强的稀疏作用时，这种爆轰波先熄爆后重新起爆再熄爆的模式在后续的传播过程中是不断重复的。这是爆轰波在小曲率半径弯管中传播所存在的一个特征现象，同时这也说明即使对于稳定气体而言，其爆轰波在小曲率半径弯管中的传播模式也是不稳定的。一个失效的爆轰波后面总是跟随着一个重新起爆的过程，这个重新起爆过程通常伴随着很强的峰值压力，通常有 4～5 倍的 V–N 压力（p_{znd}）。

对于曲率半径很大的弯管来说，情况有所不同。通过观察和分析胞格模式以及压力历史曲线，我们发现爆轰波在弯管内侧并没有熄爆，而是在弱稀疏作用下维持为稳定的欠驱爆轰波（$V \approx 0.8 D_{CJ}$）；在弯管的外侧，由于持续的压缩作用，爆轰波在这一侧是过驱动的，即 $V > D_{CJ}$。沿着爆轰波的波阵面，速度的大小和方向都是不一样的，这使得波阵面是弯曲的（各处的曲率不同）。相比较于爆轰波在小曲率半径弯管中的传播模式，爆轰波在大曲率半径弯管中的传播模式是缓和的和稳定的，不存在爆轰波的熄爆以及重新起爆过程，这是第二种传播模式。

值得注意的是，对于二维胞格爆轰波而言，即使是在直管道中其峰值压力也是振荡的，即在一个胞格的范围内，其峰值压力先衰减后增加。这种特性是由于相邻横波的相互碰撞造成的。对稳定爆轰波而言，这种横波的碰撞是有规律的和温和的，表现为规则的胞格模式；对于不稳定的爆轰波而言，横波的碰撞则是激烈的和不规律的，表现为不规则的胞格模式（胞格的尺寸大小不一）。稳态 ZND 爆轰波存在一个峰值压力，即 V–N 压力（p_{znd}）。这个压力通常小于二维胞格爆轰波峰值压力的平均值，如图 9.12 所示。因此对于二维胞格爆轰波而言，选择 p_{znd} 作为参考值来区分过驱和欠驱爆轰波是不合适的。在研究中，我们应该拿弯管内侧或者外侧的压力历史曲线的平均值与爆轰波在直管中的压力历史曲线的平均值进行比较来区分欠驱爆轰波和过驱爆轰波。

另外，通过观察压力历史曲线，我们发现，局部的峰值压力总是出现在弯管的内侧。而且对于小曲率弯管来讲，其局部的峰值压力可以很大。对于工业流程中的弯管强度设计来说，这是一个非常有用的结论。因为可能导致弯管破裂的部分位于内侧，特别是位于直管弯管的过渡段的下游出口处（最大峰值压力所在之处），因此在这个部位，管道必须得到加强。在螺旋爆轰发动机的设计中，使用相对大曲率半径的管道，可以得到稳定的爆轰波传播模式，推力比较稳定，是我们希望得到的模式；而对于相对小曲率半径的管道，爆轰波的传播模式不稳定，存在熄爆和重新起爆,推力不稳定,不宜进行控制,是设计过程中不希望存在的模式。

9.5 本章总结

在本章中,采用显隐式的附加Runge-Kutta方法和加权本质无振荡格式以及9组分48基元反应模型,对二维规则胞格爆轰波在弯管中的传播过程进行了数值模拟,重点研究了爆轰波在反射和衍射两种不同作用下的响应,并得到了以下结论。

(1)爆轰波在光滑弯管中的传播过程受到衍射和反射的共同作用,上壁面的衍射使得爆轰胞格增大,下壁面的反射使该区域内胞格的尺寸减小。如果弯管段曲率半径很大,内侧受稀疏作用的爆轰波不会熄爆,只是变弱;如果弯管段曲率半径很小,内侧的爆轰波在强稀疏波作用下会衰减,前导激波与反应区解耦,最终导致熄爆,但是接下来会被在弯管外侧形成并向内侧传播的横向爆轰波重新起爆。

(2)在弯管的出口端,反射三波结构横波由于横波的追赶压缩,在其延长段上形成了新的三波点,进而形成强的爆轰横波并向上壁面移动;爆轰波离开弯管后经过一段距离,胞格重新恢复了规则性,其尺寸与在直管区域内相比较差距不大,略有减小。

(3)爆轰波在完全半圆弯管段的传播模式可以分为两种。一种模式是在小曲率弯管中,内侧爆轰波会熄爆,然后会被在弯管外侧形成的横向爆轰波重新起爆,重新起爆后由于在内侧一直受到强稀疏作用的影响还会衰减并熄爆,这种熄爆-重新起爆的过程是不断重复的。另一种模式存在于大曲率半径的弯管中,传播过程不存在熄爆和重新起爆现象,内侧在弱稀疏作用下维持为稳定的欠驱爆轰波,外侧则是稳定的弱过驱爆轰波。

第10章

总结和展望

本书对气相爆轰波传播过程中的典型问题进行了理论、数值模拟和实验研究。气相爆轰波传播过程中的典型问题主要包括气相爆轰波的反射和衍射，以及两者之间的相互作用过程。气相爆轰波的反射和衍射现象是爆轰波传播的基本问题，是研究爆轰波在复杂边界条件下传播机制的基础。爆轰波在障碍物管道中的准爆轰过程，在曲率弯管中的传播机制，激波聚焦起爆形成爆轰波，这些问题均涉及爆轰波在边界上的反射和衍射过程。此外，爆轰波在多孔管道中的失效，爆轰波在非均匀介质中的传播，爆轰波波阵面的三波结构，也与爆轰波的反射和衍射问题有关。当然在这几个问题中反射和衍射的存在不是边界引起的，而是胞格结构引起的波阵面局部曲率的变化导致的。

爆轰波反射与衍射问题的本质在于气相爆轰波的加速（加强）和减速（减弱）。边界的影响是在爆轰波自身不稳定性（包括一维的脉动爆轰不稳定和多维的胞格不稳定）的基础上对其施加持续的或强（反射）或弱（衍射）的扰动。这也可以描述为在内因（不稳定性）和外因（边界变化）的共同作用下，爆轰波如何做出响应（加速、减速或失效）。从数学的角度上也可以将反射和衍射的影响解释为流动和化学反应构成的微分系统对或大或小、或定常或时间依赖的扰动的反应，这也决定了气体动力学和化学反应动力学的耦合，或者说激波和火焰的非线性耦合，因此很难直观的理解。因此对气相爆轰波的发射和衍射过程进行全面和深入研究有助于对气相爆轰波传播机制的理解。

在进行爆轰波的反射和衍射研究的过程中，本书特别重视尺度效应的影响。

因为爆轰波本身存在固有的空间尺度（稳态 ZND 结构的反应区宽度，胞格尺寸，泰勒稀疏波的长度，以及反映多维胞格爆轰波平均反应区宽度的流体动力学厚度）。此外，物理边界也会提供一些空间尺度（如曲面的曲率半径），在这些空间尺度的参与下，物理过程会非常复杂。但是，如果利用一些无量纲的参数去消除某些空间尺度的影响，就可以得到一些普遍性的规律，或者局部的自相似性（如楔面马赫反射）。考虑尺度效应这一想法也来源于激波反射和衍射的研究。因为激波不存在厚度（不考虑解离和黏性效应），所以激波的反射和衍射在边界也不存在空间尺度的情况下是自相似的。这提供了一种理论化的模型，可以用于描述激波的反射和衍射，同样这种理论也可以推广到爆轰波（不考虑厚宽度的 CJ 模型，即爆轰间断）。这些理论模型虽然有其局限性，但是仍然可以为真实爆轰波的研究提供一些基准，帮助判断和预测爆轰波的演化。

虽然本书对爆轰波的反射和衍射做了很多研究，特别是空间尺度效应的影响，遗憾的是现在仍然缺乏一种考虑尺度效应，可以描述爆轰波非自相似过程的理论模型。这一模型需要在斜爆轰波的基础上考虑反应区的结构和尺度，这是一个难点，也是作者未来研究的一个主要方向。

参 考 文 献

[1] 宁建国, 马天宝. 计算爆炸力学 [M]. 北京: 国防工业出版社, 2015.

[2] Lee J H S. The Detonation Phenomenon [M]. Cambridge: Cambridge University Press, 2008.

[3] 宁建国, 王成, 马天宝. 爆炸与冲击动力学 [M]. 北京: 国防工业出版社, 2010.

[4] Shepherd J E. Detonation in gases [J]. Proceedings of the Combustion Institute, 2009, 32 (1): 83 - 98.

[5] Zel'dovich Y B. On the theory of the propagation of detonations on gaseous system [J]. Journal of Experimental and Theoretical Physics, 1940, 10: 542 - 568.

[6] Fay J A. Two - Dimensional Gaseous Detonations: Velocity Deficit [J]. Physics of Fluids, 1959, 2 (3): 283 - 289.

[7] 李健. 气相爆轰波的反射和衍射现象研究 [D]. 北京: 北京理工大学, 2015.

[8] Hanana M, Lefebvre M. Pressure profiles in detonation cells with rectangular and diagonal structures [J]. Shock Waves, 2001, 11 (2): 77 - 88.

[9] Ng H D, Radulescu M I, Higgins A J, Nikiforakis N, Lee J H S. Numerical investigation of the instability for one - dimensional Chapman - Jouguet detonations with chain - branching kinetics [J]. Combustion Theory and Modelling, 2005, 9 (3): 385 - 401.

[10] Lee J H S, Radulescu M I. On the hydrodynamic thickness of cellular detonations [J]. Combustion, Explosion and Shock Waves, 2005, 41 (6): 745 - 765.

[11] Soloukhin R I. Multiheaded structure of gaseous detonation [J]. Combustion and Flame, 196, 10 (1): 51 - 58.

[12] Murray S B, Lee J. The influence of yielding confinement on large-scale ethylene-air detonations [J]. Progress in Astronautics and Aeronautics, 1984, 94: 80-103.

[13] 杨天威. 爆轰波在粗糙管中传播和失效机理实验研究 [D]. 北京: 北京理工大学, 2018.

[14] Yang Tianwei, Ning Jianguo, Li Jian. Propagation mechanism of gaseous detonations in annular channels with spiral for acetylene-oxygen mixtures [J]. Fuel, 2021, 290: 119763.

[15] 马天宝, 郝莉, 宁建国. Euler 多物质流体动力学数值方法中的界面处理算法 [J]. 计算物理, 2008, 25 (2): 133-138.

[16] Ning Jianguo, Chen Longwei. Fuzzy interface treatment in Eulerian method [J]. Science in China Series E: Technological Sciences, 2004, 47: 550-568.

[17] Ma Tianbao, Shi Xinwei, Li Jian, et al. Fragment spatial distribution of prismatic casing under internal explosive loading [J]. Defence Technology, 2020, 16 (4): 910-921.

[18] Chen Da C, Ning Jianguo, Li Jian. Numerical Study on Hydrogen Detonation Initiation through an Inhomogeneous Thermal Explosion [J]. Journal of Physics: Conference Series, 2020, 1507 (8): 082015.

[19] Ning Jianguo, Chen Da, Hao Li, et al. Numerical study of direct initiation for one-dimensional Chapman-Jouguet detonations by reactive Riemann problems [J]. Shock Waves, 2022, 32 (1): 25-53.

[20] Ning Jianguo, Chen Da, Li Jian. Numerical Studies on Propagation Mechanisms of Gaseous Detonations in the Inhomogeneous Medium [J]. Applied Sciences, 2020, 10 (13): 4585.

[21] Ma Tianbao, Wang Cheng, Ning Jianguo. Multi-material Eulerian formulations and hydrocode for the simulation of explosions [J]. Computer Modeling in Engineering & Sciences, 2008, 33: 155-178.

[22] Ben - Dor G. Shock wave reflection phenomena [M]. Berlin, Heidelberg: Springer, 2007.

[23] Hornung H. Regular and Mach reflection of shock waves [J]. Annual Review of Fluid Mechanics, 1986, 18: 33 -58.

[24] Akbar R. Mach reflection of gaseous detonation [D]. Troy: Rensselaer Polytechnic Institute, 1997.

[25] Ong R S. On the interaction of a Chapman - Jouguet detonation wave with a wedge [D]. Ann Arbor: University of Michigan, 1955.

[26] Meltzer J, Shepherd J E, Akbar R, et al. Mach reflection of detonation waves [J]. Progress in Astronautics and Aeronautics, 1993, 153: 78 -94.

[27] Li H, Ben - Dor G, Gr? nig H. Analytical study of the oblique reflection of detonation waves [J]. AIAA Journal, 1997, 35 (11): 1712 -1720.

[28] Sandeman J, Leitch A, Hornung H. The influence of relaxation on transition to Mach reflection in pseudo - steady flow [C]//Proceedings of the 12th International Symposium on Shock Tubes and Waves, Jerusalem, 1979: 298 -307.

[29] Shepherd J E, Schultz E, Akbar R. Detonation diffraction [C]//Proceedings of the 22nd international symposium on shock waves, Imperial College, London, UK, 2000.

[30] Trotsyuk A V. Numerical study of the reflection of detonation waves from a wedge [J]. Combustion, Explosion and Shock Waves, 1999, 35 (6): 690 -697.

[31] Wang G, Zhang D, Liu K. Numerical study on critical wedge angle of cellular detonation reflections [J]. Chinese Physics Letters, 2010, 27 (2): 024701.

[32] von Neumann J. Collected Works, Vol. 6 [M]. New York: Pergamon Press, 1963.

[33] Skews B W, Kleine H. Shock wave interaction with convex circular cylindrical surfaces [J]. Journal of Fluid Mechanics, 2010, 654: 195 -205.

[34] Hakkaki - Fard A. Study on the sonic point in unsteady shock reflections via

numerical flowfield analysis [M]. Montreal: McGill University, 2012.

[35] Li Jian, Ning Jianguo, Lee J H S. Mach reflection of a ZND detonation wave [J]. Shock Waves, 2015, 25 (3): 293 – 304.

[36] Li Jian, Lee J H S. Numerical simulation of Mach reflection of cellular detonations [J]. Shock Waves, 2016, 26 (5): 673 – 682.

[37] Li Jian, Ren Huilan, Wang Xiahu, et al. Length scale effect on Mach reflection of cellular detonations [J]. Combustion and Flame, 2018, 189: 378 – 392.

[38] Mitrofanov V V, Soloukhin R I. The diffraction of multifront detonation waves [J]. Soviet Physics Doklady, 1965, 9 (12): 1055 – 1058.

[39] Knystautas R, Lee J H, Guirao C M. The critical tube diameter for detonation failure in hydrocarbon – air mixtures [J]. Combustion and Flame, 1982, 48: 63 – 83.

[40] Zhang B, Mehrjoo N, Ng H D, et al. On the dynamic detonation parameters in acetylene – oxygen mixtures with varying amount of argon dilution [J]. Combustion and Flame, 2014, 161 (5): 1390 – 1397.

[41] Meredith J, Ng H D, Lee J H S. Detonation diffraction from an annular channel [J]. Shock Waves, 2010, 20 (6): 449 – 455.

[42] Benedick W B, Knystautas R, Lee J H S. Large – scale experiments on the transmission of fuel – air detonations from two – dimensional channels [J]. Progress in Astronautics and Aeronautics, 1983, 94: 546 – 555.

[43] Thomas G O, Williams R L. Detonation interaction with wedges and bends [J]. Shock Waves, 2002, 11 (6): 481 – 492.

[44] Deiterding R. Parallel adaptive simulation of multi – dimensional detonation structures [D]. Cottbus: Brandenburgische Technische Universitat, 2003.

[45] Hirschfelder J O, Curtiss C F, Bird R B. Molecular theory of gases and liquids [M]. New York: Wiley, 1964.

[46] Short M, Sharpe G J. Pulsating instability of detonations with a two – step chain –

branching reaction model: theory and numerics [J]. Combustion Theory and Modelling, 2003, 7 (2): 401 – 416.

[47] Short M, Quirk J J. On the nonlinear stability and detonability limit of a detonation wave for a model three – step chain – branching reaction [J]. Journal of Fluid Mechanics, 1997, 339: 89 – 119.

[48] 马天宝. 高速多物质动力学计算、软件 EXPLOSION – 2D 的开发及应用 [D]. 北京: 北京理工大学, 2007.

[49] 马天宝, 宁建国. 三维爆炸与冲击问题仿真软件研究 [J]. 计算力学学报, 2009, 26 (4): 600 – 603.

[50] 宁建国, 原新鹏, 马天宝, 李健. 计算动力学中的伪弧长方法研究 [J]. 力学学报, 2017, 49 (3): 703 – 715.

[51] Fei Guanglei, Ma Tianbao, Hao Li. Large scale high performance computation on 3D explosion and shock problems [J]. 应用数学和力学: 英文版, 2011, 32 (3): 375 – 382.

[52] 马天宝, 马凡杰, 李平, 李健. 爆轰波绕射问题的高精度数值模拟研究 [J]. 中国科学: 技术科学, 2021, 51 (3): 281 – 292.

[53] 马天宝, 任会兰, 李健, 宁建国. 爆炸与冲击问题的大规模高精度计算 [J]. 力学学报, 2016, 48 (3): 599 – 608

[54] Harten A, Engquist B, Osher S, et al. Uniformly High Order Accurate Essentially Non – oscillatory Schemes, III [J]. Journal of Computational Physics, 1987, 71 (1): 231 – 303.

[55] Jiang G S, Shu C W. Efficient implementation of weighted ENO schemes [J]. Journal of computational physics, 1996, 126 (1): 202 – 228.

[56] Zhong X. Additive semi – implicit Runge – Kutta methods for computing high – speed nonequilibrium reactive flows [J]. Journal of Computational Physics, 1996, 128 (1): 19 – 31.

[57] Kennedy C A, Carpenter M H. Additive Runge – Kutta schemes for convection – diffusion – reaction equations [J]. Applied Numerical Mathematics, 2003, 44

(1): 139-181.

[58] 赵慧, 李健, 宁建国. 基于半隐式算法的反应欧拉方程数值计算 [J]. 高压物理学报, 2014, 28 (5): 539-544.

[59] 李健, 郝莉, 宁建国. 基于附加 Runge-Kutta 方法的高精度气相爆轰数值模拟 [J]. 高压物理学报, 2013, 27 (2): 230-238.

[60] Li Jian, Ren Huilan, Ning Jianguo. Additive Runge-Kutta methods for $H_2/O_2/Ar$ detonation with a detailed elementary chemical reaction model [J]. Chinese Science Bulletin, 2013, 58 (11): 1216-1227.

[61] Osher S, Sethian J A. Fronts propagating with curvature-dependent speed: Algorithms based on Hamilton-Jacobi formulations [J]. Journal of computational physics, 1988, 79 (1): 12-49.

[62] 许香照, 马天宝, 宁建国. 三维复杂爆炸流场的大规模并行计算 [J]. 固体力学学报, 2013, 1. 2013, s1: 166-170.

[63] Fei G L, Ma T B, Hao L. Parallel computing of the multi-material Eulerian numerical method and hydrocode [J]. International Journal of Nonlinear Sciences and Numerical Simulation, 2010, 11: 189-194.

[64] Fei G L, Ning J G, Ma T B. Study on the Numerical Simulation of Explosion and Impact Processes Using PC Cluster System [C]//Advanced Materials Research. Trans Tech Publications Ltd, 2012, 433: 2892-2898.

[65] 费广磊. 三维爆炸与冲击问题的大规模计算 [D]. 北京: 北京理工大学, 2012.

[66] Ning Jianguo, Yuan Xinpeng, Ma Tianbao, et al. Parallel Pseudo Arc-Length Moving Mesh Schemes for Multidimensional Detonation [J]. Scientific Programming, 2017, 2017: 5896940.

[67] Berger M J, Colella P. Local adaptive mesh refinement for shock hydrodynamics [J]. Journal of computational Physics, 1989, 82 (1): 64-84.

[68] 宁建国, 李健, 王成, 等. 基于基元反应模型的 $H_2-O_2-N_2$ 爆轰数值模拟 [J]. 高压物理学报, 2011, 25 (5): 395-400.

[69] Strehlow R A. Reactive gas Mach stems [J]. Physics of Fluids, 1964, 7 (6): 908-910.

[70] 宁建国, 李健. 不稳定性对爆轰波楔面马赫反射的影响规律研究 [J]. 计算力学学报, 2016, 33 (4): 576-581.

[71] 王夏虎. 气相爆轰波楔面和凸面反射的实验研究 [D]. 北京: 北京理工大学. 2018.

[72] Kaneshige M, Shepherd J E. Detonation database [R]. Pasadena: California Institute of Technology, 1997.

[73] Zhao H, Lee J H S, Lee J, et al. Quantitative comparison of cellular patterns of stable and unstable mixtures [J]. Shock Waves, 2016, 26 (5): 621-633.

[74] Zhang B, Kamenskihs V, Ng H D, et al. Direct blast initiation of spherical gaseous detonations in highly argon diluted mixtures [J]. Proceedings of the Combustion Institute, 2011, 33 (2): 2265-2271.

[75] Edwards D, Jones A, Phillips D. The location of the Chapman-Jouguet surface in a multi headed detonation wave [J]. Journal of Physics D: Applied Physics, 1976, 9 (9): 1331.

[76] Weber M, Olivier H. The thickness of detonation waves visualized by slight obstacles [J]. Shock Waves, 2003, 13 (5): 351-365.

[77] Gavrilenko T P, Nikolaev Y A, Topchiyan M E. Supercompressed detonation waves [J]. Combustion, Explosion, and Shock Waves, 1979, 15 (5): 659-662.

[78] Edwards D H, Walker J R, Nettleton M A. On the propagation of detonation waves along wedges [J]. Archivum Combustionis, 1984, 4: 197-209.

[79] Ren Huilan, Jing Tianyu, Li Jian. Study on cell size variation in overdriven gaseous detonations [J]. Acta Mechanica Sinica, 2021, 37 (6): 938-953.

[80] 景天雨, 任会兰, 李健. 气相爆轰波马赫反射过驱动马赫杆演化过程的实验研究 [J]. 中国科学: 技术科学, 2021, 51 (4): 13.

[81] Li Jian, Ning Jianguo. Experimental and numerical studies on detonation reflections over cylindrical convex surfaces [J]. Combustion and Flame, 2018, 198: 130–145.

[82] Skews B W. The shape of a diffracting shock wave [J]. Journal of Fluid Mechanics, 1967, 29 (2): 297–304.

[83] Li Jian, Ning Jianguo, Kiyanda C B, et al. Numerical simulations of cellular detonation diffraction in a stable gaseous mixture [J]. Propulsion and Power Research, 2016, 5 (3): 177–183.

[84] Li J, Ng H D, Ning J G, et al. Two-Dimensional Numerical Simulations of Cellular Detonation Diffraction in Channels [C]//25th International Colloquium on the Dynamics of Explosions and Reactive Systems (ICDERS), Leeds, UK, 2015.

[85] Ning Jianguo, Zhao Hui, Li Jian, et al. Numerical simulation of H_2-O_2 gaseous detonation on the wedge [J]. International Journal of Hydrogen Energy, 2015, 40 (37): 12897–12904.

[86] Li Jian, Ren Huilan, Ning Jianguo. Numerical application of additive Runge-Kutta methods on detonation interaction with pipe bends [J]. International journal of hydrogen energy, 2013, 38 (21): 9016–9027.

[87] 李健, 赵慧, 宁建国. 爆轰波在60°光滑弯管中传播的动力响应过程研究 [J]. 高压物理学报, 2013, 27 (5): 691–698.

[88] Li Jianguo, Ren Huilan, Zhao Hui, et al. The Evolution of a Two-Dimensional H_2-O_2-Ar Detonation Wave in Pipe Bends [C]//International Colloquium on the Dynamics of Explosions and Reactive Systems (ICDERS), Taiwan, 2013.

[89] Li Jian, Ning Jianguo, Zhao Hui, et al. Numerical Investigation on the Propagation Mechanism of Steady Cellular Detonations in Curved Channels [J]. 中国物理快报: 英文版, 2015 (4): 144–147.

附录 A

正激波间断关系

如图 A1 所示，实验室坐标系下激波/爆轰波的传播速度为 D，下标为 0 的变量表示波前状态，下标为 1 的变量表示波后状态。把坐标系建立的波阵面上，即在激波坐标系下，正激波/爆轰波守恒方程为：

$$\rho_0 D = \rho_1 (D - u_1)$$
$$p_0 + \rho_0 D^2 = p_1 + \rho_1 (D - u_1)^2 \quad \text{(A.1)}$$
$$h_0 + \frac{D^2}{2} + q = h_1 + \frac{(D - u_1)^2}{2}$$

其中，q 为爆轰波的反应热，对于激波 q 为零。

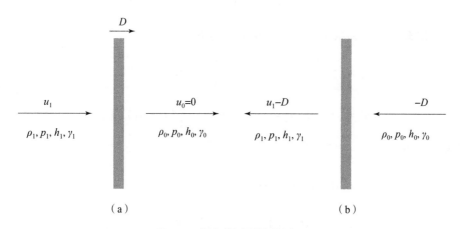

图 A1　激波/爆轰波间断关系

(a) 实验室坐标系；(b) 激波坐标系

定义波前波后速度的马赫数：

$$M_0 = \frac{D}{a_0}, \quad M_1 = \frac{D - u_1}{a_1} \tag{A.2}$$

考虑理想气体的热力学相关方程：

$$c_p = \frac{\gamma}{\gamma - 1} R, \quad c_v = \frac{1}{\gamma - 1} R$$

$$h = \frac{\gamma}{\gamma - 1} \frac{p}{\rho}, \quad e = \frac{1}{\gamma - 1} \frac{p}{\rho}, \quad e = h - \frac{p}{\rho} \tag{A.3}$$

$$a^2 = \gamma RT = \gamma \frac{p}{\rho} = (\gamma - 1) h = \gamma (\gamma - 1) e$$

将方程组 A.1 中的动量守恒方程除以质量守恒方程，得：

$$D + \frac{p_0}{\rho_0 D} = (D - u_1) + \frac{p_1}{\rho_1 (D - u_1)} \tag{A.4}$$

代入声速方程 $\frac{p}{\rho} = \frac{a^2}{\gamma}$，上式改写为：

$$D - (D - u_1) = \frac{a_1^2}{\gamma_1 (D - u_1)} - \frac{a_0^2}{\gamma_0 D} \tag{A.5}$$

为了计算方便，定义一个新的变量 H，能量守恒方程改写为：

$$H = h_0 + \frac{1}{2} D^2 = h_1 + \frac{1}{2} (D - u_1)^2 - q \tag{A.6}$$

利用方程 A.6 和状态方程 A.3 中的声速方程可得：

$$a_0^2 = (\gamma_0 - 1) h_0 = (\gamma_0 - 1) \left(H - \frac{1}{2} D^2 \right)$$

$$a_1^2 = (\gamma_1 - 1) h_1 = (\gamma_1 - 1) \left(H - \frac{1}{2} (D - u_1)^2 + q \right) \tag{A.7}$$

或者改写为：

$$(\gamma_0 - 1) H = a_0^2 \left(1 + \frac{1}{2} (\gamma_0 - 1) M_0^2 \right)$$

$$(\gamma_1 - 1) H = a_1^2 \left(1 + \frac{1}{2} (\gamma_1 - 1) \frac{(D - u_1)^2}{a_1^2} - (\gamma_1 - 1) \frac{q}{a_1^2} \right) \tag{A.8}$$

将方程组 A.7 第一个式子代入方程 A.6 得：

$$D - (D - u_1) = \frac{(\gamma_1 - 1)\left(H - \frac{1}{2}(D - u_1)^2 + q\right)}{\gamma_1(D - u_1)} - \frac{(\gamma_0 - 1)\left(H - \frac{1}{2}D^2\right)}{\gamma_0 D}$$

$$= \frac{(\gamma_1 - 1)H}{\gamma_1(D - u_1)} - \frac{(\gamma_0 - 1)H}{\gamma_0 D} + \frac{1}{2}\frac{\gamma_0 - 1}{\gamma_0}D - \frac{1}{2}\frac{\gamma_1 - 1}{\gamma_1}(D - u_1) + \frac{(\gamma_1 - 1)q}{\gamma_1(D - u_1)}$$

进一步化简得：

$$D - (D - u_1) = \frac{(\gamma_0 D(\gamma_1 - 1) - \gamma_1(\gamma_0 - 1)(D - u_1))H}{\gamma_1 \gamma_0 D(D - u_1)} + \frac{1}{2}\frac{\gamma_0 - 1}{\gamma_0}D$$

$$- \frac{1}{2}\frac{\gamma_1 - 1}{\gamma_1}(D - u_1) + \frac{(\gamma_1 - 1)q}{\gamma_1(D - u_1)}$$

上述方程等号左右分别除以 $D - (D - u_1)$ 得：

$$1 = \frac{(\gamma_0(\gamma_1 - 1)D - \gamma_1(\gamma_0 - 1)(D - u_1))}{\gamma_1 \gamma_0 [D - (D - u_1)]} \frac{H}{D(D - u_1)} + \frac{1}{2}\frac{\gamma_0 - 1}{\gamma_0}\frac{D}{[D - (D - u_1)]}$$

$$- \frac{1}{2}\frac{\gamma_1 - 1}{\gamma_1}\frac{(D - u_1)}{[D - (D - u_1)]} + \frac{(\gamma_1 - 1)q}{\gamma_1(D - u_1)[D - (D - u_1)]}$$

$$\text{(A.9)}$$

由质量守恒方程 A.1 得：

$$\frac{\rho_1}{\rho_0} = \frac{D}{D - u_1} = \frac{D^2}{D(D - u_1)} \quad \text{(A.10)}$$

由方程组 A.7 第一个式子得：

$$D^2 = M_0^2 a_0^2 = M_0^2 \frac{(\gamma_0 - 1)H}{1 + \frac{1}{2}(\gamma_0 - 1)M_0^2} \quad \text{(A.11)}$$

由方程 A.9 得：

$$\frac{1}{D(D - u_1)} = \frac{\gamma_1 \gamma_0 [D - (D - u_1)]}{AH} - \frac{1}{2}\frac{\gamma_1(\gamma_0 - 1)D}{AH} + \frac{1}{2}\frac{\gamma_0(\gamma_1 - 1)(D - u_1)}{AH} -$$

$$\frac{\gamma_0(\gamma_1 - 1)q}{AH(D - u_1)}$$

$$\text{(A.12)}$$

其中 $A = (\gamma_0(\gamma_1 - 1)D - \gamma_1(\gamma_0 - 1)(D - u_1))$。将方程 A.11 和 A.12 相乘，然后带入到方程 A.10，得：

$$\frac{\rho_1}{\rho_0} = \frac{D}{D - u_1} = \frac{(\gamma_0 - 1)M_0^2}{1 + \frac{1}{2}(\gamma_0 - 1)M_0^2} \left[\frac{\gamma_1 \gamma_0 [D - (D - u_1)]}{A} - \frac{1}{2} \frac{\gamma_1(\gamma_0 - 1)D}{A} + \frac{1}{2} \frac{\gamma_0(\gamma_1 - 1)(D - u_1)}{A} - \frac{\gamma_0(\gamma_1 - 1)q}{A(D - u_1)} \right]$$

将速度 $D = M_0 a_0$ 代入上述方程，得到关于 u_1 的一元二次方程：

$$u_1^2 + \frac{2a}{\gamma_1 + 1} \left(\frac{\gamma_1}{\gamma_0} \frac{1}{M_0} - M_0 \right) u_1 + \frac{2(\gamma_1 - 1)}{\gamma_1 + 1} \left[q + \frac{(\gamma_1 - \gamma_0) a_0^2}{\gamma_0(\gamma_0 - 1)(\gamma_1 - 1)} \right] \quad (A.13)$$

求解该方程得：

$$\frac{u_1}{a_0} = \frac{1 + \beta}{\gamma_1 + 1} \left(M - \frac{\gamma_1}{\gamma_0} \frac{1}{M_0} \right) \quad (A.14)$$

其中

$$\beta = \sqrt{1 - \frac{[2(\gamma_1^2 - 1)M_0^2(q/a_0^2 + \eta)]}{(M_0^2 - \gamma_1/\gamma_0)^2}}$$

$$\eta = \frac{(\gamma_1 - \gamma_0)}{\gamma_0(\gamma_0 - 1)(\gamma_1 - 1)}$$

波前波后的密度之比为：

$$\frac{\rho_1}{\rho_0} = \frac{D}{D - u_1} = \frac{M_0 a_0}{M_0 a_0 - u_1} = \frac{M_0}{M_0 - \frac{u_1}{a_0}} \quad (A.15)$$

上式代入方程 A.14 得：

$$\frac{\rho_1}{\rho_0} = \frac{M_0}{M_0 - \frac{u_1}{a_0}} = \frac{(\gamma_1 + 1)M_0^2}{(\gamma_1 - \beta)M_0^2 + (1 + \beta)\frac{\gamma_1}{\gamma_0}} \quad (A.16)$$

利用瑞利公式和声速方程，可得：

$$\frac{p_1}{p_0} = \left(1 - \frac{\rho_0}{\rho_1} \right) \gamma_0 M_0^2 + 1$$

代入方程 A.16，可以得到波前波后的压力之比，即：

$$\frac{p_1}{p_0} = \frac{(1+\beta)\gamma_0 M_0^2 - \gamma_1\beta + 1}{(\gamma_1 + 1)} \quad (A.17)$$

下面列出正激波/爆轰波的间断关系公式（M_0 统一写为 M）：

$$\frac{u_1}{a_0} = \left(\frac{1+\beta}{\gamma_1+1}\right)\left(M - \frac{1}{M}\right)$$

$$\frac{\rho_1}{\rho_0} = \frac{(\gamma_1+1)M^2}{(\gamma_1-\beta)M^2 + (1+\beta)(\gamma_1/\gamma_0)}$$

$$\frac{P_1}{P_0} = \frac{(\beta+1)\gamma_0 M^2 - \gamma_1\beta + 1}{\gamma_1 + 1} \quad (A.18)$$

$$\frac{a_1}{a_0} = \frac{\sqrt{(\beta+1)\gamma_1 M^2 - \frac{\gamma_1}{\gamma_0}(\gamma_1\beta-1)}\sqrt{(\gamma_1-\beta)M^2 + \frac{\gamma_1}{\gamma_0}(\beta+1)}}{(\gamma_1+1)M}$$

$$\frac{T_1}{T_0} = \frac{\gamma_0 R_0}{\gamma_1 R_1}\left(\frac{a_1}{a_0}\right)^2 = \frac{R_0}{R_1}\frac{p_1\rho_0}{p_0\rho_1}$$

其中，

$$\beta = \sqrt{1 - \frac{2(\gamma_1^2-1)M^2(q/a_0^2 + \eta)}{(M^2 - \gamma_1/\gamma_0)^2}}$$

$$\eta = \frac{\gamma_1 - \gamma_0}{\gamma_0(\gamma_0-1)(\gamma_1-1)}$$

$$\frac{q}{a_0^2} = \frac{\gamma_1^2(\gamma_0-1) + 2\gamma_0(\gamma_0-\gamma_1^2)M_{CJ}^2 + \gamma_0^2(\gamma_0-1)M_{CJ}^4}{2\gamma_0^2(\gamma_0-1)(\gamma_1^2-1)M_{CJ}^2}$$

反应放热 q 由 CJ 爆轰波的马赫数 M_{CJ} 给出。

特例 A：$\gamma_0 \neq \gamma_1$，$q = 0$

此种情况对应于波前波后热力学状态不同的无反应惰性激波：

$$\frac{\rho_1}{\rho_0} = \frac{(\gamma_1+1)M^2}{(\gamma_1-\beta)M^2 + (1+\beta)(\gamma_1/\gamma_0)}$$

$$\frac{P_1}{P_0} = \frac{(\beta+1)\gamma_0 M^2 - \gamma_1 \beta + 1}{\gamma_1 + 1}$$

$$\frac{a_1}{a_0} = \frac{\sqrt{(\beta+1)\gamma_1 M^2 - \frac{\gamma_1}{\gamma_0}(\gamma_1\beta - 1)}\sqrt{(\gamma_1 - \beta)M^2 + \frac{\gamma_1}{\gamma_0}(\beta+1)}}{(\gamma_1+1)M}$$

$$\frac{T_1}{T_0} = \frac{\gamma_0 R_0}{\gamma_1 R_1}\left(\frac{a_1}{a_0}\right)^2$$

其中

$$\beta = \sqrt{1 - \frac{2(\gamma_1^2 - 1)M^2 \eta}{(M^2 - \gamma_1/\gamma_0)^2}}, \quad \eta = \frac{\gamma_1 - \gamma_0}{\gamma_0(\gamma_0 - 1)(\gamma_1 - 1)}$$

特例 B: $\gamma_0 = \gamma_1$, $q \neq 0$

当 $\gamma_0 = \gamma_1$ 时,可以认为波前波后的热力学状态一致,此时 $\eta = 0$,此种情况对应于波前波后热力学状态一致的爆轰波间断,即:

$$\beta = \sqrt{1 - \frac{2(\gamma^2 - 1)M^2 q}{(M^2 - 1)^2 a_0^2}}, \quad q = \frac{a_0^2 [1 - M_{CJ}^2]^2}{2(\gamma_0^2 - 1)M_{CJ}^2}$$

上述方程变为:

$$\frac{u_1}{a_0} = \left(\frac{1+\beta}{\gamma_1 + 1}\right)\left(M - \frac{1}{M}\right)$$

$$\frac{\rho_1}{\rho_0} = \frac{(\gamma+1)M^2}{(\gamma - \beta)M^2 + (1+\beta)}$$

$$\frac{P_1}{P_0} = \frac{(\beta+1)\gamma M^2 - \gamma\beta + 1}{\gamma + 1}$$

$$\frac{a_1}{a_0} = \frac{\sqrt{(\beta+1)\gamma M^2 - (\gamma\beta - 1)}\sqrt{(\gamma - \beta)M^2 + (\beta+1)}}{(\gamma+1)M}$$

$$\frac{T_1}{T_0} = \frac{\gamma_0 R_0}{\gamma_1 R_1}\left(\frac{a_1}{a_0}\right)^2$$

特例 C: $\gamma_0 = \gamma_1$, $q = 0$

当 $\gamma_0 = \gamma_1$, $q = 0$ 时,可以认为波前波后的热力学状态一致,此时 $\beta = 1$,此

种情况对应于波前波后热力学状态一致的无反应惰性激波：

$$\frac{u_1}{a_0} = \frac{2}{\gamma_1 + 1}\left(M - \frac{1}{M}\right)$$

$$\frac{\rho_1}{\rho_0} = \frac{(\gamma+1)M^2}{(\gamma-1)M^2 + 2}$$

$$\frac{P_1}{P_0} = \frac{2\gamma M^2 - \gamma + 1}{\gamma + 1}$$

$$\frac{a_1}{a_0} = \frac{\sqrt{2\gamma M^2 - (\gamma-1)}\sqrt{(\gamma-1)M^2 + 2}}{(\gamma+1)M}$$

$$\frac{T_1}{T_0} = \frac{R_0}{R_1}\left(\frac{a_1}{a_0}\right)^2$$

附录 B

斜激波模型

斜激波模型如图 B1 所示。在激波坐标系下，来流速度为 u_0，来流角度为 φ，出流速度为 u_1，出流偏折角度为 θ。速度可以分解为垂直于激波的速度 u_{0n} 和 u_{1n}，以及平行于激波的速度 u_{0t} 和 u_{1t}，根据几何关系：

$$u_{0n} = u_0 \sin\varphi, \quad u_{1n} = u_1 \sin(\varphi - \theta)$$
$$u_{0t} = u_0 \cos\varphi, \quad u_{1t} = u_1 \cos(\varphi - \theta) \tag{B.1}$$
$$M_0 = \frac{u_0}{a_0}, \quad M_1 = \frac{u_1}{a_1}$$

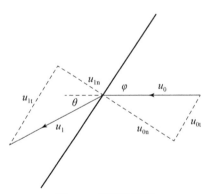

图 B1　斜激波模型

质量守恒方程：

$$\rho_0 u_{0n} = \rho_1 u_{1n} \tag{B.2}$$

或者写为：

$$\rho_0 u_0 \sin\varphi_1 = \rho_1 u_1 \sin(\varphi_1 - \theta_1) \tag{B.3}$$

垂直方向动量守恒方程：

$$p_0 + \rho_0 u_{0n} u_{0n} = p_1 + \rho_1 u_{1n} u_{1n} \tag{B.4}$$

或者写为：

$$p_0 + \rho_0 u_0 \sin\varphi u_0 \sin\varphi = p_1 + \rho_1 u_1 \sin(\varphi - \theta) u_1 \sin(\varphi - \theta) \tag{B.5}$$

平行方向动量守恒方程：

$$\rho_0 u_{0n} u_{0t} = \rho_1 u_{1n} u_{1t} \tag{B.6}$$

或者写为：

$$\rho_0 u_0 \sin\varphi u_0 \cos\varphi = \rho_1 u_1 \sin(\varphi - \theta) u_1 \cos(\varphi - \theta) \tag{B.7}$$

引入质量守恒方程 B.2，方程 B.6 - B.7 化简为：

$$u_{0t} = u_{1t}$$
$$u_0 \cos\varphi = u_1 \cos(\varphi - \theta) \tag{B.8}$$
$$\rho_0 \tan\varphi = \rho_1 u_1 \tan(\varphi - \theta)$$

这说明平行于激波的速度波前波后保持不变。

能量守恒方程：

$$h_0 + \frac{1}{2}(u_{0n}^2 + u_{0t}^2) = h_1 + \frac{1}{2}(u_{1n}^2 + u_{1t}^2) \tag{B.9}$$

由于平行于激波的速度保持不变，则能量守恒方程化简为：

$$h_0 + \frac{1}{2}(u_{0n}^2) = h_1 + \frac{1}{2}(u_{1n}^2) \tag{B.10}$$

或者

$$h_0 + \frac{1}{2}(u_0 \sin\varphi)^2 = h_1 + \frac{1}{2}(u_1 \sin(\varphi - \theta))^2 \tag{B.11}$$

这里 u 是斜激波坐标系中的粒子速度，ρ，p 和 h 分别是密度，压力和焓。如果假设斜激波两侧热力学平衡，则两个热力学性质足以完全定义热力学状态，例如，$\rho = \rho(p,T)$ 和 $h = h(p,T)$，其中 T 是温度。因此，在该假设下，上述四个守恒方程组包含八个参数，即 p_0, p_1, T_0, T_1, u_0, u_1, φ_1, θ_1。因此，如果这些参数中的四个是已知的，则上述保守方程组原则上是可解的。假设已知热力学关系式，则斜激波两侧热力学状态可解。

但是这样的求解过程比较复杂，我们可以用垂直于激波的速度改造正激波关系式，即用 $M_0\sin\varphi$ 代替正激波关系式中的 M，可以得到斜激波前后流动的状态关系：

$$\frac{u_1}{a_0} = \left\{ M_0^2 \left[1 + \frac{(1+\beta)(\beta-1-2\gamma_1)}{(\gamma_1+1)^2}\sin^2\varphi \right] - \frac{2\gamma_1(1+\beta)(\beta-\gamma_1)}{\gamma_0(\gamma_1+1)^2} + \left(\frac{1+\beta}{\gamma_1+1}\right)^2 \frac{\gamma_1}{\gamma_0}\frac{1}{M_0^2\sin^2\varphi} \right\}^{\frac{1}{2}}$$

$$\frac{a_1}{a_0} = \frac{\sqrt{(1+\beta)\gamma_1 M_0^2 \sin^2\varphi - \frac{\gamma_1(\gamma_1\beta-1)}{\gamma_0}}\sqrt{(\gamma_1-\beta)M_0^2\sin^2\varphi + \frac{\gamma_1(1+\beta)}{\gamma_0}}}{(\gamma_1+1)M_0\sin\varphi}$$

$$\frac{\rho_1}{\rho_0} = \frac{D}{D-u_1} = \frac{(\gamma_1+1)M^2}{(\gamma_1-\beta)M^2+(1+\beta)(\gamma_1/\gamma_0)}$$

$$\frac{p_1}{p_0} = \frac{(\beta+1)\gamma_0 M^2 - \gamma_1\beta + 1}{\gamma_1+1}$$

$$\frac{T_1}{T_0} = \frac{\gamma_0 R_0}{\gamma_1 R_1}\left(\frac{a_1}{a_0}\right)^2$$

其中

$$\beta = \left\{ 1 - \frac{2(\gamma_1^2-1)M_0^2\sin^2\varphi\eta}{\left[M_0^2\sin^2\varphi - \frac{\gamma_1}{\gamma_0}\right]^2} \right\}^{\frac{1}{2}}, \quad \eta = \frac{\gamma_1-\gamma_0}{\gamma_0(\gamma_0-1)(\gamma_1-1)}$$

来流偏转角 θ 为：

$$\theta = \varphi - \arctan\left[\frac{\gamma_1-\beta}{\gamma_1+1}\tan\varphi + \frac{2\gamma_1(1+\beta)}{\gamma_0(\gamma_1+1)M_0^2\sin 2\varphi}\right]$$

如果波前波后 $\gamma_0 = \gamma_1$，则，

$$\frac{u_1}{a_0} = \left\{ M_0^2\left[1 - \frac{4\gamma}{(\gamma+1)^2}\sin^2\varphi\right] - \frac{4(1-\gamma)}{(\gamma+1)^2} + \left(\frac{2}{\gamma+1}\right)^2\frac{1}{M_0^2\sin^2\varphi} \right\}^{\frac{1}{2}}$$

$$\frac{a_1}{a_0} = \frac{\sqrt{2\gamma M_0^2\sin^2\varphi - (\gamma-1)}\sqrt{(\gamma-1)M_0^2\sin^2\varphi + 2}}{(\gamma+1)M_0\sin\varphi}$$

$$\frac{\rho_1}{\rho_0} = \frac{(\gamma+1)M_0^2\sin 2\varphi}{(\gamma-1)M_0^2\sin 2\varphi + 2}$$

$$\frac{p_1}{p_0} = \frac{2\gamma M_0^2 \sin2\varphi - \gamma + 1}{\gamma + 1}$$

$$\frac{T_1}{T_0} = \frac{R_0}{R_1}\left(\frac{a_1}{a_0}\right)^2$$

$$\theta = \varphi - \arctan\left[\frac{\gamma - 1}{\gamma + 1}\tan\varphi + \frac{4\gamma}{\gamma(\gamma + 1)M_0^2\sin2\varphi}\right]$$

图 B2 给出了不同马赫数下斜激波的极曲线，图 B2（a）以 $p-\theta$ 关系的形式给出，图 B2（b）以 $\varphi-\theta$ 关系的形式给出。

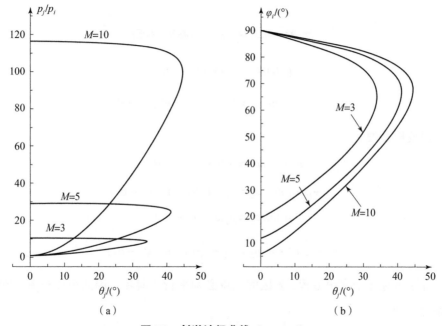

图 B2　斜激波极曲线（$\gamma = 1.4$）

(a) $p-\theta$ 关系；(b) $\varphi-\theta$ 关系

两激波理论

二激波模型如图 B3 所示。分别在入射激波和反射激波上使用斜激波守恒方程，可以得到下列的无粘激波规则反射的守恒方程。

对入射激波 i，

$$\rho_0 u_0 \sin\varphi_1 = \rho_1 u_1 \sin(\varphi_1 - \theta_1)$$

$$p_0 + \rho_0 u_0^2 \sin^2\varphi_1 = p_1 + \rho_1 u_1^2 \sin^2(\varphi_1 - \theta_1)$$

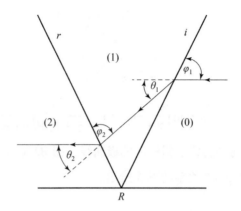

图 B3 激波规则反射的波系结构图

$$\rho_0 \tan\varphi_1 = \rho_1 \tan(\varphi_1 - \theta_1)$$

$$h_0 + \frac{1}{2}u_0^2 \sin^2\varphi_1 = h_1 + \frac{1}{2}u_1^2 \sin^2(\varphi_1 - \theta_1)$$

对反射激波 r,

$$\rho_1 u_1 \sin\varphi_2 = \rho_2 u_2 \sin(\varphi_2 - \theta_2)$$

$$p_1 + \rho_1 u_1^2 \sin^2\varphi_2 = p_2 + \rho_2 u_2^2 \sin^2(\varphi_2 - \theta_2)$$

$$\rho_1 \tan\varphi_2 = \rho_2 \tan(\varphi_2 - \theta_2)$$

$$h_1 + \frac{1}{2}u_1^2 \sin^2\varphi_2 = h_2 + \frac{1}{2}u_2^2 \sin^2(\varphi_2 - \theta_2)$$

除了上述 8 个守恒方程，2 区的气流必须平行于避免，因此可以得到一个边界条件，即

$$\theta_1 = \theta_2$$

连立上述 9 个方程以及理想气体状态方程，可以求解出 1 区和 2 区的流场的各个状态参数。直接连立求解过于复杂，通常可以借助激波的极曲线简化计算过程。

三激波理论

三激波模型如图 B4 所示。分别在入射激波，反射激波和马赫杆上使用斜激波守恒方程，可以得到下列的无粘激波马赫反射的守恒方程。

对入射激波 i:

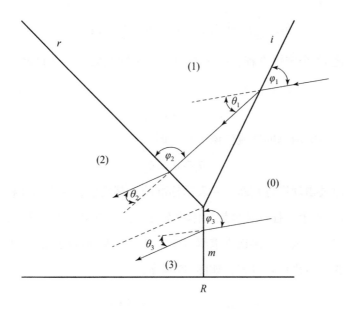

图 B4 激波马赫反射的波系结构图

$$\rho_0 u_0 \sin\varphi_1 = \rho_1 u_1 \sin(\varphi_1 - \theta_1)$$

$$p_0 + \rho_0 u_0^2 \sin^2\varphi_1 = p_1 + \rho_1 u_1^2 \sin^2(\varphi_1 - \theta_1)$$

$$\rho_0 \tan\varphi_1 = \rho_1 \tan(\varphi_1 - \theta_1)$$

$$h_0 + \frac{1}{2}u_0^2 \sin^2\varphi_1 = h_1 + \frac{1}{2}u_1^2 \sin^2(\varphi_1 - \theta_1)$$

对反射激波 r：

$$\rho_1 u_1 \sin\varphi_2 = \rho_2 u_2 \sin(\varphi_2 - \theta_2)$$

$$p_1 + \rho_1 u_1^2 \sin^2\varphi_2 = p_2 + \rho_2 u_2^2 \sin^2(\varphi_2 - \theta_2)$$

$$\rho_1 \tan\varphi_2 = \rho_2 \tan(\varphi_2 - \theta_2)$$

$$h_1 + \frac{1}{2}u_1^2 \sin^2\varphi_2 = h_2 + \frac{1}{2}u_2^2 \sin^2(\varphi_2 - \theta_2)$$

对马赫杆 m：

$$\rho_0 u_0 \sin\varphi_3 = \rho_3 u_3 \sin(\varphi_3 - \theta_3)$$

$$p_0 + \rho_0 u_0^2 \sin^2\varphi_3 = p_3 + \rho_3 u_3^2 \sin^2(\varphi_3 - \theta_3)$$

$$\rho_0 \tan\varphi_0 = \rho_3 \tan(\varphi_3 - \theta_3)$$

$$h_0 + \frac{1}{2}u_0^2 \sin^2\varphi_3 = h_3 + \frac{1}{2}u_3^2 \sin^2(\varphi_3 - \theta_3)$$

除了上述 12 个守恒方程，由于剪切层为接触间断，则 2 区和 3 区的压力应该相等，即，

$$p_2 = p_3$$

除此之外，剪切层两侧的气流应该平行，即

$$\theta_1 \mp \theta_2 = \theta_3$$

其中 ∓ 只能通过物理进行判断，− 表示标准的马赫反射，+ 表示非标准的马赫反射。连立上述 14 个方程以及理想气体状态方程，可以求解出 1 区，2 区和 3 区的流场的各个状态参量。直接连立求解过于复杂，类似与规则反射，通常可以借助斜激波的极曲线简化计算过程，如图 B5 所示。

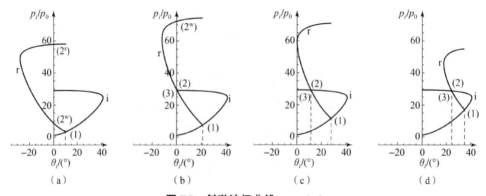

图 B5　斜激波极曲线，$\gamma = 1.4$

(a) 规则反射；(b) 过渡状态 1；(c) 过渡状态 2；(d) 马赫反射

在图 B5 中，右支为入射激波或马赫杆的极曲线，左支为反射激波的极曲线。图 B5 (a) 代表规则反射的极曲线，反射波极曲线与 y 轴相交，意味着反射波后气流的偏折角为零。注意 y 轴上存在两个交点，一个为强解 (2^s)，一个为弱解 (2^w)，数学上无法区分强解和弱解，但是实验证明弱解是物理解。图 B5 (d) 表示马赫反射的极曲线，反射波和马赫杆极曲线交于一点 (2) 或 (3)，也就是反射波和马赫杆后的状态。图 B5 (b) 和 (c) 表示马赫反射和规则反射之间两种可能的过渡状态。

附录 C

斜爆轰波模型

将爆轰波描述为没有厚度的间断，利用 C-J 爆轰波的守恒方程，可以借助二激波和三激波理论来近似描述爆轰波的规则反射和马赫反射，称为反应二激波理论和反应三激波理论。只需将二激波和三激波理论中所有能量守恒方程添加反应热 q，其他方程均保持不变，即，

$$\rho_0 u_0 \sin\varphi_1 = \rho_1 u_1 \sin(\varphi_1 - \theta_1)$$

$$p_0 + \rho_0 u_0^2 \sin^2\varphi_1 = p_1 + \rho_1 u_1^2 \sin^2(\varphi_1 - \theta_1)$$

$$\rho_0 \tan\varphi_1 = \rho_1 \tan(\varphi_1 - \theta_1)$$

$$h_0 + \frac{1}{2} u_0^2 \sin^2\varphi_1 = h_1 + \frac{1}{2} u_1^2 \sin^2(\varphi_1 - \theta_1) - q$$

其中 q 与方程 A.17 一致。

使用与求解正激波/爆轰波守恒方程一样的方法方法，可以得到斜激波爆轰波波前波后物理量的关系，来流速度为 u_0，出流速度为 u_1，来流角度 φ_1，出流角度 θ_1，来流马赫数 $M_0 = \dfrac{u_0}{a_0}$，出流马赫数 $M_1 = \dfrac{u_1}{a_1}$，经过计算结果为：

$$\frac{u_1}{a_0} = \left\{ M_0^2 \left[1 + \frac{(1+\beta)(\beta-1-2\gamma_1)}{(\gamma_1+1)^2} \sin^2\varphi_1 \right] - \frac{2\gamma_1(1+\beta)(\beta-\gamma_1)}{\gamma_0(\gamma_1+1)^2} + \left(\frac{1+\beta}{\gamma_1+1} \right)^2 \frac{\gamma_1}{\gamma_0} \frac{1}{M_0^2 \sin^2\varphi_1} \right\}^{\frac{1}{2}}$$

$$\frac{a_1}{a_0} = \frac{\sqrt{(1+\beta)\gamma_1 M_0^2 \sin^2\varphi_1 - \dfrac{\gamma_1(\gamma_1\beta-1)}{\gamma_0} \left((\gamma_1-\beta) M_0^2 \sin^2\varphi_1 + \dfrac{\gamma_1(1+\beta)}{\gamma_0} \right)^{\frac{1}{2}}}}{(\gamma_1+1) M_0 \sin\varphi_1}$$

$$\frac{\rho_1}{\rho_0} = \frac{(\gamma_1+1)M_0^2\sin^2\varphi_1}{(\gamma_1-\beta)M_0^2\sin^2\varphi_1+(1+\beta)(\gamma_1/\gamma_0)}$$

$$\frac{P_1}{P_0} = \frac{(\beta+1)\gamma_0 M_0^2\sin^2\varphi_1-\gamma_1\beta+1}{\gamma_1+1}$$

$$\frac{T_1}{T_0} = \frac{\gamma_0 R_0}{\gamma_1 R_1}\left(\frac{a_1}{a_0}\right)^2$$

其中,

$$\beta = \left\{1-\frac{2(\gamma_1^2-1)M_0^2\sin^2\varphi_1(q/a_0^2+\eta)}{\left[M_0^2\sin^2\varphi_1-\dfrac{\gamma_1}{\gamma_0}\right]^2}\right\}^{\frac{1}{2}}$$

$$\eta = \frac{\gamma_1-\gamma_0}{\gamma_0(\gamma_0-1)(\gamma_1-1)}$$

气流偏折角可以表示为：

$$\theta_1 = \varphi_1 - \arctan\left[\frac{\gamma_1-\beta}{\gamma_1+1}\tan\varphi_1 + \frac{2\gamma_1(1+\beta)}{\gamma_0(\gamma_1+1)M_0^2\sin 2\varphi_1}\right]$$

同样也可以用爆轰波极曲线来简化计算，如图 C1 所示。爆轰波存在两个极限，对应冻结雨贡钮曲线和平衡雨贡钮曲线，相应的斜爆轰波极曲线为 C.1（a）和 C1（b）。若考虑放热过程，对应于部分反应的雨贡钮曲线，斜爆轰波的过程极曲线为 C1（c）。

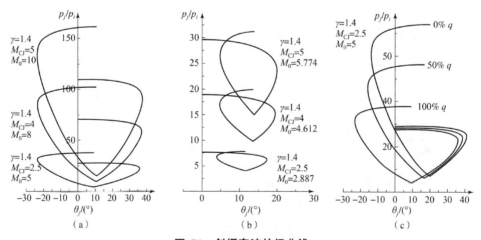

图 C1　斜爆轰波的极曲线

（a）斜爆轰波的冻结极曲线；（b）斜爆轰波的平衡极曲线；（c）斜爆轰波的过程极曲线

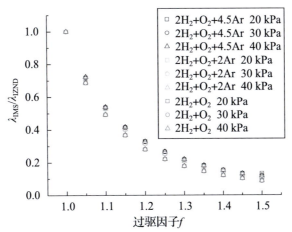

图 6.28 不同过驱程度下爆轰波诱导区长度值的变化

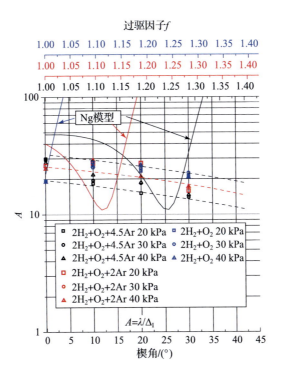

图 6.30 不同楔面角度或者过驱程度下马赫杆的比例因子 A

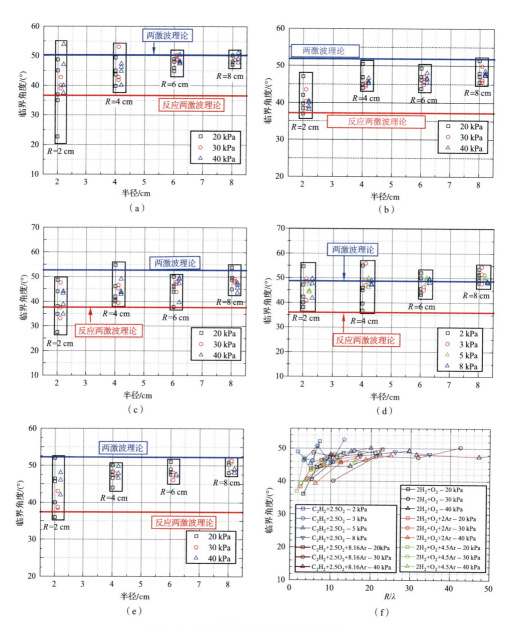

图7.10 不同曲率半径下的临界壁面角度

(a) $2H_2+O_2$;(b) $2H_2+O_2+2Ar$;(c) $2H_2+O_2+4.5Ar$;(d) $C_2H_2+2.5O_2$;
(e) $C_2H_2+2.5O_2+8.16Ar$;(f) 无量纲的 R/λ 下所有气体混合物

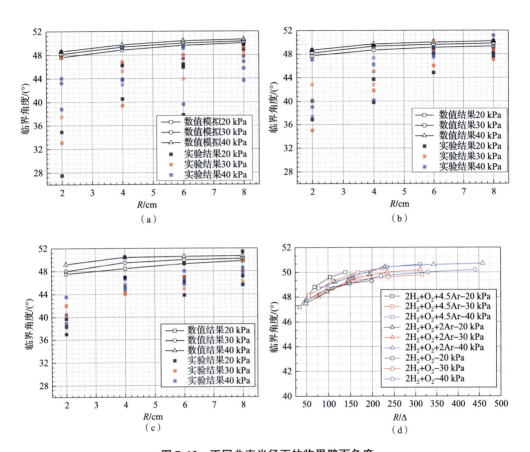

图7.12 不同曲率半径下的临界壁面角度

(a) $2H_2+O_2+4.5Ar$；(b) $2H_2+O_2$

(c) $2H_2+O_2+2Ar$；(d) 无量纲 R/Δ（所有气体混合物）

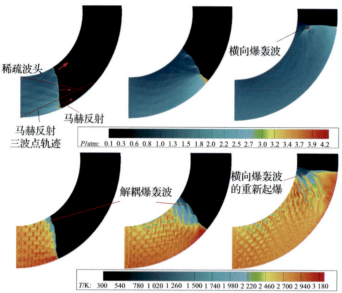

图9.13 横向爆轰波形成过程中的压力和温度云图 ($r_0 = 92$ mm)

(a) 压力,$t=60$ μs;(b) 压力,$t=64$ μs;(c) 压力,$t=68$ μs;
(d) 温度,$t=60$ μs;(e) 温度,$t=64$ μs;(f) 温度,$t=68$ μs